# 中国环境经济发展研究报告2018：

## 关注森林资源管理

宋马林　高新宇　编著

科学出版社

北京

# 内 容 简 介

本书以森林资源的可持续利用为出发点，对我国森林资源的现状进行分析，并与国外的森林资源管理体制进行对比，同时采用定量分析和定性分析的方法对森林资源发展的各方面进行分析研究，发现森林资源开发利用中存在的问题，针对这些问题提出一些合理化的建议，力求为我国森林资源的可持续开发和利用建言献策。

本书适合从事环境经济与管理相关研究的科研工作者和实务部门工作人员及高校环境经济与管理相关专业的本科生、研究生阅读。

**图书在版编目（CIP）数据**

中国环境经济发展研究报告 2018：关注森林资源管理/宋马林，高新宇编著. —北京：科学出版社，2018.11

ISBN 978-7-03-058048-1

Ⅰ. ①中⋯ Ⅱ. ①宋⋯ ②高⋯ Ⅲ. ①环境经济－经济发展－研究报告－中国－2018 ②森林资源管理－研究报告－中国－2018 Ⅳ. ①X196 ②S78

中国版本图书馆 CIP 数据核字（2018）第 132935 号

责任编辑：马 跃 李 嘉/责任校对：贾娜娜
责任印制：霍 兵/封面设计：无极书装

科 学 出 版 社 出版

北京东黄城根北街 16 号
邮政编码：100717
http://www.sciencep.com

中国科学院印刷厂 印刷
科学出版社发行 各地新华书店经销
＊

2018 年 11 月第 一 版 开本：787×1092 1/16
2018 年 11 月第一次印刷 印张：15
字数：356 000

**定价：152.00 元**
（如有印装质量问题，我社负责调换）

# 前　　言

随着资源的不断消耗,可持续发展成为世界经济发展的主题,也是各国政府亟须解决的核心问题。我国自改革开放以来,国民经济不断增长,经济总量稳步提升,如今成为仅次于美国的世界第二大经济体,同时伴随着经济发展,也产生了一系列的问题。我国国土面积位居世界第三,森林面积和森林储量也居世界前列,但是由于森林资源的分布不均匀,以及部分地区片面追求经济利益,忽视了环境效益,对森林资源的破坏非常严重。森林资源作为陆地生态的主体具有多方面的效益,成为我国可持续发展战略的重要一部分,受到国家重点关注。

为了实现我国经济持续而稳定的发展,我国政府制定了与我国国情相适应的可持续发展战略。

森林资源从狭义上讲是指林木资源,从广义上讲包括森林当中的动植物资源、微生物资源、林地资源及环境资源。森林资源按物质结构层次可划分为六大类,分别是林地资源、林木资源、林区野生动物资源、林区野生植物资源、林区微生物资源和森林环境资源。森林资源相比较其他自然资源而言具有可再生性和不可替代性,是地球表面生态系统的主体,森林在一定时间内可以实现自我的调节和恢复,森林生态系统具有一定的自我修复能力。但是森林生态系统一旦遭到破坏,就需要长时间地投入大量人力、物力才能恢复。因此为了保持森林资源的可再生性及森林系统的稳定,必须遵循森林资源的发展规律,不能乱砍滥伐,以免破坏森林资源系统的平衡。

我国森林资源总量巨大,种类丰富,是我国极其宝贵的自然资源,但是在森林资源的开发利用过程中存在着很多问题:一是北方许多地区因为水土流失和土地沙漠化加剧,森林生长环境不优,植被较少,生态环境恶化的趋势没有实现标志性的扭转,我国近几年北方地区遭遇沙尘暴极端天气,原因也来源于此。二是分布不均匀,华北地区、西北地区、中部地区和黄河下游流域,森林覆盖面积和森林蓄积量极少,很多环境干旱的地区森林覆盖率不到 1%,远远不能满足世界 1/5 人口对林业能源方面的需求。三是我国林业体制僵化、考核机制偏重经济指标、改革滞后,导致林业结构化矛盾明显,林业建设的目标和侧重点不够清晰明朗,林业生产力的结构有待完善。四是林业建设和保育的资金投入较低且税费偏高,之前,我国在林业的投资远低于世界森林保育量大国的投资,多数防护林工程不仅资金投入不足,且木材交易的税费过高,导致林业建设发展速度缓慢。五是经济的快速发展及人口总量的快速增长导致森林资源被大量消耗,给林业发展带来了极大的压力。六是我国前期对森林资源的保护意识薄弱,对森林资源的认识不到位,大量的森林资源被当作经济资源无节制地开发,导致林业资源被大量浪费。

对森林资源的利用不能竭泽而渔，应该立足当前，从长计议，因地制宜地开发森林资源。在开发之前做可靠的论证分析，对不可开发的区域禁止开发，对可开发的区域也要做到有步骤、有规律地开发，并注重开发和保护相结合，维持森林生态系统的稳定。为加强森林资源的保护，政府部门及社会应该加大对森林资源保护的投资力度；建立科学合理的管理体系；制定严格的森林保护法规法则；加大宣传力度，增加森林资源保护的防火防虫意识，对森林资源进行分类经营。在保护森林资源的同时，着重对森林资源的培育，采用现代化科技手段及先进的管理经验进行经营，以往落后的技术手段坚决摒弃，一些对森林资源有害的农药、化肥禁止使用。在培育时更要追求集约化和定向化，在丰富森林资源种类的同时，也可以创造更大的环境效益，随着生活环境质量的下降，森林资源所产生的环境效益必将扭转这一趋势，进而造福于民，造福于后人。

本书以森林资源的可持续利用为出发点，对我国森林资源的现状和森林资源开发利用中存在的问题进行剖析，并采用定量分析和定性分析的方法对森林资源发展的各方面进行分析研究，力求为我国森林资源的可持续开发和利用建言献策。本书主要包含八个部分的内容。第一部分是分析我国森林资源现状，包括林业资源状况、林业发展存在的问题、林业发展与社会经济发展的关系，以及中国林业经济政策这几个方面；第二部分是分析俄罗斯、北美、北欧、德国及日本这几个国家和地区的森林经营模式及森林资源管理体制，详细地描述了世界和我国森林经营模式的发展历程，并由此分析了森林经营模式选择的影响因素及不同森林经营模式对森林结构的影响；第三部分是对森林资源可持续价值量进行计算和评估，并采用系统模型对森林资源可持续发展做定量研究；第四部分是测算我国森林资源的碳汇总量，分析我国森林碳汇交易的市场模式及发展潜力；第五部分是分析林业经济投入产出情况、林业生产要素配置效率，并通过计量模型测算出生产技术效率；第六部分是概述森林生态安全评价方法，并对我国的森林生态安全进行评价，收集了大量数据进行整理分析，针对如何从总体提升我国森林生态安全水平建言献策；第七部分是归纳我国森林资源需求的特点，并在未来森林资源需求背景下，指出林业发展的方向和对策；第八部分是对森林资源资产负债表的概念，以及森林资源资产负债表的框架结构进行分析，并探索国内外森林资源资产负债表的编制历程，核算森林资源的资产、负债及净资产，编制森林资源资产负债表框架图。本书各部分均有案例分析，使理论的认识变得更直观和具体。

本书编著者宋马林教授是教育部哲学社会科学研究重大课题攻关项目"自然资源管理体制研究"（14JZD031）首席专家；高新宇博士长期关注中国的环境与社会问题及自然资源管理的研究，其他参与人员是来自安徽财经大学和北京师范大学等高校生态环境研究领域的青年学者或研究生。本书得到安徽财经大学习近平新时代中国特色社会主义思想研究中心——绿色治理和管理变革研究方向的资助，同时是教育部人文社会科学基金青年项目"城市邻避风险的社会放大效应与政府回应机制研究"（18YJC840012）的阶段性成果。本书的编写具体分工如下：第1章，胡可可；第2章，嵇小凡、唐璟宜和宋马林；第3章，李湄筱、孙婷婷；第4章，包莉、魏天舒和余康兴；第5章，高媛媛、束云霞和宋马林；

第 6 章，赵君、张元钰；第 7 章，阚瑀婷、饶影影；第 8 章，许俊伟、赵晓星和高新宇；第 9 章，刘玲、赵君、魏天舒和胡可可。

本书在编著过程中参考了大量国内外相关文献，而且在有关学者的研究成果之上继承并有所创新，在此我们对前辈表示真挚的感谢。

本书是对我国森林资源可持续发展的初步探索，由于笔者水平有限，书中难免有疏漏之处，我们恳请各位读者和同行予以批评指正，不吝赐教，真诚地希望和大家一起交流学习，共同进步。

宋马林　高新宇

2018 年 11 月

# 目　　录

# 第1章 绪 论

党的十九大报告提出，我们要建设的现代化是人与自然和谐共生的现代化，既要创造更多物质财富和精神财富以满足人民日益增长的美好生活需要，也要提供更多优质生态产品以满足人民日益增长的优美生态环境需要。①森林资源是陆地生态系统的主体，它具有生态效益、社会效益和经济效益，是人类生存的必要条件，并且是一种具有再生能力的自然资源资产。因此本书以森林资源的可持续利用为出发点，采用定量分析和定性分析相结合的方法，通过介绍中国森林资源的现状，对比国内外森林经营模式和森林资源管理体制，结合我国自身的森林生产情况和森林碳汇分析，总结出未来森林资源需求特点，从而分析出未来林业发展的方向与对策，并对一些具体问题提出了相应的政策建议。

通过林业资源状况、林业发展存在的问题、林业发展与社会经济发展的关系，以及中国林业经济政策这几个方面来分析研究我国森林资源现状，得出以下几个基本结论：我国具有种类丰富、类型多样的森林资源。随着我国经济的不断发展，如何实现森林资源的有效保护和持续发展逐步受到我国政府的重视，政府采取的各种措施一定程度上扭转了森林蓄积量不断下降的趋势，使森林面积不断增加，森林蓄积量也实现了增长。同时，我国的林业发展也存在很多问题：①我国的森林资源的总量不足、森林资源的质量不高、在全国范围内分布不均匀；②人口、经济高增长对森林资源造成巨大消耗并将形成更大的压力；③林业投入长期不足，税费过重；④林业改革滞后，体制、机制不顺等。要有效地实现经济社会和林业发展的良性互动，要处理好林业发展和经济社会发展、生态建设、森林资源保护三者的关系。

对俄罗斯、北美、北欧、德国及日本这几个国家和地区的森林经营模式及森林资源管理体制进行分析，从世界和我国两个角度分析森林经营模式的演变历程，在此基础上分析了森林经营模式选择的影响因素及不同森林经营模式对森林结构的影响。通过总结国际上森林经营模式与森林资源管理体制，发现以下内容：①在国家森林经营模式上，各国森林经营模式多样化；②森林资源的管理需要完善管理体制，设立层次分明的森林资源运营机构和管理机构，并设立独立的监督机构，完善相关的机制，明确管理职能，进而形成良好的森林资源管理体制的运行体系；③完善森林资源管理的立法工作；④完善森林资源资产评估建设。关于资源管理条件评价，把人力、设施和经费的投入作为约束条件，选取了一些指标，运用 R 软件做分析发现只有全部造林面积对森林资源管理最不利。在管理条件的基础上加上防治率指标来衡量资源管理效率的评价。关于优化管理模型的构建，在前者研究的基础上增加了新的约束条件，使模型更有实际意义。通过对上述模型的构建，提出的相关建议如下：建立长效的森林资源优化管理机制；完善相关法律法规；积极发展商品林。

---

① 中国共产党新闻网. 建设人与自然和谐共生的现代化. 2019-01-09. cpc.people.com.cn/19th/n1/2017/1022/c414305-29601495.html.

关于森林资源的可持续利用研究，首先对森林资源可持续利用的现状进行分析，分别从可持续利用概况和森林资源的人口承载力两方面展开，介绍了我国目前的森林资源状况和在可持续利用情况下未来可供消费的人口数量；其次，利用数据和模型分别从可持续利用经济效益和生态效益两方面对森林资源的可持续价值量进行计算与评估，并提出相应的改善措施；最后，通过构建系统动力学模型及综合模型对可持续利用影响因素进行了分析，并结合可持续发展系统模型的构建对可持续发展进行了定量研究。

森林碳汇总量首先要明确森林碳汇的相关概念，并在确定森林碳汇的估算方法后对2014 年的中国森林碳汇进行测算，然后利用灰色关联度理论对森林碳汇的影响因子进行分析。其次从森林碳汇的空间相关性和空间溢出效应两方面分析其空间分布特征。最后分析了目前的森林碳汇交易市场的交易模式和发展潜力。

对森林资源的生产情况进行分析，首先，分析了森林生产力内涵，在此基础上采用空间计量方法详细分析了林业经济投入产出情况及采用空间杜宾模型（spatial Dubin model，SDM）研究了林业经济发展影响因素；其次，分析了林业生产要素配置情况及林业生产动态变化，以及林业生产要素配置效率；再次，利用 Tobit 模型分析了林业投入产出效率，并测算了林业生产技术效率；最后，综合以上内容，提出相应的政策建议。此外，在案例部分，分析了森林资源产业结构协调及优化。

在森林生态安全评价的必要性及指标体系构建的基础上，对森林生态安全评价方法加以概述。选取主成分分析法（principal component analysis，PCA）确定各指标权重，利用模糊综合评价法对森林生态安全进行综合评价，并基于 2015 年我国 22 个省、4 个直辖市、5 个自治区的数据（未包含港澳台数据）进行实证研究，从总体及各准则层四个方面分别加以分析。最后从总体提升中国森林生态安全水平及提升各省（自治区、直辖市）森林生态安全水平两个方面提出具体对策。

在以上的基础之上归纳出我国森林资源需求的特点主要有三个，分别是：①森林生态系统服务的需求不断高涨；②由单一需求资源转变为多样化资源需求；③森林资源所产生经济效益的需求。在未来森林资源需求背景下林业发展的方向和对策也主要分为三点：一是以保护森林生态系统为前提；二是以科学化、合理化、规范化的工作原则为基础；三是以发展经济为核心。

最后从森林资源资产负债表的概念入手，探析森林资源资产负债表的框架结构，通过探索国内外森林资源资产负债表的编制历程，以史为鉴，从中吸取教训，对森林资源的资产、负债及净资产进行核算，并编制森林资源资产负债表框架图，以便说明森林资源资产负债表账户核算方法。

在全面建设小康社会的背景下，森林资源的可持续利用开发不仅承担着生态建设的主要任务，还肩负着加速社会主义现代化建设的历史使命。目前我国森林资源的管理工作还相对薄弱，不能适应现代化建设和改善环境的需要，应当根据我国的实际国情，借鉴国外先进的管理模式与管理方法，完善相应的法律体系，合理、可持续地开发利用我国的森林资源，为子孙后代留下一笔宝贵的、取之不尽的财富。

# 第 2 章 森林资源现状

本章根据联合国粮食及农业组织发布的《2015 年全球森林资源评估世界森林变化情况》对过去 25 年全球森林资源的变迁动态进行了分析。根据 1950～2013 年中国历次森林资源清查主要结果对中国森林资源的总量与动态变化、森林质量与森林资源存在的问题进行了分析。在此基础上，对森林资源的经济效益和社会效益进行了研究。在案例部分，主要探讨了森林资源与社会经济协调发展的评价和分析。

## 2.1 森林资源总量及动态变化

### 2.1.1 森林资源总量

1990 年全球森林蓄积量为 5310 亿立方米，总面积为 41.28 亿公顷，到 2015 年已减少到 39.99 亿公顷，森林资源占全球陆地面积的比例由 31.6%减少到 30.6%，人均森林面积从 0.8 公顷下降到 0.6 公顷，森林资源的净损失率减少了 50%以上，全球年净森林变化量为–330 万公顷，详细数据见表 2-1。

表 2-1 全球森林面积统计情况

| 变量（单位，时间）[a] | 全球<br>（234 个国家和地区）<br>总计<br>森林面积 | 变化方向[b] | 年变化率/%[b] |
|---|---|---|---|
| 森林面积（×10^6 公顷，2015 年） | 3999 | ↓ | −0.13 |
| 其他林地面积（×10^6 公顷，2015 年） | 1204 | ↓ | −0.10 |
| 其他带有树木覆盖的土地面积（×10^6 公顷，2015 年） | 284 | ↑ | 0.52 |
| 平均年度植树造林量（×10^6 公顷，2015 年） | 27 | ↑ | 1.57 |
| 天然林（×10^6 公顷，2015 年）[c] | 3695 | ↓ | −0.24 |
| 人工林（×10^6 公顷，2015 年） | 291 | ↑ | 1.84 |
| 年净森林变化量（×10^6 公顷，2010～2015 年） | −3.3 | — | — |
| 年净天然林变化量（×10^6 公顷，2010～2015 年）[c] | −6.5 | — | — |
| 年净人工林变化量（×10^6 公顷，2010～2015 年） | 3.3 | — | — |
| 森林蓄积量（×10^9 立方米，2015 年）[d] | 531 | — | 0.03 |
| 森林单位面积蓄积量（米^3/公顷，2015 年）[d] | 129 | ↑ | 0.16 |
| 用材林（×10^6 公顷，2015 年） | 1187 | — | −0.05 |

续表

| 变量（单位，时间）[a] | 全球<br>（234 个国家和地区）<br>总计<br>森林面积 | 变化方向[b] | 年变化率/%[b] |
|---|---|---|---|
| 多用途林（×10⁶ 公顷，2015 年） | 1049 | ↓ | −0.16 |
| 原生林（×10⁶ 公顷，2015 年） | 1277 | ↓ | −0.10 |
| 保护区内森林面积（×10⁶ 公顷，2015 年） | 651 | ↑ | 1.98 |

—表示数据未公布

注：a 变量可能重叠；b 除非另有说明，变化是指 1990~2015 年报告年份期间；c 并非所有国家和地区都报告天然林和人工林面积，因此总和不等于森林总面积；d 活立木蓄积量和碳储量数字包括联合国粮食及农业组织估计未报告的国家和地区

我国森林面积占全球森林资源面积的 5%，位列俄罗斯、巴西、加拿大、美国之后。截至 2017 年，我国森林资源面积达 31.20 亿亩[①]，森林覆盖率达 21.66%，活立木总蓄积量为 164.33 亿立方米，森林蓄积量达 151.37 亿立方米。我国已成为全球森林资源增长最快的国家。森林面积和森林蓄积量分别位居世界第五位和第六位，人工林面积居世界首位，生态状况逐步好转。1989~2013 年近五次全国森林资源连续清查主要结果（表 2-2）显示，森林资源经过 20 多年的培育和保护，在森林面积、森林覆盖率、活立木总蓄积量和森林蓄积量等方面有了大幅度提高，同期森林面积增幅达到 55.22%，森林蓄积量增幅约为 49.32%，森林覆盖率增幅约为 55.39%，天然林面积和蓄积量均在稳步增加，人工林也得到了快速发展。

表 2-2　近五次全国森林资源连续清查部分主要结果

| 时期 | 森林面积/亿公顷 | 森林覆盖率/% | 活立木总蓄积量/亿立方米 | 森林蓄积量/亿立方米 | 天然林面积/亿公顷 | 天然林蓄积量/亿立方米 | 人工林面积/亿公顷 | 人工林蓄积量/亿立方米 |
|---|---|---|---|---|---|---|---|---|
| 第四次<br>（1989~1993 年） | 1.34 | 13.92 | 117.85 | 101.37 | — | — | — | — |
| 第五次<br>（1994~1998 年） | 1.59 | 16.55 | 124.88 | 112.66 | — | — | 0.47 | — |
| 第六次<br>（1999~2003 年） | 1.75 | 18.21 | — | 124.56 | — | — | 0.56 | 15.05 |
| 第七次<br>（2004~2008 年） | 1.95 | 20.36 | 149.13 | 137.21 | 1.20 | 114.02 | 0.62 | 19.61 |
| 第八次<br>（2009~2013 年） | 2.08 | 21.63 | 164.33 | 151.37 | 1.22 | 122.96 | 0.69 | 24.83 |

—表示数据未公布

## 2.1.2　结构特征

2015 年世界森林大部分是自然林，占森林总面积的 93%，即 37 亿公顷。人工林在

---

① 1 亩≈666.67 平方米。

1990～2015 年面积增加超过 1.05 亿公顷，年变化率为 1.84%，年净天然林变化量为–650 万公顷，年净人工林变化量为 330 万公顷。我国的森林类别分为五种，分别是：①用于生产食品、药品、工业用品的经济林；②用于生产木材、竹材的用材林；③用于生产燃料的薪炭林；④用于防风固沙的防护林；⑤用于国防、实验等的特种用途林（以下简称特用林）。1950～1962 年的森林资源清查主要结果显示，人工林的面积比重只有 4.5%，天然林的面积比重为 95.5%。2009～2013 年第八次全国森林资源清查结果显示，天然林的面积比重为 63.87%，天然林的蓄积比重为 83.20%，人工林的面积比重为 36.13%，人工林的蓄积比重为 16.80%。天然林的面积比重在下降，天然林的蓄积比重也在下降，然而森林蓄积依然以天然林的蓄积为主（表 2-2）。1950 年至今，我国特用林和防护林的蓄积比重与面积整体上均呈上升趋势，用材林和薪炭林的蓄积比重与面积整体上均呈下降趋势，竹林的面积比较稳定，经济林的面积增加到近 2 倍。用材林和薪炭林的减少，特用林和防护林的增加，体现出森林资源各功能结构的优化，森林资源的主要功能从以生产原木为主开始转向森林防护与木材生产兼顾的方向（表 2-3）。

表 2-3　森林构成表

| 时期 | 项目 | 林分 | | | | | 竹林 | 经济林 | 合计 |
| --- | --- | --- | --- | --- | --- | --- | --- | --- | --- |
| | | 薪炭林 | 特用林 | 用材林 | 防护林 | 合计 | | | |
| 1950～1962 年 | 面积比重/% | — | — | — | — | 91.16 | 2.26 | 6.58 | 100 |
| | 蓄积比重/% | — | — | — | — | | | | |
| 1973～1976 年 | 面积比重/% | 3.16 | 0.54 | 79.91 | 6.78 | 90.4 | 2.60 | 7.00 | 100 |
| | 蓄积比重/% | 0.60 | 0.90 | 88.00 | 10.50 | 100 | — | — | 100 |
| 1977～1981 年 | 面积比重/% | 3.40 | 1.20 | 73.20 | 9.10 | 86.90 | 2.90 | 10.20 | 100 |
| | 蓄积比重/% | 0.90 | 1.80 | 86.20 | 11.10 | 100 | — | — | 100 |
| 1984～1988 年 | 面积比重/% | 3.72 | 2.61 | 67.02 | 12.18 | 85.53 | 2.97 | 11.50 | 100 |
| | 蓄积比重/% | 0.81 | 5.60 | 76.29 | 17.30 | 100 | — | — | 100 |
| 1989～1993 年 | 面积比重/% | 3.34 | 2.60 | 66.08 | 12.50 | 84.52 | 2.95 | 12.53 | 100 |
| | 蓄积比重/% | 0.76 | 5.47 | 74.20 | 19.57 | 100 | — | — | 100 |
| 1994～1998 年 | 面积比重/% | 2.90 | 2.58 | 64.70 | 13.92 | 84.10 | 2.74 | 13.16 | 100 |
| | 蓄积比重/% | 0.90 | 5.90 | 71.40 | 21.80 | 100 | — | — | — |
| 1999～2003 年 | 面积比重/% | 1.79 | 3.78 | 46.52 | 32.39 | 84.48 | 2.86 | 12.66 | 100 |
| | 蓄积比重/% | 0.46 | 8.50 | 45.57 | 45.47 | 100 | — | — | 100 |

—表示数据未公布

注：全国森林资源清查结果中，蓄积统计不含竹林和经济林

资源来源：国家林业局

根据《中国近代林业史》一书中的描述，1840 年第一次鸦片战争之前，我国森林面积为 1.59 亿公顷，100 年后减少到了 0.84 亿公顷。1949 年后，我国发生过大规模破坏森林的事件，如大炼钢铁和"大跃进"，加上正常经济建设的用林需求，林业资源锐减。1984 年我国颁布了《中华人民共和国森林法》，从法律形式上强调森林保护和恢复的重要性。从第三次全国森林资源清查主要结果可以看出，有林地面积实现了增加，疏林地面积总体不断减

少。总体看来，政府对林业的重视，使我国林业用地总面积总体保持增长的趋势（表 2-4）。

表 2-4　历次全国森林资源连续清查林业用地面积及利用变化情况　　　　　单位：万公顷

| 时期 | 林业用地 | 有林地 | 疏林地 | 灌木林 | 苗圃 | 未成林造林地 | 宜林地 |
|---|---|---|---|---|---|---|---|
| 1951～1962 年 | 21 203.00 | 11 335.56 | — | — | — | — | — |
| 1973～1976 年 | 25 760.00 | 11 978.00 | 1 563.00 | 2 957.00 | 21.00 | 451.00 | 8 539.00 |
| 1977～1981 年 | 26 101.57 | 11 010.17 | 1 720.03 | 2 679.59 | — | 561.98 | 10 129.80 |
| 1984～1988 年 | 26 131.44 | 11 947.71 | 1 963.65 | 2 811.60 | 18.45 | 728.81 | 8 661.22 |
| 1989～1993 年 | 25 677.40 | 12 852.78 | 1 802.57 | 2 970.63 | 11.49 | 713.83 | 7 326.10 |
| 1994～1998 年 | 25 704.73 | 15 363.23 | 719.50 | 3 444.57 | 12.25 | 461.51 | 5 703.67 |
| 1999～2003 年 | 28 280.34 | 16 901.93 | 599.96 | 4 529.68 | 27.09 | 489.36 | 5 729.60 |

注：1951～1962 年为初期森林资源统计期

　　我国森林主要树种包括油棕、野核桃、核桃楸、水青冈、阴香、樟、天竺桂、乌药、香叶树、山胡椒、山鸡椒、鸭公树、扁桃、山桃、长柄扁桃、榆叶梅、欧李、臭椿、橄榄、山楝、石栗、重阳木、绿玉树、橡胶树、麻风树、乌桕、油桐、木油桐、南酸枣、黄连木、盐肤木、漆树、卫矛、白杜、野鸦椿、元宝枫、无患子、川滇无患子、文冠果、山桐子、毛叶山桐子、红瑞木、光皮梾木、东京野茉莉（越南安息香）、小蜡、接骨木、杯状栲、米槠、高山栲、鬀葋栲、红锥、苦槠、蕻藜栲、竹叶青冈、青冈栎、大叶青冈、细叶青冈、云山青冈、金毛石栎、岩栎、麻栎、槲栎、大叶栎、辽东栎、栓皮栎、蒙古栎、土茯苓、金樱子、葛藤、木薯、晚松、木麻黄、杨树类、柳树类（乔木）、柳树类（灌木）、桦树类、榛、榆树、山杏、树锦鸡儿、柠条锦鸡儿、小叶锦鸡儿、铁刀木、楠木类、樟树类、相思类、壳斗科、胡枝子、紫穗槐、杨柴、花棒、银合欢、刺槐、翅荚木、马桑、黄栌、木荷、西南木荷、柽柳、沙枣、沙棘类、桉树类、黄荆、荆条等 100 余种。珍贵树种包括坡垒、紫荆木、银杉、格木等 9 种及水杉、珙桐、台湾杉等 5 种原生种，楠木、红椿、野荔枝、红杉等 12 种树种。20 世纪 70 年代，我国针叶林面积占森林总面积的 72.19%，针叶林蓄积量占森林总蓄积的 77.09%，由于之后的森林被大规模砍伐和不合理地培育，70 年代之后针叶林面积所占比重迅速下降，近些年针叶林面积与阔叶林面积比重近似为 1∶1。70 年代前，1950～1962 年针叶林中占森林面积比较大的优势树种为冷杉、华山松、红松、樟子松、油松和落叶松等十余个树种，然而 1963～2003 年，樟子松、红松的面积比重分别从 0.63% 和 1.92% 下降到 0.49% 和 0.28%，不再位于面积优势树种之列。同期，红松的蓄积比重从 5.38% 下降到 0.36%，樟子松的蓄积比重从 0.94% 下降到 0.51%，华山松的蓄积比重从 0.73% 下降到 0.40%，不再位于蓄积优势树种之列。落叶松、冷杉、云杉、云南松、红松因经济价值和材质较好，在 20 世纪的最后 40 年遭到大规模砍伐，初期统计森林资源与第六次全国森林资源清查相比，其蓄积比重分别从 20.26%、11.67%、10.99%、9.78%、5.38% 下降到 7.61%、9.88%、8.56%、4.28%、0.36%，红松几乎被砍伐殆尽。阔叶林优势树种为栎类、桦类、山杨、杨类和榆树，其面积和蓄积变化不明显，但优势度获得了提高。

　　森林按照树龄等级分为五个级别，分别是过熟林、成熟林、近熟林、中龄林、幼龄林。

1963～2003 年，幼龄林面积变化较小，中龄林面积比重从 18.93%增加到了 34.77%，近成过熟林（即过熟林、成熟林、近熟林）面积比重从 47.04%下降到了 32.14%。由此看出森林的自然生长繁殖交替和人工造林的工作保证了幼龄林的林地面积没有下降，而中龄林的自然生长速度达不到近成过熟林的采伐速度。近成过熟林蓄积量较大，一直是森林蓄积的主体，但其已从 60 年代的 80%下降到 2003 年的 61%，幼龄林的蓄积比重从 5.93%增加到了 10.62%，中龄林的蓄积比重从 13.55%上升到 28.32%。背后原因是 1998 年我国开始实施的自然森林资源保护工程对自然林采伐的限制与禁止。

我国森林资源的所有者包括国家、法人、其他组织和自然人，他们依法享有森林、林木资源的所有权。

## 2.1.3 时空分布特征

从森林资源在全球的分布情况来看，各大洲中（未含南极洲）的森林面积、森林蓄积量、原生林面积统计情况为：①非洲森林面积总计为 $624\times10^6$ 公顷，占全球森林面积的比重为 15.60%，森林蓄积量为 79 亿立方米，占全球蓄积量的比重为 14.91%，原生林面积为 $135\times10^6$ 公顷。②亚洲森林面积总计为 $593\times10^6$ 公顷，占全球森林面积的比重为 14.83%，森林蓄积量为 55 亿立方米，占全球蓄积量的比重为 10.38%，原生林面积为 $117\times10^6$ 公顷。③大洋洲森林面积总计为 $174\times10^6$ 公顷，占全球森林面积的比重为 4.35%，森林蓄积量为 35 亿立方米，占全球蓄积量的比重为 6.60%，原生森林面积为 $27\times10^6$ 公顷。④欧洲森林面积总计为 $1015\times10^6$ 公顷，占全球森林面积的比重为 25.38%，森林蓄积量为 115 亿立方米，占全球蓄积量的比重为 21.70%，原生森林面积为 $277\times10^6$ 公顷。⑤北美洲和中美洲森林面积总计为 $751\times10^6$ 公顷，占全球森林面积的比重为 18.78%，森林蓄积量为 96 亿立方米，占全球蓄积量的比重为 18.11%，原生森林面积为 $320\times10^6$ 公顷。⑥南美洲森林面积总计为 $842\times10^6$ 公顷，占全球森林面积的比重为 21.06%，森林蓄积量为 150 亿立方米，占全球蓄积量的比重为 28.30%，原生森林面积为 $400\times10^6$ 公顷。南美洲拥有最大的森林蓄积量和面积最大的原始森林，欧洲拥有最大的森林面积（表 2-5）。

表 2-5 2015 年全球拥有最大森林面积的前十个国家

| 国家 | 森林面积/$\times10^3$公顷 | 占该国陆地面积比重/% | 占全球森林面积比重/% |
| --- | --- | --- | --- |
| 俄罗斯 | 814 931 | 50 | 20 |
| 巴西 | 493 538 | 59 | 12 |
| 加拿大 | 347 069 | 38 | 9 |
| 美国 | 310 095 | 34 | 8 |
| 中国 | 208 321 | 22 | 5 |
| 刚果民主共和国 | 152 578 | 67 | 4 |
| 澳大利亚 | 124 751 | 16 | 3 |
| 印度尼西亚 | 91 010 | 53 | 2 |

续表

| 国家 | 森林面积/×10³公顷 | 占该国陆地面积比重/% | 占全球森林面积比重/% |
|---|---|---|---|
| 秘鲁 | 73 973 | 58 | 2 |
| 印度 | 70 682 | 24 | 2 |
| 总计 | 2 686 948 | | 67 |

资源来源：联合国粮食及农业组织

　　我国特殊的地理环境和各地区气候与土壤的差异，致使各省（自治区、直辖市）森林资源分布非常不均匀，我国森林主要分布在东北、西南、东南和华南丘陵地区，而西北、华北平原和长江、黄河下游地区，森林分布较少。表2-6显示的是八次全国森林资源连续清查期间各省（自治区、直辖市）林地面积占该省（自治区、直辖市）土地面积比重变化情况，森林资源总体上呈现出蓄积量和面积持续增加、森林资源结构有所改善的良好状态。

表2-6　八次全国森林资源连续清查期间各省（自治区、直辖市）林地面积占该省（自治区、直辖市）
土地面积比重变化　　　　　　　　　　　　　　　　单位：%

| 地区 | 第一次 | 第二次 | 第三次 | 第四次 | 第五次 | 第六次 | 第七次 | 第八次 |
|---|---|---|---|---|---|---|---|---|
| 北京 | 34.27 | 35.28 | 59.35 | 51.66 | 52.28 | 54.66 | 57.00 | 56.94 |
| 天津 | 5.36 | 4.66 | 8.96 | 12.37 | 11.67 | 11.79 | 12.47 | 13.70 |
| 河北 | 31.46 | 33.44 | 35.06 | 30.47 | 33.97 | 33.61 | 37.96 | 38.65 |
| 山西 | 26.39 | 36.84 | 42.34 | 41.79 | 43.20 | 44.12 | 48.19 | 48.89 |
| 内蒙古 | 18.71 | 38.06 | 28.22 | 27.75 | 27.47 | 38.01 | 37.94 | 37.97 |
| 辽宁 | 38.03 | 46.06 | 39.45 | 37.49 | 38.95 | 43.54 | 45.73 | 48.04 |
| 吉林 | 43.85 | 46.43 | 48.27 | 43.37 | 43.93 | 42.65 | 44.94 | 45.33 |
| 黑龙江 | 54.72 | 47.38 | 50.47 | 48.30 | 46.88 | 44.58 | 48.05 | 48.56 |
| 上海 | 1.69 | 1.61 | 1.73 | 2.62 | 3.91 | 3.78 | 12.53 | 12.98 |
| 江苏 | 5.26 | 4.91 | 5.99 | 6.17 | 5.78 | 9.73 | 12.54 | 17.42 |
| 浙江 | 60.02 | 57.94 | 58.48 | 60.48 | 62.83 | 64.32 | 65.62 | 64.91 |
| 安徽 | 25.90 | 25.70 | 30.27 | 31.74 | 30.31 | 29.86 | 31.82 | 32.09 |
| 福建 | 74.84 | 73.04 | 73.90 | 73.53 | 74.22 | 74.74 | 75.29 | 76.28 |
| 江西 | 64.43 | 63.46 | 62.96 | 62.89 | 62.71 | 62.67 | 63.28 | 64.17 |
| 山东 | 12.81 | 12.72 | 17.96 | 17.04 | 17.34 | 18.70 | 22.48 | 21.76 |
| 河南 | 23.45 | 22.99 | 22.16 | 22.76 | 22.67 | 27.33 | 30.06 | 30.24 |
| 湖北 | 43.65 | 39.84 | 40.79 | 40.64 | 41.12 | 41.23 | 44.24 | 45.74 |
| 湖南 | 58.76 | 55.38 | 55.47 | 55.08 | 55.41 | 55.31 | 58.27 | 59.15 |
| 广东 | 54.82 | 59.13 | 56.41 | 58.16 | 58.16 | 58.92 | 60.32 | 60.51 |
| 广西 | 55.61 | 58.77 | 56.97 | 55.54 | 53.42 | 57.50 | 62.98 | 64.27 |
| 海南 | — | 50.59 | 50.32 | 50.61 | 49.84 | 57.03 | 61.21 | 62.90 |
| 重庆 | — | — | — | — | — | 44.52 | 48.57 | 49.31 |
| 四川 | 36.03 | 33.62 | 47.31 | 47.21 | 46.96 | 46.84 | 47.78 | 48.12 |
| 贵州 | 51.84 | 51.08 | 47.90 | 41.94 | 41.99 | 43.19 | 47.69 | 48.82 |
| 云南 | 71.94 | 68.28 | 65.37 | 63.67 | 62.23 | 63.38 | 64.72 | 65.37 |

续表

| 地区 | 第一次 | 第二次 | 第三次 | 第四次 | 第五次 | 第六次 | 第七次 | 第八次 |
|------|--------|--------|--------|--------|--------|--------|--------|--------|
| 西藏 | 9.54 | 9.54 | 9.54 | 10.21 | 10.26 | 13.50 | 14.22 | 14.52 |
| 陕西 | 56.89 | 60.64 | 58.89 | 58.89 | 58.16 | 52.05 | 58.56 | 59.66 |
| 甘肃 | 11.04 | 13.63 | 14.87 | 16.17 | 16.03 | 16.58 | 21.25 | 23.19 |
| 青海 | 4.20 | 4.21 | 4.29 | 3.99 | 4.68 | 7.71 | 8.79 | 11.20 |
| 宁夏 | 3.75 | 9.35 | 9.70 | 15.47 | 15.12 | 17.37 | 26.96 | 27.12 |
| 新疆 | 1.41 | 1.64 | 2.95 | 2.48 | 2.90 | 3.69 | 6.48 | 6.68 |

—表示数据未公布

注：不包括港澳台，以下有关省（自治区、直辖市）的统计数据中，若不加说明，均不包括港澳台

### 2.1.4　资源变动影响因素分析

　　森林采伐与人口增长有密切关系，表现在每年的人口增长量和人口密度变化、耕地面积变化量、薪柴生产与原木砍伐量。20 世纪 60 年代，国内大炼钢铁，致使我国森林面积呈下降趋势，随后的大垦荒进一步加大了下降幅度。人口数量爆炸性增长给人类带来了诸多社会问题的同时也严重危害了生态环境。在人口数量增长速度过快的条件下，为满足燃料、粮食、住房、木材等需要，就需要不断地砍伐原木、削减有林地。由于小麦等旱地农作物和水稻等湿地农作物的广泛种植，平原地带、丘陵低山地带、两河流域周边的天然森林面积不断减少。由于我国在 1958 年后的一段时间开启了以粮为纲的农业发展模式，毁林开荒现象严重，森林资源遭到了极大破坏。我国对国有森林工业（以下简称森工）企业员工的绩效考核主要依据经济指标。森工企业经营者的能力水平主要由森工企业上缴的利润决定。然而对林木资源保护与培育工作的成果考察普遍流于形式，这方面考察难度较大且缺乏切实可行的方法。制度的不完善加剧了森林的过度砍伐。森林的保护培育是社会再生产和自然再生产共同进行、互相帮助的森林生产活动。我国并未与时俱进的林地产权制度限制了资本要素在丰富的国有林区发挥作用，导致了产业结构过度集中于森林产品的利用，因此森林砍伐需求量依然很大。薪柴需求压力占森林砍伐量较大比重的主要原因是发展中国家把薪柴当作主要能源。世界上有 20 多亿人把木材当作日常燃料。世界范围内，森林采伐的用途中，能源需求占了较大的比重，约为 60%。人民科学文化素质的高低对国家林业也会有影响。而人民科学文化素质的高低由国家整体的和局部省（自治区、直辖市）的义务教育的发展程度、社会教育的普及度、科学教育环境和社会环境决定。随着科学技术水平的发展，森林资源经营防护水平也相应提高，从而使森林资源利用率得到提高，林木资源质量也有所改善。气候条件决定了森林的"身体素质"，气候条件好的热带和湿润的温带，森林生长得更快、更好，其经营与投资边际效益较大，有利于构建稳定和谐的林木生态系统。

## 2.2　森林资源质量

### 2.2.1　林地生产力

　　林地生产力，是衡量一个国家或地区造林水平的主要标准。本书主要以森林单位面积

蓄积量来表示林地生产力大小。

　　根据各年全国森林资源连续清查的统计数据，绘制出如图 2-1 所示的柱状图，该图体现了我国森林单位面积蓄积量变化情况。由于在每年间的变动不大，且统计工作量巨大，除早期清查周期变动外，基本每五年进行一次全国森林资源清查。

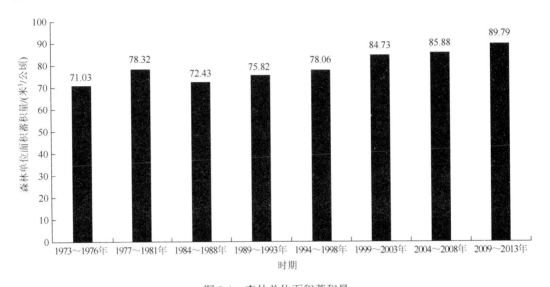

图 2-1　森林单位面积蓄积量
资料来源：第一～第八次全国森林资源连续清查统计数据

　　图 2-1 显示，自 1973 年有统计开始，我国森林单位面积的蓄积量不断增加，整体呈现上升趋势，且最近一次（2009～2013 年）的全国森林资源连续清查结果显示我国森林资源每公顷蓄积量已达到 89.79 立方米，说明我国森林资源质量确实在不断提高。值得注意的是，该值仅为世界森林资源每公顷蓄积量平均水平 131 立方米的 69%，仍显著低于世界平均水平。

## 2.2.2　森林生长情况

### 1. 生长量

　　生长量，是指林分单位面积年均生长量。

　　根据第五～第八次全国森林资源连续清查统计数据，绘制出如图 2-2 所示柱状图，该图体现了我国林分单位面积年均生长量变化情况，仍然以五年为一间隔进行统计，且 1994年以前年度缺少对该指标的统计。

　　由图 2-2 可看出，林分单位面积年均生长量总体不断增加，且增加幅度较大。在第八次（2009～2013 年）全国森林资源连续清查主要结果中显示的林分单位面积年均生长量已达到 4.23 米³/公顷。

### 2. 森林面积生长率

　　根据统计到的数据，按照如下公式计算森林面积生长率，并将其作为森林资源质量中的生长率指标。

$$森林面积生长率 = \frac{当前年度森林面积 - 以前年度森林面积}{以前年度森林面积} \times 100\%$$

绘制散点图如图 2-3 所示。

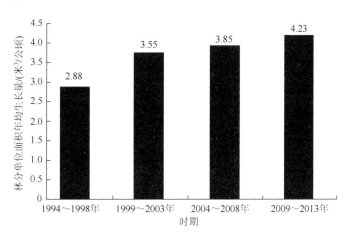

图 2-2　林分单位面积年均生长量

资料来源：第五～第八次全国森林资源连续清查统计数据

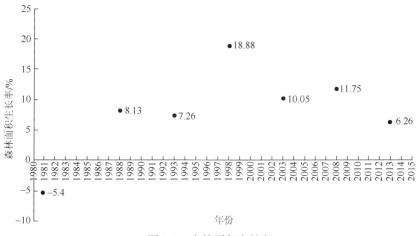

图 2-3　森林面积生长率

资料来源：第二～第八次全国森林资源连续清查统计数据

森林面积生长率在 1981 年为–5.40%，在 1998 年达最高值为 18.88%，在 2013 年为 6.26%，森林面积生长率整体趋势为先升高后下降。目前森林面积的增长主要依靠人工造林，其他主要手段为飞机播种造林（以下简称飞播造林）、新封山育林、退化林修复、人工更新造林。

3. 郁闭度

郁闭度按照如下公式计算统计，它反映的是林分密度，也是森林结构和森林环境的一个重要因子。

$$郁闭度 = \frac{森林中乔木树冠在阳光直射下在地面的总投影面积（冠幅）}{此林地（林分）总面积}$$

根据联合国粮食及农业组织规定，郁闭度在 0.70（含 0.70）以上为密林，郁闭度在 0.20～0.69 为中度郁闭林，郁闭度在 0.20（不含 0.20）以下为疏林。

我国森林的平均郁闭度逐年上升，从 2003 年的 0.54、2008 年的 0.56 到 2013 年测度的 0.57，总体趋势向好，也反映了我国造林工作的成效显著。

### 2.2.3　林分构成

1. 天然林占比

根据收集到的数据，按照如下的公式进行计算处理，得到部分年份的天然林占比情况，绘制出如图 2-4 所示的柱状图。

天然林占比 = 天然林面积/林地面积×100%

如图 2-4 所示，天然林占比先上升后下降，上升可能是由于对天然林的保护政策的出台，而下降则可能是由于人工林面积增加，这两点都说明我国对森林资源保护较为有效。

2. 有林地占比

有林地主要是由树木郁闭度大于等于 20% 的林地组成，它包含了天然林和人工林。

根据收集到的数据，按照如下的公式进行计算处理，得到部分年份的有林地占比情况，绘制出如图 2-5 所示的柱状图。

有林地占比 = 有林地面积/林地面积×100%

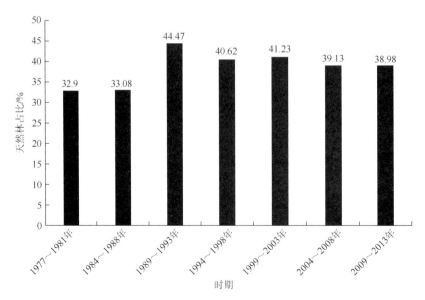

图 2-4　部分年份天然林占比变化示意图
资料来源：第二～第八次全国森林资源连续清查统计数据

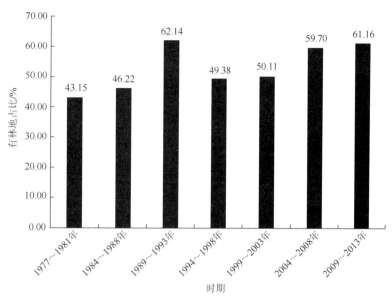

图 2-5　部分年份有林地占比变化示意图

资料来源：第二～第八次全国森林资源连续清查统计数据

从图 2-5 中可以看出，有林地面积总体呈上升趋势，近几年基本维持在 60%左右。

## 2.2.4　森林灾害情况

根据历年《中国国土绿化状况公报》及相关统计年鉴显示，我国的森林灾害情况主要可以分为森林火灾灾害和林业有害生物灾害。

1. 森林火灾灾害

对于森林火灾灾害的衡量主要包括森林火灾次数和森林火灾发生面积两方面，数据来源于第一～第八次全国森林资源连续清查统计数据及各年度《中国国土绿化状况公报》，其详细记载并补充了 1993～2016 年的森林火灾次数和森林火灾发生面积。

1993～2016 年，可以看出森林火灾的发生次数先上升后下降，并且在这期间呈现多个波浪变动，基本上五年为一个周期。其中，2008 年森林火灾次数最为严重，自 2008 年后有明显改善，森林火灾次数大幅减少，森林火灾发生面积也明显降低，但仍需要保持高度警惕，加强森林区域火灾防治等相关措施的实施（图 2-6）。

森林火灾次数最多的 2008 年的森林火灾发生面积反而并不如预想中的大，在 1993～2016 年，森林火灾发生面积最大的是 2003 年，其全年火灾发生次数在 1993～2016 年中排在第四位，这也提醒了有关部门在减少森林火灾次数的同时，也要注意管控森林火灾发生面积，从而减少更多伤害（图 2-7）。

2. 林业有害生物灾害

对于林业有害生物灾害的衡量主要为有害生物发生面积，其中有害生物主要包括危害

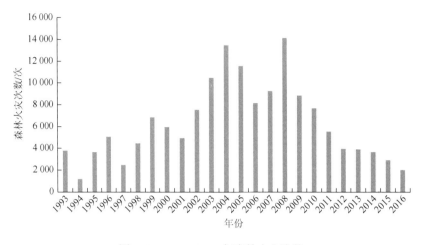

图 2-6　1993～2016 年森林火灾次数

资料来源：1993～2017 年《中国林业统计年鉴》

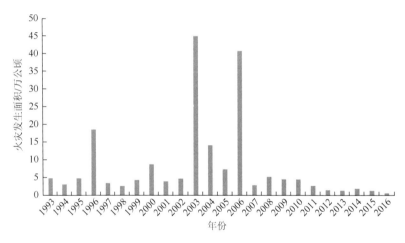

图 2-7　1993～2016 年森林火灾发生面积

资料来源：1993～2017 年《中国林业统计年鉴》

森林、林木、荒漠植被、湿地植被等的病虫鼠兔及有害植物。本书数据来源于第一～第八次全国森林资源连续清查统计数据及各年度《中国国土绿化状况公报》，其详细记载并补充了 1993～2016 年的有害生物发生面积，如图 2-8 所示。

　　图 2-8 中显示有害生物发生面积整体呈递增趋势，且自 2007 年以来一直居高不下，这反映出我国林业有害生物影响的严重性及治理的艰巨性。因为有害生物的进化及更新，秉着保护森林资源的宗旨，所以有害生物的有效、合理、安全防治一直是森林保护的重点难题。

## 2.2.5　森林资源质量综合评价

　　森林资源是人类社会赖以生存的重要资源之一，森林资源质量与其生态功能和人类生活水平息息相关，甚至关乎人类赖以生存的地球家园的生态平衡。

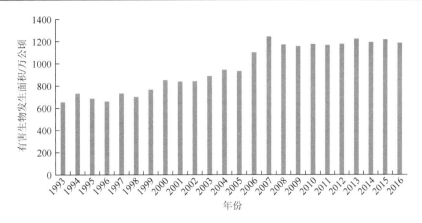

图 2-8　1993～2016 年有害生物发生面积

资料来源：第一～第八次全国森林资源连续清查统计数据

一直以来，无数学者进行了关于森林资源评价的研究，主要运用主成分分析法、因子分析法、层次分析法、模糊综合评价法等研究方法，其研究对象的区域范围大到国家，小到林场小班。但是，由于森林资源质量还缺乏明确的数值衡量，因此大多学者使用某些相关指标的变化来定性地描述森林资源。基于之前的研究，再结合诸如森林蓄积、林地面积、森林覆盖率等多项指项，本书通过因子分析方法，提取代表性成分，评价各省（自治区、直辖市）森林资源质量水平。其中，森林蓄积是指森林中林木蓄积的总量；林地面积是指生长乔木、竹类、灌木、沿海红树林等林木的土地面积；森林覆盖率是指森林面积占土地总面积的比重。

研究数据来源于各次全国森林资源连续清查结果（1973～2013 年）及各年《中国林业统计年鉴》。本书从多个评价角度出发，综合考虑生产力、健康、服务功能等多个森林因素，并对数据进行标准化处理，具体内容如下。

正向指标的标准化：正向指标数值越大，说明森林资源质量越好。

$$无量纲化：x' = \frac{x_i - x_{\min}}{x_{\max} - x_{\min}}（正向指标）$$

负向指标是指森林资源质量指标观测值与森林资源质量提高具有反向关系的指标。在这里需要把负向指标无量纲化。

$$无量纲化：x' = \frac{x_{\max} - x_i}{x_{\max} - x_{\min}}（负向指标）$$

$$归一化：Z = \frac{x' - \overline{x'}}{s_{x'}}$$

通过 SPSS 软件进行因子分析，可以将多个冗余指标转化为少量、不可观测且互不相关的因子。同时使用因子得分对样本给出相应的评价和排序。

通过如下的计算公式可以计算出森林资源质量的综合指数，得到综合指数（$ZS_I$）

$$ZS_I = \sum (Q_i \times X_i)$$

式中，$X_i$ 为第 $i$ 个指标的标准化值；$Q_i$ 为对应的权重系数。计算得出的综合指数 $ZS_I$ 的范围为[0，1]，在此将 $ZS_I$ 划分为四个等级：优[0.7，1]；良[0.5，0.7）；中[0.3，0.5）；差[0，0.3）。

表 2-7 为数据检验与因子提取结果。

表 2-7　公因子方差

| 项目 | 初始 | 提取 |
|---|---|---|
| 森林面积 | 1.000 | 0.994 |
| 森林面积生长率 | 1.000 | 0.987 |
| 森林蓄积 | 1.000 | 0.824 |
| 林地面积 | 1.000 | 0.933 |
| 森林覆盖率 | 1.000 | 0.994 |
| 活立木蓄积量 | 1.000 | 0.948 |
| 森林单位面积蓄积量 | 1.000 | 0.909 |
| 林分单位面积年均生长量 | 1.000 | 0.831 |
| 天然林面积 | 1.000 | 0.984 |
| 天然林占比 | 1.000 | 0.911 |
| 有林地面积 | 1.000 | 0.932 |
| 有林地占比 | 1.000 | 0.859 |
| 森林火灾次数 | 1.000 | 0.607 |
| 森林火灾发生面积 | 1.000 | 0.721 |
| 有害生物发生面积 | 1.000 | 0.988 |

注：提取方法为主成分分析法

表 2-7 中因子分析的变量共同度都非常高，说明了因子分析结果的有效性。

接下来是指标归属计算，见表 2-8。

表 2-8　单独及累积的方差

| 成分 | 初始特征值 | | | 提取平方和载入 | | | 旋转平方和载入 | | |
|---|---|---|---|---|---|---|---|---|---|
| | 合计 | 单独的方差/% | 累积的方差/% | 合计 | 单独的方差/% | 累积的方差/% | 合计 | 单独的方差/% | 累积的方差/% |
| 1 | 7.403 | 49.356 | 49.356 | 7.403 | 49.356 | 49.356 | 7.257 | 48.380 | 48.380 |
| 2 | 2.765 | 18.430 | 67.787 | 2.765 | 18.430 | 67.787 | 2.178 | 14.519 | 62.899 |
| 3 | 1.908 | 12.722 | 80.509 | 1.908 | 12.722 | 80.509 | 2.092 | 13.944 | 76.843 |
| 4 | 1.346 | 8.972 | 89.481 | 1.346 | 8.972 | 89.481 | 1.896 | 12.638 | 89.481 |
| 5 | 0.749 | 4.991 | 94.471 | | | | | | |
| 6 | 0.590 | 3.933 | 98.404 | | | | | | |
| 7 | 0.239 | 1.596 | 100.000 | | | | | | |
| 8 | $4.846 \times 10^{-16}$ | $3.230 \times 10^{-15}$ | 100.000 | | | | | | |
| 9 | $2.699 \times 10^{-16}$ | $1.799 \times 10^{-15}$ | 100.000 | | | | | | |
| 10 | $1.688 \times 10^{-16}$ | $1.125 \times 10^{-15}$ | 100.000 | | | | | | |
| 11 | $5.119 \times 10^{-17}$ | $3.413 \times 10^{-16}$ | 100.000 | | | | | | |

续表

| 成分 | 初始特征值 | | | 提取平方和载入 | | | 旋转平方和载入 | | |
| --- | --- | --- | --- | --- | --- | --- | --- | --- | --- |
| | 合计 | 单独的方差/% | 累积的方差/% | 合计 | 单独的方差/% | 累积的方差/% | 合计 | 单独的方差/% | 累积的方差/% |
| 12 | $-1.870\times10^{-18}$ | $-1.247\times10^{-17}$ | 100.000 | | | | | | |
| 13 | $-1.405\times10^{-16}$ | $-9.364\times10^{-16}$ | 100.000 | | | | | | |
| 14 | $-2.679\times10^{-16}$ | $-1.786\times10^{-15}$ | 100.000 | | | | | | |
| 15 | $-3.726\times10^{-16}$ | $-2.484\times10^{-15}$ | 100.000 | | | | | | |

注：提取方法为主成分分析法

其中，"单独的方差"意为该成分解释的方差占总方差的比重。从表 2-8 可知，在此提取前四个因子作为主因子（表 2-9）。同时可以通过因子的特征值（或方差贡献率）计算出指标体系的权重。

表 2-9　主因子成分得分矩阵表

| 项目 | 成分 | | | |
| --- | --- | --- | --- | --- |
| | 1 | 2 | 3 | 4 |
| 森林面积 | 0.131 | 0.050 | −0.006 | 0.037 |
| 森林面积生长率 | 0.090 | 0.470 | −0.009 | −0.209 |
| 森林蓄积 | 0.031 | 0.183 | 0.054 | −0.538 |
| 林地面积 | 0.142 | −0.046 | −0.135 | −0.162 |
| 森林覆盖率 | 0.131 | 0.050 | −0.006 | 0.037 |
| 活立木蓄积量 | 0.119 | 0.009 | 0.032 | 0.075 |
| 森林单位面积蓄积量 | 0.107 | −0.084 | −0.083 | 0.164 |
| 林分单位面积年均生长量 | 0.043 | −0.378 | 0.143 | 0.073 |
| 天然林面积 | 0.125 | 0.070 | −0.081 | 0.088 |
| 天然林占比 | −0.006 | 0.141 | 0.077 | 0.331 |
| 有林地面积 | 0.130 | 0.039 | 0.166 | −0.198 |
| 有林地占比 | 0.043 | 0.077 | 0.360 | −0.048 |
| 森林火灾次数 | −0.093 | −0.086 | 0.313 | 0.167 |
| 森林火灾发生面积 | −0.021 | −0.103 | 0.423 | −0.069 |
| 有害生物发生面积 | −0.111 | 0.230 | −0.009 | 0.123 |

注：提取方法为主成分分析法

图 2-9 验证了前四个因子作为主因子的合理性。

基于因子分析法，利用旋转成分矩阵的因子载荷值与因子方差贡献率计算得到各项指标的权重，将 15 个指标按高载荷分成四类，第一类：森林面积、森林蓄积、森林覆盖率、活立木蓄积量、天然林面积、森林火灾次数，可将其命名为森林数量因子，均呈正向分布。第二类：森林面积生长率、天然林占比、有害生物发生面积，可将其命名为森林自身生长

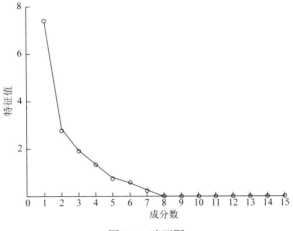

图 2-9　碎石图

能力因子，均呈正向分布。第三类：林分单位面积年均生长量、有林地占比、森林火灾发生面积，可将其命名为森林人为生长能力因子，可以看作森林生产力与森林结构的要素指标，均呈正向分布。第四类：林地面积、森林单位面积蓄积量、有林地面积，可将其命名为森林结构因子，均呈正向分布。

以第一因子为例，通过如下的计算公式可以得到第一因子得分：

$$S_{i,1} = 0.131 \times x_{i,1} + 0.090 \times x_{i,2} + \cdots - 0.111 \times x_{i,17}$$

式中，$x_{i,1}$ 为变量的标准化值；$S_{i,1}$ 为第 $i$ 个省（自治区、直辖市）在第一因子上的得分。运用相同的方法可以计算出其他因子的得分。

通过如下公式计算综合得分：

$$ZS_I = (Q_1 \times S_{i,1} + Q_2 \times S_{i,2} + Q_3 \times S_{i,3} + Q_4 \times S_{i,4}) / (\sum Q_i)$$
$$= (48.380 \times S_{i,1} + 14.519 \times S_{i,2} + 13.944 \times S_{i,3} + 12.638 \times S_{i,4}) / 89.481$$

式中，$Q_i$ 为第 $i$ 个因子的权重。各因子综合得分见表 2-10。

表 2-10　因子综合得分及排名

| 年份 | 森林数量 | | 森林自身生长能力 | | 森林人为生长能力 | | 森林结构 | | 综合因素 | |
|---|---|---|---|---|---|---|---|---|---|---|
| | $F_1$ 得分 | 排名 | $F_2$ 得分 | 排名 | $F_3$ 得分 | 排名 | $F_4$ 得分 | 排名 | 总得分 | 排名 |
| 2013 | 1.449 11 | 1 | −1.032 36 | 7 | 1.077 23 | 2 | 0.329 70 | 3 | 0.830 419 314 | 1 |
| 2008 | 1.387 03 | 2 | 0.060 14 | 5 | −0.139 74 | 6 | −0.389 22 | 7 | 0.682 940 369 | 2 |
| 2003 | 0.508 93 | 3 | 0.626 45 | 2 | −1.819 39 | 8 | 0.700 86 | 2 | 0.192 279 428 | 4 |
| 1998 | −0.167 80 | 4 | 1.715 93 | 1 | 0.268 48 | 3 | 0.152 66 | 5 | 0.251 097 170 | 3 |
| 1993 | −0.940 94 | 5 | 0.394 46 | 3 | 1.217 64 | 1 | 1.205 61 | 1 | −0.084 713 415 | 5 |
| 1988 | −0.483 28 | 6 | 0.244 56 | 4 | 0.201 14 | 4 | −2.173 77 | 8 | −0.497 286 897 | 7 |
| 1981 | −1.006 11 | 8 | −1.428 83 | 8 | −0.946 01 | 7 | 0.212 27 | 4 | −0.893 254 208 | 8 |
| 1976 | −0.746 93 | 7 | −0.580 35 | 6 | 0.140 65 | 5 | −0.038 10 | 6 | −0.481 474 942 | 6 |

从以上因子综合得分及排名可以得出以下几个结论。

1）从各年综合得分来看，森林资源质量呈上升趋势，期间略有波动，目前森林资源质量仍处于历史最高水平。

2）从单个因子得分来看，森林数量呈上升趋势，但森林自身生长能力却远不如以前，自 1998 年后呈逐年下降的趋势，人为种植森林的行为也确实对森林资源质量的提升起到一定帮助，今后还需要继续实施人工造林等工程。

政策建议如下。

1）维护并巩固我国现有天然林，减少并停止天然林采伐。

2）持续开展人工林种植项目，鼓励更多的市民参与到树林栽种中来，提高市民参与度及对森林树木的责任感。

3）调整林区产业结构，改变林业产品方向，即由粗放向精尖转变。

4）加强对病虫害的研究，争取物理与化学相结合，以事前预防为主，事后补救为辅，减少病虫害的不良影响，维护森林健康与安全。

5）加强森林防火、禁火宣传教育，增加林区救火员，合理配置火灾预警所与救火所，以事前教育、实时监控、及时救火、事后补种为原则，加强事前教育和实时监控，遏制森林大火的发生。

## 2.3　森林资源中存在的问题

### 2.3.1　生态问题[①]

随着党中央和国务院颁布一系列支持森林发展的政策，社会在森林工作方面也不断投入更大的支持，这给森林资源状况改善带来了显著的成效。我国森林资源目前发展态势健康良好，森林资源总量在逐渐增加、森林资源质量在不断改善、结构越来越合理。总体而言，我国森林的发展状况进入了一个保育与用林相持的关键阶段，此阶段的对峙将越发激烈、工作将越发艰苦、拉锯将越发突出、任务将越发艰巨。根据全国森林资源连续清查结果，发现以下的生态问题依然非常突出。

第一，森林资源分布不均。我国人口分布不均衡，森林分布差异大，造成我国人均森林面积差异也大。2003 年东部地区森林覆盖率、中部地区森林覆盖率和西部地区森林覆盖率分别是 34.27%、27.12% 和 12.54%。

第二，森林资源总量不高。我国森林资源整体匮乏，不管是森林覆盖率、人均森林面积，还是森林蓄积量，各个指标都与世界发达国家存在较大差距。2003 年我国森林覆盖率在世界排名第 130 位，仅仅相当于全世界平均水平的 61.52%。人均森林面积占居世界第 134 位，还不到世界平均水平的 1/4。森林蓄积量排名世界第 122 位，不到世界平均水平的 1/6。

第三，森林资源整体质量不高。森林年龄结构不合理，缺乏可采伐森林资源。中幼龄

---

① 此部分内容引自宋庆丰（2015）。

林木无论是采伐面积占比还是蓄积量占比都很大，可供采伐的后备资源较少，林分胸径较小。树种不够丰富，人工种植经营的森林质量水平较低。

第四，滥砍滥伐现象严重。在我国森林资源严重不足的情况下，过量采伐现象仍然很普遍，全国每年平均超限额采伐量为 7554.21 立方米。

第五，林地水土流失现象严重，土地沙化的面积有增无减。林地被征或被改变用途的面积较大，而且水土流失导致的土地沙化问题还严重影响谷物产量。我国作为一个农业大国，这个现象应该得到足够重视。

## 2.3.2　我国林业发展存在的问题

我国林业建设及森林资源的保育在获得不错成绩的同时，也面临一些困难。

一是森林资源总量小、区域分布不均衡、总体质量不高。我国人均森林蓄积量仅为世界平均水平的 12.5%，还远远不能满足世界 1/5 人口对林业能源方面的需求。

我国北方许多地区因为水土流失和土地沙漠化加剧，森林生长环境不优，植被少、生态环境恶化的趋势没有实现标志性的扭转。我国每年流失的土壤超过 50 亿吨，水土流失的面积近 55 亿亩，占我国国土面积的 38.2%。我国土地沙漠化现象也非常严重，2014 年沙漠化土地面积接近 25 亿亩，约占国土面积的 1/5。土地大量沙漠化给人类带来很大影响，约有 4 亿人直接受沙漠化的影响。由此看来，我国土地沙漠化的治理形势很严峻。我国北方森林有很大一部分的郁闭度不到 0.4，不具备正常的生态方面的服务功能，尤其在我国华北地区、西北地区、中部地区和黄河下游流域，其森林覆盖面积和森林蓄积量极少，很多环境干旱的地区森林覆盖率不到 1%。

二是我国林业体制僵化、考核机制偏重经济指标、改革滞后，导致林业结构化矛盾明显。由于森林资源所有制趋同，林业资源的巨大潜力难以发挥。林业的经营管理和运行难以迎合林业建设与生态建设的特点，同时难以适应中国特色社会主义发展和社会主义制度下市场经济体制的要求。我国林业建设的目标和侧重点不够清晰明朗，林业生产力的结构待完善。我国森林的林龄结构不够合理，可供采伐的森林资源面积占全国林分总面积的比重不足 1/10，中幼龄林木面积比重超过 70%，采伐的木材中有超过 60% 来自中幼龄林木。我国林业产品的结构还待完善，经济方面效益产出比低，2/3 以上的国有林场处于勉强维持生存的窘境，我国林工企业竞争力不足，负债率较大。

三是我国林业建设和保育的资金投入较低且税费偏高。1950～2010 年，我国在林业的投资远低于世界森林保有量大国。日本仅 1998 年在林业上的投资金额就约为 740 亿元，然而，我国在 1949～2013 年 60 多年的时间里，在林业基本建设中的营林项目投资金额不到 150 亿元，年均不到 3 亿元。不仅多数防护林工程资金投入不足，而且木材交易的税费也过高。

四是经济的高速发展及人口的膨胀式增长给森林资源带来了巨大的损耗，也会给林业发展带来极大的压力。据统计，自中华人民共和国成立以来的 60 多年，我国森林资源消耗总量已达 100 亿立方米，大约相当于我国 1998 年森林总蓄积量的 90%。从总量角度看，我国原有的森林几乎已经完全更新了一次。"十二五"期间，我国每年森林消耗总量约为

3.7 亿立方米，依照此消耗速度，在未来 50 年里，我国消耗的森林资源量将达 185 亿立方米，是我国 2013 年森林蓄积量的 1.2 倍。

五是早期对森林资源的生态价值认识不到位。中华人民共和国成立后，人们多把林业当作经济资源开采，保育不到位，破坏过多。人们尚未认识到林业作为一项基础设施对保障社会经济可持续发展的重要作用。许多地方执行以粮为纲的纲领，以牺牲有林地换取耕地，追求经济效益，大量流失了我国森林资源。据统计，在第四、第五次全国森林资源连续清查结果的间隔期间内，我国就有大面积林地被征用或被改变用途，总面积超过 1 亿亩。

我国还是发展中国家，处于社会主义初级阶段，保护环境和发展经济双重任务相互制约、相互促进。要树立新的理念，保护生态环境就是保护生产力，经济高速发展后，国内生产总值（gross domestic product，GDP）再高，如果没有良好的赖以生存的生态环境，民生依旧不能实现。无节制地向自然索取，虽然能短期内实现地方经济的提升，但终究会没有后劲，只是竭泽而渔。经济基础保障了生活质量，生态环境决定了生存条件。要抛弃经济发展和保护环境"一山不容二虎"的传统思维，群策群力探索出一条新的发展路线，实现共赢。实现这些，离不开完善、严格和严密的法律制度的保障，用良好的生态环境保证可持续发展。

### 2.3.3　经济问题

可持续森林管理的一个目标是确保森林能够长期提供广泛范围的产品和服务，包括重要的经济效益和社会效益。无论是作为建筑木材、家具，还是木质燃料、纸张或其他木制品，木材都是每个人生活中的一部分。跟踪工业圆材和木质燃料采伐量可大致了解森林中用于满足这些需求的木材用量及这种需求的变化。世界上大部分的木材来自用材林和多用途林。对一些国家来说，这种跟踪还表明哪些地方对用材林和多用途林的木材采伐不明显，哪些地方森林以外或其他林地的树木更为重要。对木材需求趋势及供应木材和木质燃料的森林类型进行分析，有助于突出对这些森林做出分类以保证木材的长期供应的重要性。2011年林业部门为全球 GDP 贡献了估计为 6000 亿美元的总金额，占全球 GDP 的比重大约为0.9%。148 个国家和地区向美国森林资源协会（Forest Resources Association，FRA）报告的数据表明，其林业和伐木业（主要是采伐和营林业务，包括木质燃料和非木质林产品的采集）的贡献约为 1170 亿美元。在这一数额中，高收入国家占 41%，而低收入国家仅占 5%。然而，在低收入国家这一贡献占全球 GDP 总量的比重约为 1.4%，相对于高收入国家只有0.1% 的比重来说要高得多。林业和伐木业的就业对社会经济、环境和社会福利做出了贡献。进行林业活动的地方是在农村地区，那里通常有很少其他就业机会，这就使此类就业在这些地区显得尤为重要。衡量并报告林业和伐木业就业情况可增加农村地区此类就业机会，2010 年在林业中就业的人口大约有 1270 万人，其中 79% 在亚洲（主要在孟加拉国、中国和印度）。在热带、亚热带与寒带气候域的林业和伐木业就业人口保持相对稳定，而在温带地区有所下降。由于缺少数据，特别是缺少非正式工或小时工的统计数据，林业和伐木业就业被严重低估。只有占全球森林面积 17% 的 29 个国家和地区报告所有年份的林业和伐木业就业人数及其女性就业人数，这说明大多数国家没有按性别分类的数据。

那些有按性别分类数据的国家中林业女性就业率从 1990 年的 20%增加到 2010 年的 30%。2010 年，在林业中女性工作人数最多的三个国家分别是孟加拉国（60 万人）、中国（30.1 万人）和马里（18 万人）。女性在林业就业中比重最大的四个国家分别是马里（90%）、蒙古国和纳米比亚（均为 45%）及孟加拉国（40%）。孟加拉国更新了其森林政策和法律以加强女性对社会林业发展的参与。蒙古国女性在历史上一直对采集木质燃料、植树造林等林业活动负责。而在马里，女性则积极参与木质燃料和非木质林产品的采集工作。小岛屿发展中国家（small island developing states，SIDS）拥有世界森林面积的 2%左右，对全球而言可谓微不足道。然而，对许多小岛屿发展中国家来说，森林与树木在社会与经济发展中所发挥的作用比在很多大国中更为至关重要。许多岛屿栖息地也对生物多样性和特有物种的保护具有全球意义。由于森林在水土保持和灾害风险防御能力方面的重要作用，小岛屿发展中国家的森林管理尤为重要。此外，沿海森林和红树林对海洋栖息地和海岸侵蚀的防御也非常重要。

# 2.4　森林资源与经济增长关系

## 2.4.1　模型设定

在对森林资源环境与经济发展关系的研究中，通常研究两者之间是否存在环境库兹涅茨曲线（environmental Kuznets curve，EKC）关系，使用经济增长与森林资源负向指标进行建模，观察拟合曲线是否存在倒"U"形。本书借鉴 EKC 模型的建模思想，试图建立森林资源与经济发展水平间的反 EKC 模型，并进一步研究影响森林资源变动因素的基础。

根据面板数据的特殊性建立面板数据模型。比较多种模型的拟合效果及 $F$ 检验判断，综合选取固定效应的变截距模型。

## 2.4.2　数据来源与变量说明

本书利用我国 2003～2015 年的全国森林资源数据和《中国统计年鉴》。得到全国及各省（自治区、直辖市）2003～2015 年的 GDP 和森林面积共 792 项数据。对于经济的增长采用人均 GDP 增长率来衡量，计算公式为人均 GDP 增长率 =（当年人均 GDP−前一年人均 GDP）/前一年人均 GDP。森林资源采用森林面积来衡量，参考 EKC 模型中变量的形式，可以将自变量设定为森林面积的一次、二次和三次形式。

## 2.4.3　实证分析

1. 描述性统计量

首先，计算得到森林面积与全国人均 GDP 两者的相关系数为 0.91，具有极强的相关性，确认了线性一次相关关系。

其次，绘制森林资源与经济增长之间的散点图，对两者关系进行进一步判断，如图 2-10 所示。

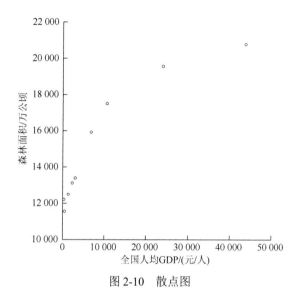

图 2-10　散点图

由图 2-10 可以看出，森林面积和全国人均 GDP 间存在二次相关，即将自变量设定为森林面积的二次形式。

2. 单位根检验

首先，对数据进行单位根检验。单位根检验分为两类：一类是相同根情形下的单位根检验，采用的是 Levin-Lin-Chu 单位根检验法。而另一类则检验不同根情形下的单位根，包括 Im-Pesaran-Shin、ADF-Fisher、PP-Fisher 检验法。检验结果见表 2-11。

表 2-11　单位根检验

| 检验方法 | 人均 GDP 序列 | 人均 GDP 增长率序列 | 森林面积序列 |
| --- | --- | --- | --- |
| Levin-Lin-Chu | 5.696 48<br>（1.000 0） | −6.926 78<br>（0.000 0[**]） | −35.389 9<br>（0.000 0[**]） |
| Im-Pesaran-Shin | 10.302 0<br>（1.000 0） | −1.845 80<br>（0.032 5[**]） | −15.093 5<br>（0.000 0[**]） |
| ADF-Fisher | 9.571 38<br>（1.000 0） | 76.195 1<br>（0.141 4） | 218.347<br>（0.000 0[**]） |
| PP-Fisher | 2.026 60<br>（1.000 0） | 77.719 6<br>（0.116 4） | 232.858<br>（0.000 0[**]） |

**表示在显著性水平 5% 下拒绝原假设
注：括号中数据为 $p$ 值

表 2-11 显示，人均 GDP 增长率序列、森林面积序列均为平稳序列。而人均 GDP 序列没有通过单位根检验，为非平稳序列。本书主要考察经济的增长情况，故采用人均 GDP 增长率序列 $\{\mathrm{rjGDPzzl}_{i,t}\}$。

综合考虑数据相关性及理论依据，建立以下模型：

$$\text{rjGDPzzl}_{i,t} = \alpha_i + \beta_1 \times \text{SLMJ}_{i,t} + \beta_2 \times \text{SLMJ}_{i,t} \times \text{SLMJ}_{i,t} + \beta_3 \text{SLMJ}_{i,t} \times \text{SLMJ}_{i,t} \times \text{SLMJ}_{i,t} + \varepsilon_{i,t}$$

对上述模型进行协整检验，检验指标包括四个联合组内维度指标——Panel v-Statistic、Panel rho-Statistic、Panel PP-Statistic、Panel ADF-Statistic，三个组间维度指标——Group rho-Statistic、Group PP-Statistic、Group ADF-Statistic，检验结果见表 2-12。

表 2-12　人均 GDP 增长率与森林面积的协整检验

| 检验方法 | Panel v-Statistic | Panel rho-Statistic | Panel PP-Statistic | Panel ADF-Statistic | Group rho-Statistic | Group PP-Statistic | Group ADF-Statistic |
|---|---|---|---|---|---|---|---|
| 检验结果 | 2.320 443 （0.010 2） | −2.703 663 （0.003 4） | −7.907 567 （0.000 0） | −7.964 885 （0.000 0） | 0.529 355 （0.701 7） | −10.147 67 （0.000 0） | −8.792 417 （0.000 0） |

综合所有指标，除 Group rho-Statistic 检验法外均拒绝原假设，故人均 GDP 增长率与森林面积存在协整关系。

为了判断该模型的具体形式，本书进行豪斯曼检验。分别运用不变系数模型、变截距模型、变系数模型对模型进行估计，由回归结果得到各自相对应的残差平方和，记作 $S_i$。其中，$S_3$ 对应不变系数模型的残差平方和。

运用变截距模型对其进行估计，豪斯曼检验结果见表 2-13。

表 2-13　模型的豪斯曼检验结果

| 模型 | 检验统计量 | $p$ 值 | 结果 |
|---|---|---|---|
| 变截距模型 | 48.861 222 | 0.000 0** | 拒绝原假设，建立固定效应变截距模型 |

** 表示在显著性水平 5% 下拒绝原假设

建立固定效应变截距模型对应新的残差平方和（$S_2$），建立变系数模型对应的残差平方和（$S_1$）。

综上，$S_1 = 0.824\,150$，$S_2 = 1.368\,861$，$S_3 = 1.742\,091$，个体数 $N = 33$，个体时间长度 $T = 12$，非约束面板数据模型中被估参数个数 $K = 3$，利用以下两个公式计算 $F_2$、$F_1$ 的值。

$$F_2 = \frac{(S_3 - S_1) / [(N-1)(k+1)]}{S_1 / [NT - N(k+1)]}$$

$$F_1 = \frac{(S_2 - S_1) / [(N-1)k]}{S_1 / [NT - N(k+1)]}$$

利用 EViews 计算相应在 $F_1 \sim F(96, 264)$，$F_2 \sim F(128, 264)$ 下的临界值，$F_1$ 的临界值为 1.307 195，$F_2$ 的临界值为 1.277 566。最终，得到协方差分析检验结果见表 2-14。

表 2-14　协方差分析检验结果

| 项目 | $F_2$ | $F_2$ 临界值 | $F_1$ | $F_1$ 临界值 | 结果 |
|---|---|---|---|---|---|
| 统计值 | 2.297 219 | 1.277 566 | 1.817 576 | 1.307 195 | 变系数模型 |

综上，考虑协方差分析检验及豪斯曼检验，最终将模型设定为变系数模型。

变系数模型中的各项参数包括时期 $T$；截面成员总数 $N$，设定基本形式如下：

$$\text{rjGDPzzl}_{i,t} = \alpha_i + x'_{i,t}\beta_i + u_{i,t} \quad i = 1,2,\cdots,N, \quad t = 1,2,\cdots,T$$

并可将变系数模型改写成如下形式：

$$\text{rjGDPzzl}_{i,t} = \overline{x}'_{i,t}\delta_i + u_{i,t} \quad i = 1,2,\cdots,N, \quad t = 1,2,\cdots,T$$

式中，$\overline{x}'_{i,t} = (1, x'_{i,t})'$，$\delta_i = (\alpha_i, \beta'_i)$。

该模型相应的矩阵形式为

$$Y = \tilde{X}\varDelta + u$$

式中，$Y = \begin{bmatrix} y_1 \\ y_2 \\ \vdots \\ y_N \end{bmatrix}_{NT \times 1}$；$y_i = \begin{bmatrix} y_{i1} \\ y_{i2} \\ \vdots \\ y_{iT} \end{bmatrix}_{T \times 1}$；$\tilde{X} = \begin{bmatrix} \tilde{x}_1 & 0 & \cdots & 0 \\ 0 & \tilde{x}_2 & \cdots & 0 \\ \vdots & \vdots & & \vdots \\ 0 & 0 & \cdots & \tilde{x}_N \end{bmatrix}_{NT \times N(k+1)}$；

$$\tilde{x}_i = \begin{bmatrix} \tilde{x}_{i,11} & \tilde{x}_{i,12} & \cdots & \tilde{x}_{i,1(k+1)} \\ \tilde{x}_{i,21} & \tilde{x}_{i,22} & \cdots & \tilde{x}_{i,2(k+1)} \\ \vdots & \vdots & & \vdots \\ \tilde{x}_{i,T1} & \tilde{x}_{i,T2} & \cdots & \tilde{x}_{i,T(k+1)} \end{bmatrix}_{T \times (k+1)}; \quad \varDelta = \begin{bmatrix} \delta_1 \\ \delta_2 \\ \vdots \\ \delta_N \end{bmatrix}_{N(k+1) \times 1}; \quad u = \begin{bmatrix} u_1 \\ u_2 \\ \vdots \\ u_N \end{bmatrix}_{NT \times 1}; \quad u_i = \begin{bmatrix} u_{i1} \\ u_{i2} \\ \vdots \\ u_{iT} \end{bmatrix}_{T \times 1}。$$

根据系数变化的不同形式，本书模型设定为固定效应变系数模型。

固定效应变系数模型的拟合结果较多不易全部列出，因此总体查看参数的符号。从整体上看，森林面积二次方对于人均 GDP 增长率有负向影响，且各地区的系数均较为显著（表 2-15）。

**表 2-15　固定效应变系数模型系数表**

| 全国及各地区 | 森林面积二次方 | | 全国及各地区 | 森林面积二次方 | | 全国及各地区 | 森林面积二次方 | |
| --- | --- | --- | --- | --- | --- | --- | --- | --- |
| | 系数 | 显著性 | | 系数 | 显著性 | | 系数 | 显著性 |
| 全国 | $-7.99 \times 10^{-10}$ | 0.048 | 浙江省 | $-1.01 \times 10^{-6}$ | 0.104 | 重庆市 | $-8.87 \times 10^{-7}$ | 0.055 |
| 北京市 | $-1.97 \times 10^{-5}$ | 0.136 | 安徽省 | $-1.90 \times 10^{-6}$ | 0.087 | 四川省 | $-6.75 \times 10^{-8}$ | 0.131 |
| 天津市 | $-2.87 \times 10^{-3}$ | 0.011 | 福建省 | $-8.73 \times 10^{-7}$ | 0.180 | 贵州省 | $-1.71 \times 10^{-7}$ | 0.315 |
| 河北省 | $-6.14 \times 10^{-7}$ | 0.012 | 江西省 | $-5.16 \times 10^{-7}$ | 0.056 | 云南省 | $-3.01 \times 10^{-8}$ | 0.275 |
| 山西省 | $-4.59 \times 10^{-6}$ | 0.000 | 山东省 | $-3.46 \times 10^{-6}$ | 0.014 | 西藏自治区 | $-2.15 \times 10^{-8}$ | 0.495 |
| 上海市 | $-8.1 \times 10^{-4}$ | 0.382 | 河南省 | $-1.66 \times 10^{-6}$ | 0.008 | 陕西省 | $-5.11 \times 10^{-7}$ | 0.001 |
| 辽宁省 | $-1.24 \times 10^{-6}$ | 0.020 | 湖北省 | $-3.38 \times 10^{-7}$ | 0.057 | 广西壮族自治区 | $-6.42 \times 10^{-8}$ | 0.144 |
| 吉林省 | $-1.87 \times 10^{-6}$ | 0.005 | 湖南省 | $-2.95 \times 10^{-7}$ | 0.045 | 宁夏回族自治区 | $-4.28 \times 10^{-5}$ | 0.013 |
| 黑龙江省 | $-8.37 \times 10^{-8}$ | 0.160 | 广东省 | $-5.03 \times 10^{-7}$ | 0.100 | 新疆维吾尔自治区 | $-6.39 \times 10^{-8}$ | 0.596 |
| 青海省 | $-7.21 \times 10^{-7}$ | 0.038 | 甘肃省 | $-3.72 \times 10^{-7}$ | 0.088 | 内蒙古自治区 | $-6.69 \times 10^{-8}$ | 0.000 |
| 江苏省 | $-4.61 \times 10^{-6}$ | 0.040 | 海南省 | $-3.78 \times 10^{-6}$ | 0.186 | | | |

该模型系数说明森林面积越大，人均 GDP 增长率越低，说明目前我国森林资源与经济还是存在竞争关系。经济的发展与森林资源的保护之间存在着较大矛盾。例如，经济增长与森林资源消耗需求之间的矛盾、人口众多与森林资源相对短缺的矛盾等。

目前我国"十三五"规划要求推进结构性改革，让发展更高质量、更有效率、更加公平、更可持续，这就要求合理、有效利用资源，并尽力创造新资源，包括森林资源。我们应当找准突破点，让森林资源的保护与发展成为推动经济发展的不竭动力，让发展真正成为可持续性的，这就要求未来我国能早日找到经济增长与资源保护增长共生的绿色发展方式。

# 2.5　结论与政策建议

我国的林业发展机遇和挑战并存，一方面，综合国力的增强，人们生态环境意识的提高，国际社会的日益关注，政府的高度重视为林业发展创造了良好的外部环境。另一方面，人口的快速增加，经济的高速发展，对我国森林资源造成了巨大的压力，使林业的发展面临巨大的挑战。此外，国家政治、经济和管理体制的改革，市场经济建立过程中的利益机制和资源配置方式的变化，使我国林业必须面对更多新的问题。以上问题依赖于通过改革经济政策来解决，具体要建立一个保护与利用利益关系统一，保护机制与市场机制协调，生态效益、社会效益和经济效益全面发挥，并与国家可持续发展总体目标一致的、新的林业发展的政策体系。因为林业资源存在极大的外部经济效益，所以通过发展经济政策来补偿林业经济，不仅关系林业发展中的各种利益关系的调整，也关系国土的生态安全和国民经济的可持续发展。世界各国的经验表明，科学和合理的经济政策是林业发展的根本保障。本书通过对森林资源状况、林业发展存在的问题、林业发展与社会经济发展的关系，以及我国林业经济政策的分析研究，得出以下几个基本结论。

1）我国林业发展拥有坚实的资源基础，森林资源具有繁多的类型和丰富的种类。1949 年中华人民共和国成立后，尤其是 1978 年改革开放后，国家逐渐加强对林业的支持和保护力度，使我国森林蓄积和面积实现了双增长的局面。我国森林资源的增长给世界森林资源也做出了极大贡献。与此同时，我国林业发展依然存在森林资源分布不均匀、总量不充足、质量不高等问题，另外，经济的快速增长给森林资源造成巨大消耗并将形成更大的压力；林业投入长期不足，税费过重；林业改革滞后，体制、机制不顺等。

2）社会经济的发展对森林资源的影响有利有弊。一方面，经济发展会给森林资源带来更多现金流，科技发展会为森林资源发展发力；另一方面，乱砍滥伐或其他过度使用森林资源的现象会导致环境恶化、资源减少的恶果。要想促成经济、社会和林业发展的协调，需要林业产业、经济社会、生态建设三方面之间相互促进，多方共建。

3）为了使我国森林资源更健康、可持续地发展，可设计促进我国林业发展的经济政策总体架构，具体包括税费扶持政策、林业产权政策、森林产业政策、林业财政政策、林业贸易和国际化政策、非公有制林业发展政策等。在现阶段为推动我国林业健康发展可采取以下对策和建议：具体政策涵盖了促进森林资源投资的政策框架，并利用世界贸易组织

（World Trade Organization，WTO）规则不断完善我国林业发展的财政支持政策；鼓励多种经济参与林业建设；加快林业产业发展；利用国际化规则促进林业发展；进一步促进非公有制林业发展的经济政策；等等。

上述研究仅是阶段性的成果总结，从宏观层面提出了林业经济政策方面的整体架构，鉴于作者精力和时间受限，依然存在不少问题需要进行进一步的研究。针对设计的林业经济政策进行试点案例研究，并提出具有实际操作性的具体政策内容和措施，向有关政府和部门提出政策建议报告。

## 2.6　案例：森林资源与经济社会协调发展评价与分析

发展与环境保护一直是困扰人类的一大课题，作为世界经济中坚力量的中国，一直关注有效解决自然资源与社会经济发展之间的矛盾。为此，我国已正式展开一系列限制环境破坏，鼓励绿色经济的行动，致力于将我国建设成为富强、民主、文明、和谐、美丽的中国特色社会主义社会。因此，基于我国国情，研究各省（自治区、直辖市）森林资源与经济社会协调发展程度并进行评价分析，对于加快"绿色中国"的建设有一定的理论意义和实践意义。

本节数据来源于 2016 年中国统计数据应用支持系统，收集了我国 31 个省（自治区、直辖市）关于经济与森林资源的共 33 项指标，运用因子分析、主成分分析法，构建协调度评价模型。得到 31 个省（自治区、直辖市）的经济发展子系统得分及排名、森林资源子系统得分及排名，以及最终的协调度得分及排名。并对我国未来森林资源合理利用与促进经济发展提供政策建议。

协调度是衡量系统之间或系统组成要素之间的和谐程度。它是用来判断各种发展指标之间，包括政治、经济、文化、人口、资源、环境及社会等因素，是否处于协调状态的定量指标。用数值来衡量某地的子系统间的协调度可以直观地反映出某地总体的协调发展程度。我国可持续发展的绿色发展战略，即要求各个子系统间的和谐一致。只有经济的发展没有森林资源的支持是无根的发展，同样，只有对森林资源的保护而没有经济的推动是无力的发展。

根据相关变量之间的联系与区别，首先设计了如下的协调度评价体系（表 2-16）。

表 2-16　评价体系

| 模型 | 子系统 | 评价指标 |
| --- | --- | --- |
| 协调度测算模型 | 经济发展子系统 | 人均地区生产总值/元 |
| | | 第一产业增加值/亿元 |
| | | 第二产业增加值/亿元 |
| | | 第三产业增加值/亿元 |
| | | 居民消费水平/元 |
| | 森林资源子系统 | 人均公园绿地面积/平方米 |
| | | 城市绿地面积/万公顷 |

续表

| 模型 | 子系统 | 评价指标 |
|------|--------|----------|
|  |  | 城区面积/平方公里 |
|  |  | 林业用地面积/万公顷 |
|  |  | 森林面积/万公顷 |
|  |  | 人工林面积/万公顷 |
|  |  | 森林覆盖率/% |
|  |  | 活立木总蓄积量/亿立方米 |
|  |  | 森林蓄积量/亿立方米 |
|  |  | 造林总面积/万公顷 |
|  |  | 森林火灾次数/次 |
|  |  | 一般火灾次数/次 |
|  |  | 较大火灾次数/次 |
|  |  | 重大火灾次数/次 |
| 协调度测算模型 | 森林资源子系统 | 特别重大火灾次数/次 |
|  |  | 火场总面积/公顷 |
|  |  | 受害森林面积/公顷 |
|  |  | 森林火灾其他损失折款/万元 |
|  |  | 森林病虫鼠害发生面积/万公顷 |
|  |  | 森林病虫鼠害防治面积/万公顷 |
|  |  | 森林病虫鼠害防治率/% |
|  |  | 森林病害发生面积/万公顷 |
|  |  | 森林病害防治面积/万公顷 |
|  |  | 森林虫害发生面积/万公顷 |
|  |  | 森林虫害防治面积/万公顷 |
|  |  | 森林鼠害发生面积/万公顷 |
|  |  | 森林鼠害防治面积/万公顷 |
|  |  | 林业投资/万元 |

根据 2016 年中国统计数据应用支持系统公布的数据，进行数据处理。由于指标中存在负向指标，这些指标值越大，对系统的负面影响越大，因此对负向指标取相反数，即 $x' = -x$（负向指标）。对包括森林火灾次数在内的 12 项负向指标进行反向处理。

其次，运用 SPSS19.0 软件进行主成分分析，分别得到经济发展水平和森林资源发展指数的得分情况。

最后，建立系统协调度模型，测算出两系统间的协调度值，并进行排名。

协调度测算模型如下：

$$C_n = \exp\left[-\sqrt{\prod_{i=1}^{n} k_i (u_i - u_{i/\bar{i}})^2}\right]$$

式中，$C_n$ 为 $n$ 个系统之间的协调系数；$u_i$ 和 $u_{i/\bar{i}}$ 分别为第 $i$ 个系统的实际发展水平与协调

发展水平，当 $|u_i - u_{i/\bar{i}}|$ 越小时表示协调程度越高，当 $|u_i - u_{i/\bar{i}}|$ 越大时表示协调程度越低；$k_i$ 是 $u_i$ 的方差的倒数。

1. 经济发展子系统

利用 EViews 软件进行经济发展子系统的因子分析，结果见表 2-17 和表 2-18。

表 2-17　经济发展子系统解释的总方差

| 成分 | 初始特征值 | | | 提取平方和载入 | | |
|---|---|---|---|---|---|---|
| | 合计 | 单独的方差/% | 累积的方差/% | 合计 | 单独的方差/% | 累积的方差/% |
| 1 | 2.995 | 59.893 | 59.893 | 2.995 | 59.893 | 59.893 |
| 2 | 1.953 | 39.052 | 98.945 | 1.953 | 39.052 | 98.945 |
| 3 | 0.048 | 0.964 | 99.909 | | | |
| 4 | 0.003 | 0.068 | 99.977 | | | |
| 5 | 0.001 | 0.023 | 100.000 | | | |

注：提取方法为主成分分析法

表 2-18　经济发展子系统成分矩阵

| 项目 | 成分 | |
|---|---|---|
| | 1 | 2 |
| 人均 GDP | 0.083 | 0.984 |
| 第一产业增加值 | 0.991 | −0.123 |
| 第二产业增加值 | 0.998 | −0.044 |
| 第三产业增加值 | 0.999 | −0.015 |
| 居民消费水平 | 0.100 | 0.983 |

注：提取方法为主成分分析法，已提取了两个成分

每个指标所对应的权重系数等于初始因子载荷矩阵的数据除以主成分相对应的特征值开平方根（表 2-19）。

表 2-19　经济发展子系统权重系数

| 项目 | 系数 | |
|---|---|---|
| | 1 | 2 |
| 人均 GDP | 0.047 96 | 0.704 116 |
| 第一产业增加值 | 0.572 632 | −0.088 01 |
| 第二产业增加值 | 0.576 676 | −0.031 48 |
| 第三产业增加值 | 0.577 254 | −0.010 73 |
| 居民消费水平 | 0.057 783 | 0.703 4 |

得到主成分计算公式如下：

$$z_1 = 0.047\,96 \times 人均GDP + 0.572\,632 \times 第一产业增加值 + 0.576\,676 \times 第二产业增加值$$
$$+ 0.577\,254 \times 第三产业增加值 + 0.057\,783 \times 居民消费水平$$

$$z_2 = 0.704\,116 \times 人均GDP - 0.088\,01 \times 第一产业增加值 - 0.031\,48 \times 第二产业增加值$$
$$- 0.010\,73 \times 第三产业增加值 + 0.703\,4 \times 居民消费水平$$

得到两个主因子得分后，按照如下的权重公式计算得到的权重来计算总得分：

$$权重 = 提取平方和载入方差 / 总方差$$

得到权重分别为

$$w_1 = 0.605\,316，\quad w_2 = 0.394\,684$$

最后计算总得分，计算公式如下：

$$Z = w_1 \times z_1 + w_2 \times z_2 = 0.605\,316 z_1 + 0.394\,684 z_2$$

总得分结果见表 2-20。

表 2-20　经济发展子系统总得分

| 地区 | 总得分 Z | 排名 | 地区 | 总得分 Z | 排名 | 地区 | 总得分 Z | 排名 |
|---|---|---|---|---|---|---|---|---|
| 江苏 | 0.264 309 | 1 | 北京 | −0.168 | 12 | 吉林 | −0.335 59 | 23 |
| 广东 | 0.212 831 | 2 | 辽宁 | −0.233 15 | 13 | 贵州 | −0.356 12 | 24 |
| 山东 | 0.193 349 | 3 | 安徽 | −0.237 33 | 14 | 新疆 | −0.367 96 | 25 |
| 浙江 | −0.042 18 | 4 | 天津 | −0.243 76 | 15 | 山西 | −0.400 39 | 26 |
| 河南 | −0.053 66 | 5 | 内蒙古 | −0.261 82 | 16 | 海南 | −0.421 06 | 27 |
| 湖北 | −0.104 94 | 6 | 广西 | −0.263 29 | 17 | 甘肃 | −0.437 76 | 28 |
| 四川 | −0.119 59 | 7 | 黑龙江 | −0.278 48 | 18 | 宁夏 | −0.457 84 | 29 |
| 湖南 | −0.132 88 | 8 | 陕西 | −0.293 54 | 19 | 青海 | −0.472 16 | 30 |
| 河北 | −0.146 52 | 9 | 重庆 | −0.301 36 | 20 | 西藏 | −0.517 58 | 31 |
| 上海 | −0.152 2 | 10 | 江西 | −0.302 03 | 21 | | | |
| 福建 | −0.157 77 | 11 | 云南 | −0.324 58 | 22 | | | |

**2. 森林资源子系统**

与经济发展子系统计算方法相同，森林资源子系统具体计算结果见表 2-21 和表 2-22。

表 2-21　森林资源子系统解释的总方差

| 成分 | 初始特征值 | | | 提取平方和载入 | | |
|---|---|---|---|---|---|---|
| | 合计 | 单独的方差/% | 累积的方差/% | 合计 | 单独的方差/% | 累积的方差/% |
| 1 | 22.695 | 84.057 | 84.057 | 22.695 | 84.057 | 84.057 |
| 2 | 1.409 | 5.217 | 89.274 | 1.409 | 5.217 | 89.274 |
| 3 | 1.156 | 4.283 | 93.557 | 1.156 | 4.283 | 93.557 |
| 4 | 0.825 | 3.056 | 96.613 | | | |
| 5 | 0.438 | 1.621 | 98.233 | | | |

续表

| 成分 | 初始特征值 | | | 提取平方和载入 | | |
|---|---|---|---|---|---|---|
| | 合计 | 单独的方差/% | 累积的方差/% | 合计 | 单独的方差/% | 累积的方差/% |
| 6 | 0.200 | 0.740 | 98.973 | | | |
| 7 | 0.090 | 0.334 | 99.307 | | | |
| 8 | 0.051 | 0.191 | 99.497 | | | |
| 9 | 0.049 | 0.181 | 99.678 | | | |
| 10 | 0.028 | 0.104 | 99.782 | | | |
| 11 | 0.018 | 0.068 | 99.850 | | | |
| 12 | 0.015 | 0.055 | 99.905 | | | |
| 13 | 0.009 | 0.034 | 99.939 | | | |
| 14 | 0.005 | 0.019 | 99.958 | | | |
| 15 | 0.004 | 0.016 | 99.975 | | | |
| 16 | 0.003 | 0.011 | 99.986 | | | |
| 17 | 0.001 | 0.005 | 99.991 | | | |
| 18 | 0.001 | 0.004 | 99.995 | | | |
| 19 | 0.001 | 0.002 | 99.997 | | | |
| 20 | 0.000 | 0.001 | 99.998 | | | |
| 21 | 0.000 | 0.001 | 99.999 | | | |
| 22 | 0.000 | 0.001 | 100.000 | | | |
| 23 | $5.464 \times 10^{-5}$ | 0.000 | 100.000 | | | |
| 24 | $2.119 \times 10^{-5}$ | $7.849 \times 10^{-5}$ | 100.000 | | | |
| 25 | $5.958 \times 10^{-6}$ | $2.207 \times 10^{-5}$ | 100.000 | | | |
| 26 | $1.047 \times 10^{-7}$ | $3.878 \times 10^{-7}$ | 100.000 | | | |
| 27 | $1.901 \times 10^{-17}$ | $7.042 \times 10^{-17}$ | 100.000 | | | |

注：提取方法为主成分分析法

**表 2-22　森林资源子系统成分矩阵**

| 项目 | 成分 | | |
|---|---|---|---|
| | 1 | 2 | 3 |
| 人均公园绿地面积 | 0.062 | −0.749 | −0.396 |
| 城市绿地面积 | 0.975 | 0.039 | 0.013 |
| 城区面积 | 0.977 | 0.052 | 0.004 |
| 林业用地面积 | 0.996 | 0.003 | 0.007 |
| 森林面积 | 0.994 | 0.011 | 0.043 |
| 人工林面积 | 0.992 | 0.008 | 0.091 |
| 森林覆盖率 | −0.095 | −0.356 | 0.852 |
| 活立木总蓄积量 | 0.982 | 0.056 | 0.045 |
| 森林蓄积量 | 0.981 | 0.058 | 0.046 |
| 森林火灾次数 | −0.979 | −0.007 | −0.132 |
| 造林总面积 | 0.991 | 0.016 | 0.009 |
| 一般火灾次数 | −0.968 | −0.039 | −0.125 |

| 项目 | 成分 | | |
|---|---|---|---|
| | 1 | 2 | 3 |
| 较大火灾次数 | −0.979 | 0.056 | −0.146 |
| 重大火灾次数 | −0.757 | 0.315 | 0.316 |
| 火场总面积 | −0.977 | 0.054 | −0.128 |
| 受害森林面积 | −0.980 | 0.099 | −0.034 |
| 森林火灾其他损失折款 | −0.931 | 0.222 | 0.115 |
| 森林病虫鼠害防治面积 | 0.991 | 0.077 | −0.037 |
| 森林病虫鼠害发生面积 | −0.994 | −0.045 | 0.042 |
| 森林病害发生面积 | −0.995 | −0.039 | 0.026 |
| 森林病虫鼠害防治率 | −0.066 | 0.719 | −0.127 |
| 森林病害防治面积 | 0.990 | 0.070 | −0.033 |
| 森林虫害发生面积 | −0.995 | −0.048 | 0.021 |
| 森林虫害防治面积 | 0.989 | 0.085 | −0.021 |
| 森林鼠害发生面积 | −0.951 | −0.035 | 0.155 |
| 森林鼠害防治面积 | 0.959 | 0.039 | −0.138 |
| 林业投资 | 0.980 | −0.005 | 0.098 |

注：提取方法为主成分分析法；已提取了三个主成分

提取出三个主成分，相同方法计算出森林资源子系统的得分及排序，见表 2-23。

**表 2-23　森林资源子系统的得分及排序**

| 地区 | 得分 | 排名 | 地区 | 得分 | 排名 | 地区 | 得分 | 排名 |
|---|---|---|---|---|---|---|---|---|
| 内蒙古 | −4.786 31 | 1 | 重庆 | −3.301 2 | 12 | 山西 | −0.139 56 | 23 |
| 广西 | −5.465 7 | 2 | 海南 | −3.751 54 | 13 | 浙江 | −3.253 19 | 24 |
| 四川 | −3.985 87 | 3 | 湖南 | −2.517 4 | 14 | 青海 | −1.784 94 | 25 |
| 新疆 | −3.361 66 | 4 | 江西 | −3.258 42 | 15 | 福建 | −1.391 32 | 26 |
| 广东 | 7.188 579 | 5 | 陕西 | −3.133 13 | 16 | 江苏 | −2.577 92 | 27 |
| 黑龙江 | −2.104 94 | 6 | 湖北 | −2.726 85 | 17 | 河北 | −1.668 49 | 28 |
| 西藏 | −3.128 95 | 7 | 吉林 | −2.431 14 | 18 | 北京 | −3.564 83 | 29 |
| 甘肃 | −1.097 66 | 8 | 河南 | −0.726 19 | 19 | 上海 | −1.865 05 | 30 |
| 云南 | −5.201 52 | 9 | 贵州 | 4.380 627 | 20 | 天津 | −0.362 75 | 31 |
| 宁夏 | −3.982 33 | 10 | 山东 | −2.243 01 | 21 | | | |
| 辽宁 | −3.509 56 | 11 | 安徽 | −2.161 59 | 22 | | | |

最后，森林资源与经济发展协调系统（$n = 2$）的协调系数计算公式如下：

$$C_2 = \exp\left[-\sqrt[2]{\prod_{i=1}^{2} k_i (u_i - u_{i/\bar{i}})^2}\right]$$

由于此处只考虑两个子系统，所以只需做经济发展关于森林资源的回归模型，得到 $u_1$、$u_2$、$u_{1/2}$、$u_{2/1}$，即

$$u_1 = u_{\text{经济发展子系统}} = -6.2 \times 10^{-17} + 0.097\,487 \times u_{\text{森林资源子系统}}$$

$$u_2 = u_{\text{森林资源子系统}} = 7.59 \times 10^{-16} + 9.565\,789 \times u_{\text{经济发展子系统}}$$

$$u_{1/2} = b = 0.097\,487$$

$$u_{2/1} = b = 9.565\,789$$

对比两个子系统及总体协调度系统排名（表 2-24），可以看出四川省的协调度最高，且经济和森林资源均处于较高水平，部分省（自治区、直辖市）经济发展高但森林资源较低，或森林资源丰富但经济水平较低、协调度较低，排名靠后。这提醒我们发展的协调度不可忽略。在今后的发展中要重点关注森林资源与经济发展的协调度，且应该致力于森林资源与经济发展均处于较高水平下的相互协调。

**表 2-24　总体协调度系统排名**

| 地区 | 排名 | 地区 | 排名 | 地区 | 排名 |
|---|---|---|---|---|---|
| 四川 | 1 | 湖南 | 12 | 青海 | 23 |
| 新疆 | 2 | 江西 | 13 | 福建 | 24 |
| 广东 | 3 | 陕西 | 14 | 江苏 | 25 |
| 黑龙江 | 4 | 湖北 | 15 | 河北 | 26 |
| 西藏 | 5 | 河南 | 16 | 广西 | 27 |
| 甘肃 | 6 | 山东 | 17 | 北京 | 28 |
| 云南 | 7 | 吉林 | 18 | 上海 | 29 |
| 宁夏 | 8 | 贵州 | 19 | 天津 | 30 |
| 辽宁 | 9 | 安徽 | 20 | 内蒙古 | 31 |
| 重庆 | 10 | 山西 | 21 | | |
| 海南 | 11 | 浙江 | 22 | | |

## 参 考 文 献

曹舒蕾. 2010. 云南省人口、资源环境与经济协调度评价研究. 云南大学硕士学位论文.

陈娘水. 2017. 森林资源管护中存在的问题及其对策思考. 南方农业, 11（17）: 46-48.

初铭畅. 2013. 辽宁沿海经济带人力资源与经济协调度评价实证研究. 区域经济, 33（8）: 139-142.

关百钧, 施昆山. 1995. 森林可持续发展研究综述. 世界林业研究, 8（4）: 1-6.

侯景新, 沈博文. 2015. 经济增长与环境治理的 EKC 模型分析. 区域经济评论, 30（4）: 76-82.

侯彦杰. 2006. 国有森林资源法制化管理体系研究. 东北林业大学博士学位论文.

黄选瑞, 张玉珍, 周怀钧. 2000. 对中国林业可持续发展问题的基本认识. 林业科学, 36（4）: 85-91.

柯健, 汪燕敏. 2017. 安徽省资源、环境、经济系统协调发展评价. 资源开发与市场, 23（8）: 688-692.

李峰. 2008. 环境库兹涅茨曲线倒 U 型关系：模型解释. 山东财政学院学报, 15（5）: 7-11.

李强, 王莉芳, 贾晓猛. 2015. 基于 EKC 的水资源利用与经济增长关系研究. 科技和产业, 15（4）: 133-137.

刘珉. 2014. 森林资源变动及其影响因素研究. 林业经济, 36（1）: 80-86.

刘铁铎. 2015. 吉林省森林资源可持续利用与经济社会协调发展研究. 吉林农业大学博士学位论文.

鲁晓东，许罗丹，熊莹. 2016. 水资源环境与经济增长：EKC 假说在中国八大流域的表现. 经济管理，38（1）：20-30.

秦怀煜，唐宁. 2009. 海洋经济增长与海洋环境污染关系的 EKC 模型检验. 当代经济，（17）：158-159.

施烨. 2010. 基于 EKC 模型的太湖流域经济增长与环境研究. 商业时代，29（33）：130-131.

石春娜，王立群. 2006. 我国森林资源质量相关问题研究评述. 林业资源管理，31（5）：87-91.

石春娜，王立群. 2007. 我国森林资源质量评价体系研究进展. 世界林业研究，20（2）：68-72.

石春娜，王立群. 2009. 我国森林资源质量变化及现状分析. 林业科学，45（11）：90-97.

宋庆丰. 2015. 中国近 40 年森林资源变迁动态对生态功能的影响研究. 中国林业科学研究院博士学位论文.

孙鹏博，唐梓又，张滨. 2014. 我国林业用地面积与林业产值的区域性关系研究. 中国林业经济，23（3）：7-10，23.

田晴，杜丽娟. 2017. 我国省域低碳经济发展评价及建议——基于因子分析法. 华北理工大学学报（社会科学版），17（1）：33-37.

王兰会，刘俊昌. 2003. 1978—1998 年我国森林覆盖率变动的影响因素分析. 北京林业大学学报（社会科学版），2（1）：33-36.

王鹏，曾辉. 2013. 基于 EKC 模型的经济增长与城市土地生态安全关系研究. 生态环境学报，22（2）：351-356.

王心同. 2008. 中国林业发展的经济政策研究. 北京林业大学博士学位论文.

吴竑，陈岱婉. 2017. "一带一路"建设中广东区域城市群协调发展研究. 沈阳工业大学学报（社会科学版），10（6）：504-509.

邢玉芹. 2011. 浅谈林业的可持续发展和森林资源的保护管理. 林业科技情报，43（1）：16-17.

徐庆福. 2007. 林业生物质能源开发利用技术评价与产品结构优化研究. 东北林业大学博士学位论文.

曾昭法，陈青云. 2008. 湖南省经济增长与环境污染关系的定量研究. 统计与信息论坛，15（8）：38-42.

张应武，李董林. 2017. 基于动态因子分析法的区域开放型经济发展水平测度研究. 工业技术经济，35（3）：123-130.

周洁敏. 2001. 森林资源质量评价方法探讨. 中南林业调查规划，20（2）：5-8.

朱翠华，张晓峒. 2012. 经济发展与环境关系的实证研究. 生态经济，28（3）：48-54.

# 第3章　森林经营模式与森林资源管理体制

本章对森林经营模式与森林资源管理体制进行分析。首先,对俄罗斯、北美、北欧、德国及日本这几个国家和地区的森林经营模式及其资源管理体制进行分析,并介绍了森林经营的含义、目标及经营原则,从世界和我国两个角度分析森林经营模式的演变历程,在此基础上分析了森林经营模式选择的影响因素及不同森林经营模式对森林结构的影响。关于资源管理条件评价,把人力、设施和经费的投入作为约束条件,选取了一些指标。应用主成分分析法,运用 R 软件做分析发现全部造林面积对森林资源管理最不利。在其管理条件的基础上加上防治率指标来衡量森林资源管理效率的评价。优化其管理模型的构建在前者研究的基础上增加了新的约束条件,使模型更有实际意义。通过对上述模型的构建,提出了相关建议。

## 3.1　国外森林经营模式与森林资源管理体制借鉴

目前,世界上森林经营与资源管理体制比较先进的国家一般是发达国家和地区,发展中国家在这方面经历的时间短,经验不足。故本节主要分析俄罗斯、北美、北欧、德国、日本的森林经营与资源管理体制,供其他国家借鉴。

### 3.1.1　世界主要国家及地区森林经营模式

#### 1. 俄罗斯森林经营模式

俄罗斯是世界林业大国,其森林面积达到 776 万平方千米,占其国土面积的 45%。在 1943 年时苏联就采用森林分类经营的管理模式,目前,俄罗斯政府沿用了苏联这一森林经营模式。俄罗斯依据森林功能和经营目标将森林分为三大类别。俄罗斯第一大类森林主要包括涵养水源林、防护林带、特殊保护区林、卫生保健林及禁伐林,这一类森林不允许主伐利用,重在实现森林防护的目标,充分发挥环境效益和社会效益。第二大类森林兼具森林保护功能和开发利用功能,在不破坏这类森林的环境功能和防护功能的基础上,可以进行适当的商业利用。第三大类森林占其全国森林面积的比重最大,约为 70.7%,其主要具有开发利用的功能,为国民经济提供木材来源。根据俄罗斯联邦林务局官员的说法,包括对用材林的采伐利用在内,所有森林经营的最基本前提都是不能破坏其生态系统和生态功能。因此,每个林区应根据森林的功能制定详细的操作规程,并根据实际操作进行调整。

#### 2. 北美森林经营模式

北美洲位于西半球北部,是世界经济第二发达的大洲。美国和加拿大是北美洲面积最大的两个国家，2017 年美国森林总面积为 3 亿公顷，占其国土面积的 33%；加拿大森林总面积为 4.17 亿公顷，占其国土面积的 45%，故现以美国和加拿大为例分析北美洲森林经营模式。

美国对森林进行分类经营，包括用材林地和非用材林地。用材林地，是指每公顷年产材能力在 1.4 立方米以上的林地，面积为 1.98 亿公顷，占森林总面积的 66%；非用材林地，是指每公顷年产材能力在 1.4 立方米以下的林地及根据法规禁止采伐的林地（如自然保护区），面积为 1 亿公顷，占森林总面积的 33%。美国用材林的经营呈现良性增长，自 20 世纪 20 年代以来，森林年生长量与年采伐量的比重不断增长，森林经营水平不断上升。

加拿大的森林分类方式与美国类似，划定 43.8% 的森林为非商业采伐，进行严加保护，其余 56.2% 的森林可进行合理的商业采伐利用，如采伐木材和收集林产品等。其划分依据山形、地势、景观保护、林分状况和物种繁衍等因素。例如，不列颠哥伦比亚省对高山陡坡上的森林进行永久性保护，并划定不适于开采和不可进行采伐的森林。此外，属于加拿大生态保护区的森林有 1.07 亿公顷，生态保护区内不允许采伐。

### 3. 北欧森林经营模式

北欧主要包括瑞典、芬兰、挪威，均为林业发达的国家，既有天然林近自然林业经营，也有商品用材林，采取多目标经营模式，实施可持续管理原则，且北欧三国森林中大部分为私有林，瑞典私有林占森林面积的 50%，芬兰私有林占森林面积的 75%，挪威私有林比重最高，占森林面积的 80%。

在北欧，国家实现林地利用的可持续森林管理原则是保证未来具有森林资源利用的潜力，人类对森林的采伐利用必须在安全、合理的范围之内，监控所有的日志，实现有效的检验程序，不能对生态系统的稳定性造成破坏。同时，无论是何种形态的森林，虽然林业部门没有规定森林采伐的限额，但是森林经营者必须依据政府的规定制订森林经营方案，在之后的森林经营活动中严格按照森林经营方案执行，如芬兰约 70% 的私有林主编制了森林经营方案并严格按照森林经营方案执行，为森林的可持续经营提供了保证。此外，政府通过经济资助，对森林经营者进行引导，如瑞典政府对私有林主编制森林经营方案给予 50% 的补贴，使森林经营方案的编制程序更具科学性、合理性，同时调动了森林经营者编制森林经营方案的积极性。北欧三国还十分重视对森林经营者的技术层面的培训和指导。例如，对森林经营者提供免费的技术支持、配备专员对森林经营者进行当面培训，增强森林经营者的经营管理能力。

### 4. 德国森林经营模式

德国同样是森林资源丰富的国家。2017 年其森林总面积为 1074 万公顷，森林覆盖率为 30.7%。德国森林的平均蓄积量为 270 米$^3$/公顷，在欧洲国家中占首位，且其森林年生长量明显高于年采伐量，具有良好的可持续性。

德国在林业的发展方面具有丰富而宝贵的经验，在各方面都取得了光辉的业绩，如林业立法、行政机构、科技教育等，为其他国家林业的发展提供了借鉴。随着工业和经济的发展，德国提出以"近自然林业"为理念的森林经营模式，并制定了相关方针，向恢复天然林方向转变,这一森林经营模式也得到各国的广泛认可。"近自然林业"的森林管理包括如下原则:一是尽量做到自然播种;二是依靠自然森林管理的力量,将人类行为影响降到最低;三是不再以单层同龄纯林为主体结构,逐渐形成不同年龄层的混交林;四是森林采伐要由无选择性采伐变为选择性采伐;五是维持森林覆盖率。在人工森林管理的过程中,林床应尽量使保留率最大化,而非受到很大损害,以维持森林生态系统的协调。德国一直采用"近自然林业"的森林经营理念作为其森林经营的科学指导,同时采取各种相应措施以达到对森林进行更加科学、有效的管理,对森林经营进行长期的规划,注重国家自然保护区和森林公园的管理建设。除此之外,德国政府给予森林经营者资金上的资助,引导各级森林经营者合理管理森林。

5. 日本森林经营模式

日本是一个森林资源丰富的岛国,其国土面积虽然不大,但 2014 年森林覆盖率达到 2/3,森林蓄积量约为 35 亿立方米,且不断增长。

日本的森林经营管理同样对森林进行了明确的分类,将森林分为民有林和国有林两部分。根据日本的《森林法》,民有林和国有林分别制订林业产业规划,林业产业按照该规划实施经营措施。日本的林业建设并不盲目追求短期的直接经济效益,而是注重森林的综合效益,强调对森林的保护。日本是灾害频发的国家,森林作为其重要保障,其作用并不局限于提供木材,更多地体现在公益效用等无形的价值方面,如水源涵养、保护野生动物、国土保护等。近年来,世界不断推进森林的可持续发展理念,日本的森林经营也将可持续发展作为其经营理念,森林可持续经营的前提是保持可持续的森林功能和发挥可持续的森林效益,日本认为,只要采取适当的管理措施,就可以在不损害社会效益和经济效益的情况下,使森林持续发挥生态效益。目前,在日本的全国森林计划体系中,森林可持续经营位于主体地位,同时从技术层面采取各种措施来推动森林可持续经营的发展,为其实现经营目标打下了坚实的基础。

## 3.1.2　世界主要国家及地区森林资源管理体制

1. 俄罗斯森林资源管理体制

俄罗斯为了有效地保护森林资源,减少森林资源的流失,共设立了三级管理体制。

俄罗斯联邦林务局是俄罗斯森林资源管理体制的中央单位,其前身为苏联林业部。俄罗斯联邦林务局作为俄罗斯联邦的附属机构,受联邦政府的直接领导,由 11 名成员组成战略决策委员会(包括局长、副局长和其他下属单位领导人)负责相关事宜的决策。例如,森林法律法规的制定、森林资源利用状况的检查、林业活动资金的提供和行业税收的制定等。地方管理单位是俄罗斯各州、边区或自治共和国的林业管理局,其直接受到俄罗斯联邦林务局的领导,但其选任领导人时需要由地方政府与俄罗斯联邦林务局共同决定。2002 年,全俄罗斯拥有 83 个地方管理单位,其中 63 个属于各州和各边区,20 个属于自治共和国。其主要负责所属地区林业经营法规的制定、各林管区的资金分配及财政拨款等。在俄罗斯联邦林务局的领导下，林业地方管理单位对本地区的森林保护负责。俄罗斯在三级管理体制中还设有基层单位林管区，其对比较具体的林业经营活动直接负责，如进行森林核算、发放采伐证书、加工采伐产品及进行森林调查等。俄罗斯的三级管理体制分工明确，不仅减少了对森林的破坏，还增加了境内的森林资源，对天然林起到了有效的保护作用。

2. 北美森林资源管理体制

美国是典型的采用森林垂直管理体制的国家，一般来说，在联邦政府部门设立专门的森林管理部门来管理国有森林，再根据对森林的分区逐步分级建立管理机构。美国森林资源管理体制共设有五级，第一级为美国联邦政府机构，其中由农业部林务局统一管理美国林业活动，对国有林进行全面的管理，其下设有大林区、林区、林业管理区和营林区四级机构。大林区负责各个林区的森林经营事务，宏观调控林业生产，做好规划调查、资源保护、森林管理等基础性工作。每个大林区下设 10～20 个林区，后者对林区内的森林经营进行管理，并协调分配各营林区的森林活动。林业管理区是林区的下设机构，对林区的计划安排进行落实与实施。营林区是美国森林资源管理体制中最基层的单位，主要任务是开展植树造林、森林的更新保护、森林道路铺建等生产经营工作。

加拿大则是典型的采用森林分级协调管理体制的国家。加拿大为联邦制国家，省有林是其森林的主体部分，地方省的自主权很大。因此，与美国的森林垂直管理体制不同的是，加拿大联邦政府和地方政府之间是一种协调合作的关系，两级政府都设有林业管理部门。加拿大联邦政府只管理直辖的两个区及各地的印第安保护区、军事区和国家森林公园等的森林，设有自然资源部林务局。加拿大各省政府负责管理该省的森林资源。每个省都有一个自然资源部，管理省有林和私有林。各省有独立的林业立法权，可以制定适合该地区的林业法律、法规、标准和计划，从而分配各省的采伐权和管理责任。

3. 德国森林资源管理体制

德国在 2003 年对林业经营管理体制进行了改革，成立了一套健全的国有森林资源经营管理体制。与美国相类似，德国也具有森林垂直管理体制，不同的是美国以联邦政府为主体，而德国以州政府为主体。德国的林业管理机构一般由四级构成，而少数地区的三级管理机构是由于州政府未设置林业管理局。第一级为联邦政府机构，联邦林业管理局是全国最高的林业行政管理机构，属于农林食品部的下设机构，负责制定和监督国家林业政策、林业方针，制定苗木标准，规划建立苗木基地等。第二级为州政府机构，各州均设有农林食品部，由各州独立行使权力，主要负责对州内森林的经营，监督联邦和州森林法的实施，指导整个州的私有林和公有林的管理。第三级为地区级机构，根据州内划分的区域设有森林管理局，其主要功能是实现林业、森林管理计划，组织和监督所有生产单位区管辖的森林经营活动，同时对国有林和私有林所有者进行指导，完善林业行政管理政策、法规和业务。第四级为基层机构，主要设置林务局，一般在区域范围内还设有若干森林管理科，它属于生产单位，具体负责一定范围森林的经营管理，并制订和实施年度生产计划，以及公有森林和私有森林的咨询与指导。

4. 日本森林资源管理体制

日本在进行国有林改革之后，森林的经营和管理相分离。这种管理体制设立专门的部门对国有林实施垂直管理体制，同时国家公共事务部门也将国有林的经营管理纳入范畴之内。在政府方面，国有林由林野厅直接经营管理，林野厅既是国家林业的主管部门，又直接经营国有林。其曾实行政企合一的管理体制，并根据山区、水系和国有森林的森林分布等自然状况派出了管理机构。国家统一为国有林配备管理机构和管理人员，通过招标制来负责森林保护、业务规划、业务监督，以及山区控制工程、造林、伐木、森林道路建设等直接生产活动，这些直接生产活动一般委托给民间企业实施。积极鼓励企业、组织和个人在国有林区承包经营，收入共享，积极推进"分成育林"制度、"植树造林"制度、"土地出借"制度。

# 3.2　国内森林经营模式

## 3.2.1　森林经营的理论及内涵

1. 森林经营的含义

狭义的森林经营，是指为了取得木材、相关林副产品及产生生态效益的林业活动，包括重新造林，森林的抚育、改造、防火及害虫防治等。广义的森林经营，是指除了上述获得林产品外，还包括森林勘测调查、森林经营规划、采伐林木、林产品的售卖、林业资本运作及林业企业管理等，即所有以森林为经营对象的管理活动都可被称为森林经营。

本书所研究的森林经营概念为广义范畴的森林经营。

2. 森林经营的目标

森林经营的目标要根据各国的经济条件、自然状况及市场需求的不同，在遵循原则的基础上加以确定，对森林进行科学、合理的经营管理。

传统的森林经营以利用木材及收集副产品为主，要求充分提供食物和生活资料，并实现货币收益最大、土地纯收益最大、林地纯收益最大。而现代的森林经营越来越重视发挥森林的多重效益，目标如下。

1）生态系统的健康完整。一切森林经营活动都应该建立在保护生态系统不受破坏的基础上进行，然而目前全球生态系统遭到的破坏与衰退是人类必须面对的严峻问题，这警示人类必须将保持生态系统的健康完整作为最重要的经营目标。

2）生态效益最大化。人类在对森林产生影响的同时，森林也在通过产生生态效益对人类的生活环境、生存条件产生作用，这种生态效益既包括正面效益也包括负面效益。因此，人类对森林的经营活动应当恪守自然规律，使生态效益产生的正面效益达到最大，以保证今后人类生存发展具有长远的利益。

3）社会效益最大化。森林社会效益是森林发挥社会公益功能而产生的效益。与其他类别行业不同的是，森林经营可以产生社会福利，人们生产生活赖以生存的环境条件与森林息息相关，森林经营还可提供就业及各项服务功能，为人类提供科研教学、文艺创作的基地，其具备的旅游功能可以丰富人们的娱乐生活。

4）经济效益最大化。从一定程度上说，人类对森林的某些经营最看重的就是经济效益。森林的经济效益既包括直接经济效益又包括间接经济效益。在森林经营中，林木及林副产品的生产可以带来直接经济效益，此外，还存在一些隐形间接经济效益，如森林带来的生活环境改善，森林防护功能可以一定程度上减少能源消耗等。

## 3.2.2　森林经营的原则

### 1. 生态可持续发展原则

人类在对森林进行经营管理时，实施的经营措施在满足自身需求的同时必须维护人类赖以生存的生态系统，以森林的可持续发展为原则。如果森林资源消耗的速度比再生的速度要快，局面就会变得难以持续。在森林经营中以生态学为基础，分析多因素对生态造成的影响，以及这种影响的程度、范围、可恢复性，只有客观、全面地分析，才能有效规避不适当的经营措施对森林生态造成的不可逆转的破坏。

### 2. 社会公益原则

在森林经营活动中，如果要充分考虑公益性和社会性，则需要社会各界一起参与。经营措施、经营目标要符合当地社会的需求和利益，同时可以通过政府宣传及相关教育活动，提升大众对森林保护建设的认知，得到当地社会的参与和支持，为森林经营提供建议和意见。达到森林经营与社会发展协调统一、相互促进的效果。

### 3. 经济合理性原则

追求经济效益是森林经营的重要目标，因此对森林经济项目进行可行性论证是经济合理性原则的核心内容。在对森林经济项目进行可行性论证时应注意顺应市场规律，对未来的经济数据进行可靠的分析，包括长期和短期的经济预测，避免森林生态功能由于错误决策而受到负面影响。

### 4. 利用可持续性原则

利用可持续性，是指森林管理者应该在利用林产品时，采取相关的措施保证提升林产品的再生速度，使林产品利用数量与林产品再生速率保持平衡，这种森林产品不仅包括木材资源，还包括森林生物基因库等其他森林中的产品。利用可持续性原则强调区域森林的整体可持续性，是森林永续利用原则的升华，范围更广。

### 5. 谨慎性原则

谨慎性原则要求森林经营者对于不确定的事项不能随意决策，以免由于错误决策对森林生态系统带来负面影响，在做出所有的决策时都应该秉持谨慎性原则。同时，森林经营者要对决策实施可能造成的生态影响、社会影响有统筹的把握，能够做出客观的分析预测。由于人为活动对森林可能造成的影响是深远的，因此决策者必须明确坚持谨慎性原则。

### 3.2.3 森林经营模式演变

世界各国在不同时期选择不同的森林经营模式，大体上，森林经营模式的演变历经了四个阶段，每一阶段都有其特殊的时代背景。

1. 农业文明时期的采伐利用经营模式

在农业文明时期，社会生产力、科技文明水平较低，矿石燃料还未被挖掘开采，人类物质条件匮乏，可以说森林在这一时期为人类提供了基本的生活资料，农业、牧业也都为林业让路，森林主要功能为木材的采伐与燃烧，森林是人类赖以生存的物质来源。

2. 工业化进程中的永续经营模式

永续经营模式是在工业化进程中应运而生的。在这一时期，社会生产力大大提高，随着社会生产力和工业的发展，人类社会对森林木材资源的需求也迅速增长，从而导致木材危机的产生。为了稳定提供木材，人类开始强调森林永续经营模式，其战略目标限于木材与林产品。

3. 工业化后期的多效益经营模式

工业化带来了社会生产力的提升和经济的增长，但与此同时消耗了大量的森林资源，全球变暖、泥石流、沙尘暴等自然灾害不断发生。在这一阶段，各国开始采用多效益经营模式，这种模式由永续经营模式指导，实行综合经营，注重发挥森林的多重效益。美国、日本、瑞典是典型的采用多效益经营模式的国家。

4. 现代社会的可持续发展经营模式

现代社会提倡可持续发展经营模式，强调利用森林资源满足人类需求时，要维持森林的再生能力，不能盲目、无节制地开采。如果森林资源消耗的速度比再生的速度要快，局面就会变得难以持续。可持续性这一理念产生在全球环境状况急剧下降，资源遭到严重破坏的现代社会，这也是经济高速发展带来的负面影响。但是为了后代人的需求和利益不受损害，必须秉持可持续发展的经营模式，这也是林业发展的最高境界。

### 3.2.4 森林经营模式影响因素及选择

1. 国家政策的影响

任何社会活动的有序开展都离不开完善的法律法规保证，森林经营也不例外。在实际的森林经营模式选择中，基本上都是在各国森林管理委员会的指导下，根据森林经营相关法规制度来进行的，国家政策和法律法规是影响森林经营模式的基础因素。

### 2. 经济效益的影响

森林经营需要遵从经济原则，是指通过经营森林来获得经济利益。在市场经济的活动下，由于资本是逐利的，而森林经营这一社会活动也遵从这一原则，如果某种经营模式必然带来高收益，或者说这种经营模式的回报较高，那么一定会成为人类的首要选择，因此，可以说经济效益是影响森林经营模式选择的决定性因素。

### 3. 实际情况的影响

森林经营和其他经济活动不同，其有着地域性的限制，在选择经营模式的同时必须进行相应的实地考察，通过森林地形测绘、面积计算等做到心中有数，再根据不同数据选择相应的经营方式。另外，如果在实际的森林经营中出现了问题，也需要及时调整方向，更改经营模式，实现经营效益的最大化，保证企业利益。所以，实际情况是影响森林经营模式选择的重要因素。

### 4. 森林经营者素质的影响

经营作为一种社会活动，必然是围绕着人进行的，因此经营者作为一般意义上的最高决策人，对实际的森林经营模式选择起到了至关重要的作用。如果森林经营者个人素质和文化水平较高，具有高瞻远瞩的战略性眼光，那么在森林经营模式的选择上就会呈现出创新性和改革性；反之，如果森林经营者素质不足，那么就会出现决策失利的情况。

## 3.2.5　不同森林经营模式对森林结构的影响

不同森林经营模式对森林结构的影响主要分为集中分布和随机分布。一般来看，当采取块状利用、生态功效、定向培育等森林经营模式时，森林结构偏向于集中分布。当采取封禁保护、采育结合、集约经营等森林经营模式时，森林结构就会呈现随机分布的特性。值得一提的是，当采用保育补植的森林经营模式时，一旦进行砍伐，那么森林结构就会由之前的集中分布变化为随机分布。当然，森林土壤的蓄水能力、物种多样程度都会随着选择不同的森林经营模式而变化，这是难以避免的。

以单户森林经营模式为例，它作为一种比较常见的森林经营模式，一般运用在范围面积较小的森林，与联户森林经营模式相对而谈。林户可以自主决定森林资源和农药化肥的投入等，经济收益较为固定。一般来说，如果采取单户森林经营模式，那么就必然将整块的森林结构进行划分，也会针对不同农作物种植的土壤进行划分，呈现出较强的零散性和人为性。

# 3.3　国内森林资源管理体制

## 3.3.1　森林资源管理条件评价

### 1. 管理条件研究现状

在自然科学和企业管理中常研究管理条件，然而从理论到实践运用还有很多差距。万莹仙和郑军（2007）研究了民营中小企业实施业绩管理的管理条件。贾建平研究了中国中小企业管理创新的主题、精神、氛围、创新目标和基础管理条件。汪永超等（2017）研究了不同供应链管理条件下绿色物流的发展状况，认为只有深入研究供应链的思想并且合理运作，才可以确保绿色物流的健康发展。以上所有前者的研究给本书评价森林资源管理提供了可借鉴的思路。

### 2. 森林资源管理评价方法

（1）研究材料及方法

对于人力、设施和经费的投入本书选取了生态保护补偿、树林种苗数量、全部造林面积、科技教育投入、林业信息化投入、林业有害生物防治投入、森林防火与森林公安投入、工作站建设和工作总人数九个指标来衡量森林资源条件。因为，选择的变量较多，维度过高导致维数灾难。所以，通常采用降维的方法来避免维数灾难。通常使用的降维方法有主成分分析法、线性判别式分析法（linear discriminant analysis，LDA）、局部线性嵌入算法（locally linear embedding，LLE）等。本书将采用常用的主成分分析法，利用 R 软件来进行分析。

（2）数据预处理

主成分分析法的目标是用一组较少不相关的变量去替代大量相关变量，并且尽可能保留初始变量的相关信息。本书选取了中国 31 个省（自治区、直辖市）2015 年九个指标的取值，数据来源于国家统计局。因为本书选用的是主成分分析法，所以必须保证所选的数据集里没有缺失值。选择主成分个数时经常基于特征值的方法，Kaiser-Harris 准则建议保留特征值大于 1 的主成分；也可以通过 Cattell 碎石图，即保留在图形弯曲变化最大处之上的主成分；也可以进行模拟，即依据与初始矩阵大小的随机数据矩阵来判断要提取的特征值。本书将数据集利用 R 软件处理得到了图 3-1，从 Cattell 碎石图（直线与 $x$ 符号）、特征值大于 1 和 100 次模拟的平行分析（虚线）都表明了保留两个主成分即可保留数据集的大部分信息。因为三个准则相同，所以本书坚信保留两个主成分是合理的。

（3）提取主成分

基于提取主成分时两个主成分不是单一的，本书在提取主成分时对它们进行旋转，旋转过后可以尽可能地去噪，也可以使结果更加具有解释性。本书可以使用正交旋转使选择的成分不相关或者使用斜交旋转使选择的成分变得相关。基于本书例子，利用正交旋转，得到如下结果，见表 3-1。

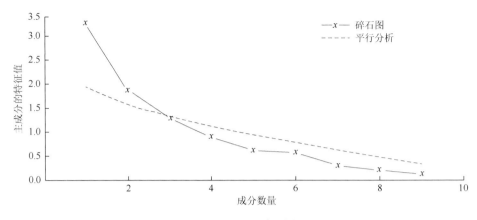

图 3-1　Cattell 碎石图

**表 3-1　主成分分析表**

| 项目 | $RC_1$ | $RC_2$ | $h_2$ | $u_2$ |
|---|---|---|---|---|
| 生态保护补偿（$X_1$） | 0.83 | 0.01 | 0.68 | 0.32 |
| 树林种苗数量（$X_2$） | −0.04 | 0.94 | 0.88 | 0.12 |
| 全部造林面积（$X_3$） | 0.88 | −0.01 | 0.77 | 0.23 |
| 科技教育投入（$X_4$） | 0.81 | 0.23 | 0.07 | 0.94 |
| 林业信息化投入（$X_5$） | 0.88 | 0.42 | 0.40 | 0.60 |
| 林业有害生物防治投入（$X_6$） | −0.02 | 0.95 | 0.89 | 0.10 |
| 森林防火与森林公安投入（$X_7$） | 0.50 | 0.81 | 0.62 | 0.38 |
| 工作站建设（$X_8$） | 0.81 | 0.26 | 0.57 | 0.43 |
| 工作总人数（$X_9$） | 0.89 | 0.08 | 0.24 | 0.76 |

注：$RC_1$、$RC_2$ 为提取的两个主成分，其系数为观测变量与主成分的相关系数；$h_2$ 为主成分对每个变量的方差解释程度；$u_2 = 1 - h_2$，表示无法被主成分解释的程度

　　从表 3-1 可以看出第一个主成分主要由生态保护补偿、全部造林面积、科技教育投入、林业信息化投入、工作站建设、工作总人数来解释。第二个主成分主要由树林种苗数量、林业有害生物防治投入、森林防火与森林公安投入来解释。

　　本书能够从表 3-2 中清楚地看到这两个方差解释度分别为 60% 和 27%。这两个主成分累积方差贡献率达到了 87%，对数据集的解释程度较好。因此，保留两个主成分是合理的。

**表 3-2　解释总方差的结果表**

| 项目 | $RC_1$ | $RC_2$ |
|---|---|---|
| 贡献 | 2.68 | 2.45 |
| 比例方差 | 0.60 | 0.27 |
| 累积方差 | 0.60 | 0.87 |
| 比例解释 | 0.52 | 0.48 |
| 累积比例 | 0.52 | 1.00 |

（4）获取主成分得分

利用 R 软件得到了表 3-3 的主成分得分系数矩阵。本书可以根据主成分得分系数矩阵来得出每个成分的得分系数。

表 3-3　主成分得分系数矩阵

| 项目 | $RC_1$ | $RC_2$ |
|---|---|---|
| 生态保护补偿（$X_1$） | 0.33 | −0.09 |
| 树林种苗数量（$X_2$） | −0.13 | 0.42 |
| 全部造林面积（$X_3$） | 0.36 | −0.11 |
| 科技教育投入（$X_4$） | 0.02 | 0.09 |
| 林业信息化投入（$X_5$） | 0.10 | 0.13 |
| 林业有害生物防治投入（$X_6$） | −0.12 | 0.42 |
| 森林防火与森林公安投入（$X_7$） | 0.13 | 0.21 |
| 工作站建设（$X_8$） | 0.25 | 0.03 |
| 工作总人数（$X_9$） | 0.19 | −0.02 |

本书记 $RC_1$、$RC_2$ 分别为主成分 1、主成分 2 的得分，其表达式如下：

$$RC_1 = 0.33X_1 - 0.13X_2 + 0.36X_3 + 0.02X_4 + 0.10X_5 - 0.12X_6 + 0.13X_7 + 0.25X_8 + 0.19X_9$$
$$RC_2 = -0.09X_1 + 0.42X_2 - 0.11X_3 + 0.09X_4 + 0.13X_5 + 0.42X_6 + 0.21X_7 + 0.03X_8 - 0.02X_9$$

本书可以根据得分系数矩阵及方差解释比重算出总得分系数为

$$RC_3 = 0.20X_1 + 0.041X_2 - 0.034X_3 + 0.042X_4 + 0.109X_5 + 0.476X_6 + 0.155X_7 + 0.182X_8 + 0.125X_9$$

由于指标权重之和应该等于 1，因此需要对主成分总得分系数进行指标权重归一化处理。得到如下方程：

$$RC_4 = 0.154X_1 + 0.032X_2 - 0.026X_3 + 0.032X_4 + 0.084X_5 + 0.367X_6$$
$$+ 0.120X_7 + 0.140X_8 + 0.096X_9$$

通过对归一化总得分方程的系数比较，可以清楚地看见林业有害生物防治投入（$X_6$）的系数最大，即林业有害生物防治投入对森林资源管理条件影响最大，且表现出正相关的影响，也能看出这九个指标中仅有全部造林面积对森林资源管理条件的影响呈现出负相关。从实际情况也可以理解，全部造林面积越大对森林资源管理越不利，其他八项指标均对森林资源条件管理有利。

## 3.3.2　森林资源管理效率评价

在 3.3.1 节内容中已经知道森林资源管理与一些条件指标具有密切的联系。森林资源作为可再生能源，需要合理地利用与保护。森林资源虽然丰富，但人类不断从森林中汲取资源，如果不加以保护最终还是会面临枯竭的危险。人力、物力和资产的投入是重要的举措。但是如果大量的投入得到的效果不好，则会使森林资源进一步浪费。因此，森林资源管理效率对森林资源具有重要的意义。本节将进一步探究森林资源管理效率与影响森林资源管理的指标关系。

### 1. 指标的选择

在 3.3.1 节数据的基础上添加了一个能够衡量森林资源管理效率的指标。本节数据来源于国家统计局。本书选取了防治率作为衡量森林资源管理效率的指标。防治率是指该森林成功解决危害面积与发生总的危害面积的比值。防治率越高表明该森林的管理效率越高，防治率越低则表明该森林的管理效率越低。当然可以选取其他指标或者多个指标来对森林资源管理效率进行综合评价。本书在本节中利用防治率来进行评估，且该指标仅分为效率高与效率低两个等级。对于防治率高于 80%的森林将其划为森林资源管理效率高的一类，防治率低于 80%的森林划分为森林资源管理效率低的一类。

### 2. 数据的处理及方法的选择

最终的衡量指标是一个变量，因此可以选择分类的方法来进行分析。常用的分类方法有 Logistic 回归、决策树、随机森林（即分类器）及支持向量机等。本节将采用随机森林的方法来进行分类，并指出哪些变量对结果的划分起着重要作用，最后对这个分类器进行评价。在使用随机森林分析数据时需要对数据进行处理，随机森林将数据划分为训练集与验证集，其中训练集包括了 21 个样本单元（占总数据的比重为 70%），防治效率低的占 10 个，防治效率高的占 11 个。验证集包括了 9 个（占总数据的比重为 30%），防治效率低的占 3 个，防治效率高的占 6 个。

### 3. 随机森林的生成与预测

利用 R 软件进行随机森林分类得到了表 3-4，其中低表示防治效率低，高表示防治效率高。由表 3-4 可知每一类都划分正确。对于此分类器的好坏还需要进一步进行验证。用刚开始划分出来的验证集进行验证查看准确率，得到表 3-5 的结果。

表 3-4　分类结果

| 项目 | 低 | 高 | 错误 |
| --- | --- | --- | --- |
| 低 | 10 | 0 | 0 |
| 高 | 0 | 11 | 0 |

表 3-5　预测结果

| 项目 | | 预测 | |
| --- | --- | --- | --- |
| | | 低 | 高 |
| 真正的 | 低 | 3 | 0 |
| | 高 | 0 | 6 |

从表 3-5 中看出九个数据全部预测正确，对验证集的预测准确率高达 100%。可以初步认为该分类器较好。但是由于数据来源问题，本节仅采用了 30 个数据，有兴趣的读者可以收集更多的数据来进行分类预测查看分类器的效果。

4. 变量的权重赋值

表 3-6 得到的变量相对重要性就是分割该变量时节点不纯度（异质性）的下降总量对所有数取平均。节点不纯度由 Gini 系数定义。由于重要性反映变量的重要程度，因此可以根据表 3-6 的 Gini 系数来确定各变量的权重。由于权重和为一，因此将表 3-6 的重要性进行归一化。得到每个变量的权重见表 3-7。

表 3-6　各变量相对重要性

| 项目 | Gini 系数 |
| --- | --- |
| 生态保护补偿 | 0.972 904 5 |
| 树林种苗数量 | 0.809 492 9 |
| 全部造林面积 | 0.883 958 9 |
| 科技教育投入 | 0.326 907 0 |
| 林业信息化投入 | 0.687 332 5 |
| 林业有害生物防治投入 | 0.471 576 0 |
| 森林防火与森林公安投入 | 0.362 336 3 |
| 工作站建设 | 0.397 085 8 |
| 工作总人数 | 0.484 369 2 |

表 3-7　各变量权重

| 项目 | 权重 |
| --- | --- |
| 生态保护补偿 | 0.1803 |
| 树林种苗数量 | 0.1500 |
| 全部造林面积 | 0.1638 |
| 科技教育投入 | 0.0601 |
| 林业信息化投入 | 0.1274 |
| 林业有害生物防治投入 | 0.0874 |
| 森林防火与森林公安投入 | 0.0672 |
| 工作站建设 | 0.0740 |
| 工作总人数 | 0.0898 |

从表 3-7 可以看出，生态保护补偿对于森林资源管理效率是最重要的。而科技教育投入相对于其他几个指标对森林资源管理效率相对来说不太重要。因此，本书对于权重大的应加大投入力度，这样可以保证森林资源管理效率的大大提高，合理的配置可以在适当的投入中既保证投入的不浪费，又保证森林资源有效、快速的发展。

### 3.3.3 森林资源优化管理模型构建

1. 研究背景及意义

我国森林资源作为林业可持续发展的基础，是非常重要的自然资源。森林资源有利于农业、国防建设和工业等各个行业的发展，它促进了人类的生存和发展。森林资源具有经济效益和生态效益，一方面它可以提供大量的木材和林副产品；另一方面它可以调节气候、防风固沙、改良土壤，多方面地为农业创造良好的环境条件。森林资源还有一定程度上的社会效益，其社会效益主要是对人这个特定的主体而言的，森林资源对于人和社会发展的一些促进作用是无形的，是难以量化和区分的。

从现代管理科学的角度看，通过管理可以有效地利用各种资源进行建立工作，从而达到预定的目标。优化函数是指在一系列诸如人力、财力和时间的约束下，经过自然尤其是人类自身的技术，最优化经济活动的目标函数。

在可持续发展观的引导下，人类社会和自然界的需求应该相互促进，不应该为了某方的利益而伤害到对方。自然界和相关资源的发展是为了更好地满足人类的需求。本书主要是从经济学观点出发，讨论如何能达到森林资源的最优管理。最优管理的最优原则着眼于整体，把提高使用效益作为目标。

2. 优化管理模型的构建

本书是在上述学者的研究基础上，以上述学者的模型为基础，在以下方面做出改进和深化。本书模型中添加了征收林业税费的约束条件，使模型更有实际意义，并且给出了模型的具体函数形式。为了简化问题，假设森林资源的森林经营者同时执行采伐和培育工作，并认为市场是完全竞争的，单一森林资源的森林经营者减少或增加林产品的供应量对林产品的价格不产生影响。基于以上假设，建立以下模型：

$$\max PV = \int_0^T (P_{(t)} - C_{(t)} - A_{(t)}) H_{(t)} \mathrm{e}^{-\sigma t} \, \mathrm{d}t + g(R_{(t)}) \mathrm{e}^{-\sigma t}$$

式中，PV 为森林资源净收益的现值；$P_{(t)}$ 为 $t$ 时刻森林资源单位收获量的价格；$C_{(t)}$ 为 $t$ 时刻森林资源单位收获量的成本；$A_{(t)}$ 为 $t$ 时刻森林资源单位收获量缴纳的税费；$H_{(t)}$ 为 $t$ 时刻森林资源的收获量；$\sigma$ 为大于零的常数，表示连续的年贴现率；$R_{(t)}$ 为 $t$ 时刻森林资源的蓄积量；$g(R_{(t)})$ 为残值函数，是报废的林副产品、木材等变卖、回收产生的收益，理论上是存在的，但是在实证分析中认为残值函数对模型的影响为 1，无须考虑；$T$ 为整个森林培育利用的期限。

该目标函数的经济含义为使长期从森林资源的开发利用中得到的已贴现收入达到最大值。

3. 指标意义

森林资源的蓄积量（$R_{(t)}$），是指一定森林面积上存在着的树干部分的总材积。它是反映一个国家或地区森林资源总规模和水平的基本指标之一,也是反映森林资源的丰富程度和衡量森林生态环境优劣的重要依据。

森林资源的收获量($H_{(t)}$),不仅包括对林木的采伐,而且包括对林副产品的收获。

森林资源价格($P_{(t)}$),是一个经济学范畴,包括森林中微生物、动植物等产品的价值,森林中的木材价值及其生态效益价值。对于森林资源而言,不同产品和服务有不一样的估价方法。一般采用立木蓄积量法或净现值法。净现值法的基本原理是将森林资源采伐后所得到的木材和林副产品市场销售总收入,去除木材消耗的成本及应该得到的利润后,计算剩余部分的价值。

森林资源的单位收获量成本[$C(W_{(t)}, R_{(t)})$]是指林木采伐和副产品的开采成本及单位收获量的人工成本之和,即

$$C(W_{(t)}, R_{(t)})= C_1(W_{(t)})+ C_1(R_{(t)})$$

式中,$C(W_{(t)}, R_{(t)})$为森林资源的单位收获量成本;$C_1(W_{(t)})$为单位收获量的开采成本;$C_1(R_{(t)})$为单位收获量的人工成本。

**4. 约束条件(考虑税收)**

税收,是指国家为了实现其职能,无偿取得财政收入的一种手段,是指国家凭借政治权力参与国民收入分配和再分配而形成的一种特定分配关系。研究和森林资源有关的税收问题,第一要考虑由谁承担税费的问题,即税收是由森林资源产品的消费者承担进而抑制需求,还是由森林经营者承担来抑制生产。目前,国家在森林资源方面征收的税费绝大多数是由森林经营者来承担的,如增值税、消费税、城市建设税及企业所得税等。

因此,此处认为税收函数是森林资源价格和森林资源收获量的函数,可以表示为森林资源价格和森林资源收获量与平均林业税率($\alpha$)的乘积。所以,平均每单位收获量的税费($A_{(t)}$)等于森林资源价格($P_{(t)}$)与平均林业税率($\alpha$)的乘积,其公式为

$$A_{(t)}= \alpha P_{(t)}$$

式中,$\alpha$为平均林业税率,可以通过估算或经验值得到;$P_{(t)}$为第$t$年森林资源价格。

对于$A_{(t)}$的约束:森林资源量每单位所征收的税费不得超过其价格与成本的差值,即

$$P_{(t)}-C(W_{(t)}, R_{(t)})\geqslant A_{(t)}。$$

## 3.4　结论与政策建议

### 3.4.1　结论

通过总结国际上的森林经营模式与森林资源管理,本书发现:①在森林经营模式上,各个国家和地区森林经营模式多样化。俄罗斯和北美根据森林的经营目标和主要功能,实施森林分类经营的方针。北欧国家对森林实施可持续管理原则,以保持生态系统多样性、

遗传多样性和物种多样性。德国是世界林业最先进的国家之一，提出了以"近自然林业"为理念的森林经营模式。日本全国森林计划体系，在法律、制度和经济政策上建立了森林可持续经营的运行体制，为实现森林可持续经营的指标奠定了基础。②在森林资源管理体制上，各个国家和地区森林资源管理体制多样化。俄罗斯实行三级森林资源管理体制，即以俄罗斯联邦林务局为中央单位，州、边区或自治共和国的林业管理局为地方单位，林管区为基层单位；加拿大为联邦制国家，地方省的自主权很大，宪法规定省政府负责经营管理本省的森林资源；美国从中央到地方有一套完整的林业管理体系，组织健全、体制稳定，统管全国林业事务的行政单位是农业部林务局；德国林业经营管理体制改革后，建立了四级森林资源管理机构，一是联邦级，二是州级，三是地区级，四是基层级；日本林业管理机构的设置分为中央政府、地方政府和民间组织三个层次。③森林经营模式是各种森林培育措施的总称；森林资源管理是对森林资源保护、培育、更新、利用等任务所进行的调查、组织、规划、控制、调节、检查及监督等方面做出的具有决策性和有组织的活动。目前，世界上森林经营与资源管理体制上比较先进的国家一般都是发达国家，发展中国家在这方面经历的时间短、经验不足。我国国有森林资源管理体制上存在着管理职能混乱和管理机构设置不合理的问题，并且在立法和制度建设上，相关法律制度建设需要加强，一些法律条文需要修改。通过对俄罗斯、美国、加拿大、日本及德国国有林管理体制的探究和分析，总结了一些值得我国借鉴的做法，如怎样明确政府职能、科学地分类经营、管理中的市场手段与行政手段相结合及管理人员建设。从我国的国情和林情出发，需要借鉴国外林业发达国家及地区在国有林管理上的先进经验，重新构建我国森林资源管理体制模式。

森林资源的管理需要完善管理体制，设立层次分明的森林资源运营和管理机构及独立的监督机构，完善相关的机制，明确管理职能，进而形成良好的森林资源管理体制的运行体系；完善森林资源管理的立法工作，完善森林资源资产评估建设。

管理条件是目前林场进行森林资源管理的制度基础和前提，森林资源管理是为了提高森林资源的质量与数量。管理条件下面包含了三个指标：人力、设施和经费投入。对于人力、设施和经费投入，本书选取了其中的生态保护补偿、树林种苗数量、全部造林面积、科技教育投入、林业信息化投入、林业有害生物防治投入、森林防火与森林公安投入、工作站建设和工作总人数九个指标来衡量森林资源管理条件。利用 R 软件，首先对数据进行预处理，进行主成分分析，获得主成分得分，通过对归一化总得分方程的系数比较，可知林业有害生物防治投入对森林资源管理条件影响最大，且表现出正相关的影响，而且也能看出这九个指标中仅有全部造林面积对资源管理条件的影响呈现出负相关。从实际情况也可以理解，全部造林面积越大对森林资源管理条件越不利，其他八个指标均对森林资源管理条件有利。

森林资源作为可再生能源，需要合理地利用与保护。森林资源虽然丰富，但人类不断从森林中汲取资源，如果不加以保护的话最终还是会面临枯竭的危险。人力、设施和经费投入是重要的举措。但是如果大量的投入得到的效果不好，则会使森林资源进一步浪费。在 3.3.1 节数据的基础上添加了一个能够衡量森林资源管理效率的指标。采用随机森林的方法来进行分类，指出哪些变量对结果的划分起着重要作用，最后对这个分类器进行评价。在使用随机森林分析时需要对数据进行处理。对变量的权重赋值，可知，科技教育投入相对于其他几个指标对森林资源管理效率来说不太重要。因此，对于权重大的应加大投入力度，这样可以保证森林资源管理效率的大大提高，合理的配置可以在适当的投入中既保证投入的不浪费，又保证森林资源有效快速的发展。

### 3.4.2　政策建议

根据以上分析内容，针对森林资源管理，下面提出相关政策建议。

1. 建立长效的森林资源优化管理机制

针对目前森林资源破坏严重、只伐不养、乱砍滥伐等问题，我国的木材生产从以往主要靠天然林采伐转移到靠人工林采伐，从而使天然林逐渐恢复生态功能，保护森林资源的物种多样性及遗传多样性。通过定量的分析结果得知，林业有害生物防治投入对森林资源管理条件影响最大，因此应该加大林业有害生物防治。同时，九个指标中仅有全部造林面积对森林资源管理条件的影响呈现出负相关。从实际情况也可以理解，全部造林面积越大对森林资源管理越不利。根据定量分析结果结合实际情况，建立一套长效的森林资源优化管理机制。

2. 完善相关法律法规

加强森林资源管理的体制建设、完善森林资源税收政策和森林资源有偿使用制度，进而抑制人们对森林资源产品的过度需求；布设全面的管理单位，减少乱砍、偷伐、滥伐等现象的发生；应该明确森林资源产权，要加快森林资源产权界定，加速调动森林经营者的积极性，根据市场规律合理利用森林资源，抑制对森林资源无节制的利用；完善森林资源生态补偿机制，加强相关法律法规建设。

3. 积极发展商品林

在自然条件适宜的少林地区和森林资源短缺的地区，应增加森林覆盖率，加大植树造林的力度。第一，可以等森林成熟后补充国有林的供给不足；第二，森林能涵养水源和保持水土，即森林既能有效地防止水土流失，又能保存雨水；第三，森林能吸收二氧化碳并释放氧气，进而可以改善人类的生活环境。

## 3.5　案例：中国林业制度变迁与森林资源动态变化

### 3.5.1　EKC

EKC 本来是用来探究与分析人均收入水平和分配公平程度之间的一种关系的思想。它主要是用来描绘收入水平的不均现象是随着经济的增长呈现出来一种先增后降的现象。但 EKC 也被用来描绘环境污染的程度随着某国家或者地区的经济发展而变化的现象。刚开始随着一个国家或者地区的经济发展，环境污染将会逐渐增大。但当一个国家或者地区经济发展到一定程度，环境污染又随着国家或地区的发展呈现出下降的趋势。

### 3.5.2 森林资源的动态变化

环境污染与经济的发展呈现倒"U"形。那么森林资源的变化是否也与经济的发展呈现相应的变化呢？从单纯的理论分析能够初步想到刚开始经济发展落后，国家需要通过牺牲森林资源为代价来获得发展，但国家发展到一定阶段为了能够实行可持续发展又会实行一系列林业制度来保护森林资源，那么森林资源又会呈现出上升的趋势。如果初步的理论知识探索是这样，那么定量分析是否会达到同样的效果呢？定量分析如果也达到这种效果，则对人类对于森林资源变化的认识将会更加深刻，也对人类对于森林资源的管理有所启发。

在森林资源研究领域其实已经探究了森林资源管理与很多因素有着直接的联系，而且森林资源管理对森林资源的变化有着巨大的影响。森林资源的动态变化与林业制度的变迁有着十分紧密的联系。将 GDP 作为经济发展的指标，而森林资源的变化与全部造林面积有着紧密的联系，因此将全部造林面积的变化作为森林资源的动态变化。

本小节所用数据均来自国家统计局。所用数据为 2000～2014 年的数据。从 2000～2014 年的数据中能够看出 2003～2006 年国家的全部造林面积在减少，但随后又逐渐增加（图 3-2）。本小节将采用回归分析的方法对森林资源的动态变化进行研究，分析其结果是否符合 EKC。

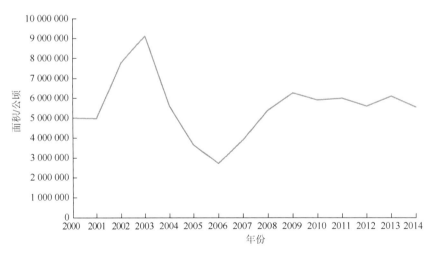

图 3-2 2000～2014 年全部造林总面积

1. 模型的建立

将全部造林面积作为衡量森林资源动态变化的一个指标。从经济学方面建立模型，因为考虑到变量计量选择不足的问题，又选取了人口、GDP、林业投资完成额、人工林面积、森林覆盖率这些与森林资源管理相关的变量进行分析。建立多项式回归模型如下：

$$Y = b + \beta_1 X_1 + \beta_2 X_2 + \beta_3 X_3 + \beta_4 X_4 + \beta_5 X_5 + \beta_6 X_6 + \varepsilon$$

式中，$Y$ 为造林面积；$X_1$ 为 GDP；$X_2$ 为 GDP 的二次方；$X_3$ 为人口（万人）；$X_4$ 为林业投资完成额（万元）；$X_5$ 为人工林面积（万公顷）；$X_6$ 为森林覆盖率（%）；$b$、$\beta_i$ 为未知参数；$\varepsilon$ 为误差项。并且假设误差项的方差相同，且期望为 0。

对多项式回归模型进行关于 $G$ 求偏导，即

$$\frac{\partial Y}{\partial G} = \beta_1 + 2\beta_2 G$$

对模型进行二阶求偏导：

$$\frac{\partial^2 Y}{\partial G^2} = 2\beta_2$$

对于 EKC 分析并结合二阶偏导可知，如果二阶偏导小于 0 的话，则存在拐点，也就表明了我国森林资源的动态变化与经济发展之间的关系呈现出 EKC 的趋势。否则它们之间则不存在此种联系。

2. 回归检验

利用 R 软件进行多项式回归。得到了表 3-8 的回归结果。

表 3-8　方差分析表

| 变量 | 估计系数 | 估计标准误差 | $t$ 值 | $p$ 值 |
|---|---|---|---|---|
| 截距项 | $3.370 \times 10^8$ | $2.692 \times 10^8$ | 1.252 | 0.066 |
| $X_1$ | $4.398 \times 10^1$ | $4.570 \times 10^1$ | 0.962 | 0.010 |
| $X_2$ | $-2.091 \times 10^{-5}$ | $2.495 \times 10^{-5}$ | $-0.838$ | 0.005 |
| $X_3$ | $2.594 \times 10^3$ | $-2.156 \times 10^3$ | 1.203 | 0.003 |
| $X_4$ | $-3.286 \times 10^{-1}$ | $2.132 \times 10^{-1}$ | $-1.542$ | 0.044 |
| $X_5$ | $-4.295 \times 10^1$ | $6.318 \times 10^1$ | $-0.680$ | 0.527 |
| $X_6$ | $6.231 \times 10^4$ | $1.370 \times 10^6$ | 0.045 | 0.965 |

从表 3-8 可以分析出人工林面积（万公顷）、森林覆盖率（%）没有通过显著性检验。其他均通过了显著性检验。而且得到的 $R^2$ 达到了 95%以上且 $p$ 值小于 0.05。说明了该多项式回归拟合得较好。

本书在建立模型的时候对误差项做了假设，因此拟合的模型是好的，但必须建立在假设成立的情况下，并对多项式回归模型做的假设进行验证。

从图 3-3 能判断出点基本上在一条直线上，因此可以断定该数据服从正态性检验。

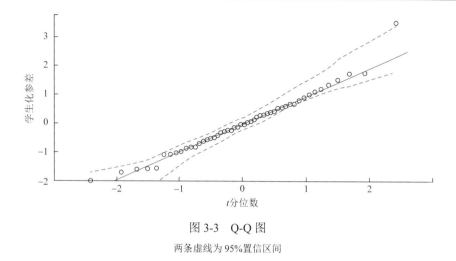

图 3-3　Q-Q 图

两条虚线为 95% 置信区间

### 3.5.3　结论及措施

通过对多项式回归模型的分析及回归结果的判断，其中系数 $\beta_1$ 小于 0，系数 $\beta_2$ 小于 0。根据对模型二阶偏导的分析，二阶偏导小于 0 说明了森林资源的动态变化是随着经济的发展呈现 EKC 的变化趋势。

利用我国森林资源的动态变化随着经济发展呈现出来的规律来对我国各地区采取有效措施。可以利用 EKC 的拐点作为基点，分析出我国各省（自治区、直辖市）的地区生产总值情况。如果一个省（自治区、直辖市）的地区生产总值在 EKC 的左侧，那么政府应该完善各种森林资源制度，加大投入该省（自治区、直辖市）的森林保护政策，使我国森林资源得到有效发展。

### 参 考 文 献

陈文汇, 刘俊昌. 2006. 约束条件下森林资源可持续采伐的动态经济模型. 北京林业大学学报, （2）：96-101.

费本华, 王戈. 2003. 日本的森林资源及林业管理状况. 世界林业研究, （1）：46-49.

郭晋平. 2001. 森林可持续经营背景下的森林经营管理原则. 世界林业研究, （4）：37-42.

韩景军, 胡兰英, 王洪艺, 等. 2004. 俄罗斯的森林经营与城市林业. 林业科学研究, （4）：505-511.

金普春. 2006. 借鉴北欧国家林业经验—促进我国集体林发展. 中国林业, （10）：11-12.

林琳. 2012. 我国国有森林资源管理体制研究. 东北林业大学硕士学位论文.

刘佳. 2014. 典型国有林场森林资源管理绩效评价研究——以将乐国有林场为例. 西南林业大学硕士学位论文.

刘燕, 刘佳, 支玲. 2015. 国有林场森林资源管理条件评价——以福建省将乐国有林场为例. 中南林业科技大学学报, 35（8）：115-121.

梅秀英. 2012. 芬兰林业管理对我国集体林区森林资源管理的启示. 林业资源管理, （3）：134-137.

万莹仙, 郑军. 2007. 民营中小企业业绩管理的条件及对策. 财政监督, （4）：40, 41.

汪永超, 唐浩, 黄静琪. 2017. 浅谈供应链管理条件下绿色物流的发展状况. 中国高新区, （18）：217.

王迎. 2013. 我国重点国有林区森林经营与森林资源管理体制改革研究. 北京林业大学博士学位论文.

王友芳, 郑小贤. 2003. 林业分类经营理论基础探讨——经营原则、经营目标和经营理念. 林业勘查设计, （4）：4-6.

吴承祯, 洪伟, 蓝斌. 1997. 森林资源管理数学模型的优化及应用//中国系统工程学会. 管理科学与系统科学进展——全国青年管理科学与系统科学论文集（第 4 卷）. 成都：电子科技大学出版社.

吴涛. 2012. 国外典型森林经营模式与政策研究及启示. 北京林业大学硕士学位论文.

杨小建，王金锡，杨慈元. 2006. 四川森林资源动态变化与提高森林质量的初步研究. 四川林业科技，（6）：72-79.

姚爱丽. 2010. 我国森林资源优化管理的动态经济模型研究. 北京林业大学硕士学位论文.

Ingrid K N，Bisang K. 2001. Rethinking recent changes of forest regimes in Europe through property-rights theory and policy analysis . Forest Policy and Economics，（3）：99-111.

Kilgore M A， Blinn C R.2004. Policy tools to encourage the application of sustainable timber harvesting practices in the United States and Canada . Forest Policy and Economics，6（2）：111-127.

The Ecological Society of America. 1996. The Report of the Ecological Society of America Committee on the scientific basis for ecosystem management. Ecological Applications，（6）：665-691.

# 第 4 章　森林资源可持续利用

本章主要研究的是森林资源可持续利用。首先，对森林资源可持续利用的现状进行分析，分别从森林资源可持续利用概况和森林资源的人口承载力两方面展开，简要地介绍了我国目前的森林资源状况和在可持续利用情况下未来可供消费的人口数量；其次，利用数据和模型分别从可持续利用经济效益和生态效益两方面对森林资源的可持续价值量进行计算与评估，并提出相应的改善措施；再次，通过系统动力学模型及综合模型的构建对可持续利用影响因素进行分析，并结合可持续发展系统模型的构建对可持续发展进行定量研究，使本章节的结论更加具有客观性和说服力；最后，基于之前的数据结果和目前森林资源的现状提出了相应的结论与政策建议。此外，选取了吉林省森林资源作为本书的案例研究，探讨了吉林省森林资源的现状，评估了吉林全省森林资源可持续利用的现状。

## 4.1　森林资源可持续利用现状分析

### 4.1.1　森林资源可持续利用概况

森林资源作为陆地生态系统的主体，是陆地生态系统的重要组成部分，与人类的生存有着紧密的联系。在当今全球气候变暖、自然资源趋于枯竭、生态环境日益恶化的背景下，森林资源的生态价值显得格外重要。目前，人类所面临的一个严峻事实就是全球森林已经遭到严重破坏、多数生物濒临灭绝、全球温室效应正在急速加剧，这加快了全球气候变暖的过程，全球的生态环境也因此受到了很严重的影响。同时，我国的木材产品也越来越短缺，这些都直接危及了 21 世纪人类的生存。人们已经不得不高度重视森林资源的可持续利用，森林资源的可持续利用不仅是我国可持续发展的重要基础，也是世界可持续发展的前提条件。我国政府及林业部门为实现森林资源的可持续利用，保证森林生态系统的平衡，需要制定适应于不同管理层次和尺度的森林资源可持续利用长期规划。

森林资源可持续利用定义为：我国森林资源如果想要满足当代及后代人对经济、社会、生态、文化和精神等各方面的需要，那么就应该要以可持续的方式经营。"各方面的需要"指的是人类通过利用森林资源，发挥森林资源的价值进行可持续性的发展有利于人类生产生活所需的物品，如木材、木质产品、水、食物、饲料、药物、燃料等。为了防止我国森林资源受到环境污染及害虫的侵害，我国应当积极采取适当的措施以充分维持森林资源的多用途价值。联合国粮食及农业组织认为：森林资源的可持续利用是一种通过人为的干预等一系列的措施，政府给予的政策性支持，颁布相应的法律法规及运用现代科技手段的行为。这里所指的森林资源不仅仅包括天然森林资源，还包括人工森林资源。可持续利用简单来说就是通过采取相应的措施有计划地、有针对性地来保证森林资源的生态价值、社会价值、经济价值都可以得到可持续发展。

我国政府一直十分重视森林资源的可持续利用，并采取了一系列的政策措施，对我国森林资源进行保护，促进森林资源的可持续发展。同时，也将森林资源可持续利用列入《中国 21 世纪初可持续发展行动纲要》的重点领域。在 21 世纪全面建设小康社会的进程中，一方面，我国所面临的最大难题就是生态建设和维持生态系统的平衡。加强生态建设，维持森林资源的可持续利用是我国可持续发展的基础，我国想要全面建设小康社会，加快社会主义现代化进程就必须实现生态和经济的协调发展，实现人类与自然的和谐相处。另一方面，森林资源作为陆地生态系统的主体，承担着生态建设和林产品供给的重要任务，做好森林资源的可持续利用这项工作意义十分重大。我国在贯彻可持续发展战略中、在西部大开发中、在生态建设中要将森林资源的可持续利用放在首位，合理利用森林资源，使森林资源更好地与我国经济协同发展。

不同国家对森林资源可持续利用的标准和指标体系都有不同的认识，虽然其森林资源可持续利用的指标体系都相差不大，但不同国家对森林资源可持续利用的细化程度是不一样的。我国森林资源可持续利用的标准与指标体系包括国家水平、地区水平和森林经营单位总体水平三个层次。森林资源可持续利用的指标体系主要通过生态系统多样性指标、物种多样性指标、遗传多样性指标这三个指标衡量。同时还通过森林生态系统的生产力维持情况、森林资源的全球碳循环贡献、长期社会经济效益情况等标准来测量。现如今，我国开始在全国范围内开展森林资源可持续利用方案的设计，并将森林资源可持续利用计划列入我国可持续发展计划的首要任务。在我国可持续发展战略思想指导下，通过我国长期的努力已经基本上形成了森林资源可持续利用的总体框架，包括四个方面。我国在传统的森林资源利用规划方案上提出了可持续发展的新要求，同时我国对森林资源可持续发展计划做出了明确的规定，指出要从可持续发展的角度看待森林资源的利用，合理利用森林资源，使我国森林资源朝着可持续利用的方向发展。我国在全国范围内开始了森林资源可持续利用的规划，首先在县域级开始了试点，为了推动县域级森林资源可持续利用规划编制工作，建立了一整套完整的森林资源可持续利用制度管理体系，政府部门也相当重视此次森林资源可持续利用的试点工作，国家法律部门也相继制定了相应的法律法规明确了县域级森林资源可持续利用规划的主要目标、任务及具体计划安排等要求，同时规范了县域级森林资源可持续利用规划编制的程序、方法和主要成果，为全面推进我国森林资源可持续利用提供了基础保障。我国还通过林业体制改革为我国森林资源可持续利用提供了政策上的保障。最近几年，我国大力开展林业生态建设工程，对推动森林资源可持续利用起到很大程度的促进作用。在短短的几年时间，通过全国的共同努力及政府对森林资源方面生态建设的高度重视，我国森林资源面积覆盖率有所提高，森林蓄积量有所增长。但由于林业管理体制还不够健全，市场机制不能充分促进林业自身发展，因此森林资源可持续利用发展的目标还很遥远，需要我们共同努力来促进森林资源可持续利用的发展，促进我国自然资源和经济发展协调、统一。

### 4.1.2 森林资源人口承载力

承载力这一概念最早产生于物理学，是指一个物体在没有任何外力作用下能荷载重量的极限，后来被借用于生态学，是指一个特定的生态环境中能维持某一生物的最大数量。后来随着我国自然资源趋于枯竭，生态环境问题越来越严重，承载力一词又逐步被人类学家和生物学家用于研究生态环境与经济发展之间的关系，并且对承载力也做出了进一步的细分。例如，资源承载力、环境承载力、人口承载力等有关概念，这些概念相差不大，在环境资源中的运用也大同小异。这里的人口承载力是指一个特定生态系统内的资源所能供养的最多人口数量，后来很多学者从不同资源的角度对人口承载力进一步划分，包括从水土方面、新能源资源方面等。学者通过收集文献和广泛查阅资料认为，森林资源人口承载力是指该地区的森林资源在能够充分合理利用和保持生态平衡的情况下，所能持续供养的相应于一定生活水平的最高人口数。首先，值得注意的是，森林资源人口承载力是以森林资源可持续利用为前提条件的，必须保证不影响森林生态系统的正常秩序。其次，森林资源人口承载力的概念具有相对性，这是森林资源人口承载力的最重要特征。我们都知道相对性是指一个事物相对于另一个事物来说的，所以并不是绝对的。第一，该定义中的人口承载力是相对于那些能够给人类不断供给资源的具有一定质量的森林资源来说的，并不包括未开发的和不可利用的森林资源。第二，相对于不同利用状况的森林资源的承载能力也是不同的。森林资源质量越高、利用程度越高，所能供养的人口数量就越多。反之，森林资源质量越低、利用程度越低，所能供养的人口数量就越少。如果对森林资源的利用只是单一的木材输出，那么很显然森林资源所能供养的人口数就很低。而如果在单一的木材输出的基础上加大产业链，对木材产品进行深加工，产出更多的人类需要的物品，那么该森林资源就能供养更多的人口。最后，也是最重要的一点就是，这里的森林资源所能供养的人口是指具有一定生活质量的人口。不同生活水平的人对于物质的需求程度是不一样的，因此，对森林资源供给量的需求也是不同的，相对于生活质量低的人口来说，生活水平高的人口对森林资源的需求肯定是较高的。

森林资源人口承载力的定义中明确提出了持续供养人口的最高数量。从森林资源的人口承载力这一定义中可以看出人口承载力最终强调的是人口数量而不是资源量，它强调的是森林资源如果可以持续利用，那所能够最大化满足人口的数量是多少，而并不是可开发的森林资源总量。在我国现有的经济资源下，我国人口过多导致人均可用资源微乎其微，人们的总体生活水平偏低，但是人们对于生态资源的渴望程度却愈演愈烈，人口只增不减，而生态资源的供给量却在减少，最终将导致本来就比较短缺的资源和生态环境会面临着越来越大的压力。所以，学者开始深入研究森林资源人口承载力，对森林资源所能供给的人口数进行分析，有助于判断人们对森林资源的实际需求，进而判断现有森林资源量所能供给的最大人口数量是多少，并据此提出相关针对性策略，从而有助于生态资源与社会经济的协调同步发展。众所周知，什么资源都是有一定量的，有的在短期内根本无法迅速供给，森林资源也是一样的，它在一定时期内的总量是有限的，因为森林资源在一定时期的更新能力是有一定极限的，到达一定极限，将不会再更新。如果人类一直漫无边际地消耗森林资源,当森林资源的使用量达到一定的边界时,则生态系统的主动调节作用将不再起作用,从而生态平衡也很难再恢复。

## 4.2 森林资源可持续利用经济效益分析

### 4.2.1 经济效率

Farrell 在 1957 年创新地提出了全要素生产率的概念,这个概念主要通过不同的要素衡量生产效率的高低,如技术进步、组织创新及专业化等。这一研究也为后来更加精确地衡量生产效率拉开了帷幕,目前关于该方面的研究日益丰富起来,当前也应用于森林资源可持续利用经济效率的研究中。臧良震等(2014)运用 DEA[①]模型对中国西部地区 11 个省(自治区、直辖市)的林业生产技术效率进行了研究,结果发现西部地区林业生产技术效率平均为 0.664,普遍都较低。魏言妮(2016)通过对 2013 年中国 31 个省(自治区、直辖市)的林业产业进行研究,结果发现北京、天津等 11 个省(自治区、直辖市)的林业综合效率都相对较高,其余 20 个省(自治区、直辖市)的林业综合效率都相对有所损失。通过以上相关的文献和梳理不仅可以看出生产效率在林业研究中被广泛地应用,也可以得出,有关林业方面经济效率的研究已经得到了广大学者的重视,因此本书通过借鉴刘铁铎(2015)的相关研究成果,选取非参数效率测算方法,首先该方法省去设定函数这一形式,避免由设定函数的误差导致结论的偏离,其次该方法没有假设条件作为前提,所以更加有助于所得出的结论适用于更多的情况,最后该方法适用于多投入多产出方面的探讨,更加贴合林业生产效率计算的要求。虽然该方法没有考虑随机扰动项的影响,但是其自身的优势大于其他方法,因此本书也选择该方法作为衡量森林资源利用的经济效率。

首先讨论的是 Divisia 指数非参数方法,公式如下:

$$\text{TFP} = \frac{\mathrm{d}\ln y}{\mathrm{d}t} - \sum_{n=1}^{N} s_n \frac{\mathrm{d}\ln x_n}{\mathrm{d}t} \tag{4-1}$$

式中,TFP 为全要素生产率在 $t$ 到 $t+\mathrm{d}t$ 这段时间的变化;$y$ 为产出的数量;$x_n$ 为投入的数量;$N$ 为投入的项数;$s_n$ 为第 $n$ 项投入在总成本中的份额。如果时间设为离散型变量,式(4-1)可以近似为 Törnqvist 指数非参数方法所表示的公式,具体如下:

$$\text{TFP} = \ln y^{t+1} - \ln y^t - \sum_{n=1}^{N} \frac{1}{2}(s_n^{t+1} + s_n^t)(\ln x_n^{t+1} - \ln x_n^t) \tag{4-2}$$

式(4-2)中各变量表示的意思与式(4-1)相同,但是由于该式中的全要素生产率不能分解,因此也不能更好地分析背后所产生的原因,因此 Caves 等(1982)与 Färe 等(1994)提出了基于产出角度的非参数方法——Malmquist 指数法。最初由 Caves 等导入了产出角度的 Malmquist 指数,公式如下:

$$M^{t,t+1} = \left[ \frac{D_o^t(x^{t+1}, y^{t+1})}{D_o^t(x^t, y^t)} \frac{D_o^{t+1}(x^{t+1}, y^{t+1})}{D_o^{t+1}(x^t, y^t)} \right]^{1/2}$$

---

① DEA 指 data envelopment analysis,即数据包络分析。

式中，$D_o(x, y)$ 表示实际观测到的产出与现有的技术及投入向量下所能到达最大产出量之间的比重，$x$ 为投入向量，且 $x \in R_+^K$（$R_+^K$ 为所有投入向量所构成的集合）；$y$ 为产出向量，且 $y \in R_+^m$（$R_+^m$ 为所有产出向量所构成的集合），此外 $D_o(x, y) = \min\{\delta : (y / \delta) \in P(x)\}$，其中，$P(x)$ 为产出量的集合，$\delta$ 为在所有生产可能性的集合中同一径向上实际产出与某一产出的比值。后来，Färe 等将 Malmquist 指数分解成如下公式：

$$M^{t,t+1} = \frac{D_o^{t+1}(x^{t+1}, y^{t+1})}{D_o^t(x^t, y^t)} \left[ \frac{D_o^t(x^{t+1}, y^{t+1})}{D_o^{t+1}(x^{t+1}, y^{t+1})} \times \frac{D_o^t(x^t, y^t)}{D_o^{t+1}(x^t, y^t)} \right]^{1/2} = \text{TEC}_{\text{Malm}} \times \text{TC}_{\text{Malm}}$$

$$= \text{PEC} \times \text{SEC} \times \text{TC}_{\text{Malm}}$$

式中，$\text{TEC}_{\text{Malm}}$ 为技术效率的变化；$\text{TC}_{\text{Malm}}$ 为技术的进步；PEC 为纯技术效率的变化；SEC 为规模效率的变化。

以上是对相关非参数方法进行了梳理，现结合刘先（2014）、刘铁铎（2015）等学者的相关研究成果，构建相应的指标体系以便更加清晰地计算出相应的结果，一般选取林地资源投入、林业系统年末在职人数作为投入的经济指标，用营林固定资产投资来表示资本投入，用林业生产总值来表示产出数据。根据研究的目的和现况再对相关数据进行进一步删选或者处理，从而有助于求出更加具有说服力和客观性的经济效率。最后根据所求出的经济效率便可对当地的林业进行评估和总结，根据公式，全要素生产率是受技术进步、纯技术效率及规模效率影响的，当地政府根据这三者所求出的数值高低便可制定和实施下一步有关森林可持续发展的相关政策，如根据相关学者的研究，2010 年吉林省的森林资源利用的规模效率远低于全国平均水平，因此当地政府可以制定相关措施以便提高吉林省有关森林资源利用方面的规模效率，此外 2013 年左右，技术进步下降导致的吉林省森林资源的生产效率的增长幅度有所下降，因此相关部门可以加快相关技术发展，提高技术创新能力进而提高当地森林资源的生产效率。因此，经济效率在研究森林资源的可持续利用时起了非常重要的作用。

## 4.2.2 经济发展效应

我国森林资源可持续利用达到了较高的经济发展效应，这需要在保证林业自身快速增长的同时，还需要对其他产业的发展起到保证的作用。本节主要从森林资源可持续利用对我国经济发展影响的角度来分析我国森林资源可持续利用的经济发展效应。本书选取 GDP 来衡量我国的经济发展情况，林业总产值（gross forest output，GFO）来衡量林业产业发展状况。并选取 2005～2015 年我国的 GDP 和 GFO 作为样本数据来对我国森林资源可持续利用的经济发展效应进行分析。

从表 4-1 的结果可以看出，在 5% 的显著性水平下，GDP 和 GFO 都是不平稳的，存在单位根，而对其进行一阶差分后，两者仍然是非平稳的，所以需要继续对其进行二阶差分，差分后发现 GDP（–2）和 GFO（–2）是平稳的，所以两者皆为二阶单整序列，所以需要进一步检验两者之间是否存在格兰杰因果关系。

表 4-1　数据的平稳性检验

| 变量 | ADF 统计量 | 5%临界值 |
| --- | --- | --- |
| GDP | 0.570 648 | −1.988 198 |
| GFO | 7.209 508 | −1.982 344 |
| GDP（−1） | −0.361 743 | −1.988 198 |
| GFO（−1） | −0.630 829 | −1.988 198 |
| GDP（−2） | −3.732 933 | −2.006 292 |
| GFO（−2） | −3.819 412 | −1.995 865 |

注：GDP（−1）、GDP（−2）为对 GDP 进行一阶、二阶差分后的结果；GFO（−1）、GFO（−2）为对 GFO 进行一阶、二阶差分后的结果

当选择滞后期 $p = 2$ 时，根据表 4-2 可知 GFO 不是 GDP 的格兰杰原因，说明林业产业对 GDP 的促进作用不明显，而 GDP 则是 GFO 的格兰杰原因，说明 GDP 的增长对林业产业有着较强的带动作用。

表 4-2　GFO 和 GDP 的格兰杰因果关系检验

| 原假设 | 观测样本 | $F$ 统计量 | 相伴概率 | 结论 |
| --- | --- | --- | --- | --- |
| GFO 不是 GDP 的格兰杰原因 | 9 | 1.891 20 | 0.264 18 | 不能拒绝原假设 |
| GDP 不是 GFO 的格兰杰原因 | 9 | 8.038 74 | 0.039 69 | 拒绝原假设 |

通过数据的平稳性检验得知序列 GDP 和序列 GFO 之间皆为二阶单整序列，可以通过使用 Engle-Granger 检验法来验证它们之间是否存在长期均衡关系。

应用普通最小二乘法（ordinary least square，OLS）回归，得到如下方程：

$$GDP = -33\ 361.36 + 163.3079GFO$$

$$R^2 = 0.9954 \quad F = 1943.42 \quad D.W = 1.0234$$

由上述的估计方程可以得出，$F$ 统计量和 $t$ 统计量均通过了 5%显著性水平下的统计检验。现在需要对该方程的残差序列进行统计检验，通过查询 D.W.统计量临界值表可知，该模型不存在异方差，根据赤池准则可知，当选择滞后期 $p = 2$ 时，在 5%的显著性水平下残差序列不存在伪回归问题，说明 GFO 与 GDP 之间存在着长期均衡关系（表 4-3）。

表 4-3　残差的平稳性检验

| 变量 | ADF 统计量 | 5%临界值 |
| --- | --- | --- |
| resid | −5.052 611 | −1.995 865 |

通过使用 EViews 软件可以得到 GDP 受 GFO 影响的误差修正模型如下：

$$GDP(-2) = -31\ 434.28 + 165.8003GFO(-2) + 0.393\ 676ECM(-2)$$

从误差修正模型反映的调整系数来看，GFO 变动对 GDP 的变动有正向的促进作用，其短期调整系数为 165.800 3，误差修正项 ECM（−2）的误差修正项系数为 0.393 676。从以上的结果可知，林业产业的发展与我国经济的发展呈正相关，而且其发展对国民经济的贡献度逐渐增大，并成为我国第一产业的重要组成成分，在国民经济良好、健康发展中发挥着不可替代的作用。

### 4.2.3　森林资源产业结构效应

近些年来作为新增长点的林业产业的快速发展对国民经济的贡献度逐步加大，在国民经济中的地位已逐渐不容忽视。由于林业各个产业之间关联性较强，因此建立合理的林业产业结构，不仅有利于林业产业的快速发展，而且对本地区经济的发展也起着重要的作用。本节主要通过以下几种分析方法来对森林资源产业结构效应进行分析。

（1）森林资源产业依存度分析

依存度分析主要是运用直接消耗矩阵和完全消耗系数矩阵来分析各个部门之间依存关系的一种方法。通过计算可知，其他部门对森林资源产业依赖度最高的是造纸印刷及文教用品制造业，处在第二位的是旅游业，处在第三位的是农业，说明大力发展森林资源对以上三个产业有着较大的促进作用，森林资源产业对其他部门依赖度最高的是农业，处在第二位的是运输和贸易业，处在第三位的是化学加工业，说明这几个部门的发展对森林资源产业部门有着较强的带动作用。

（2）森林资源产业感应力系数和森林资源产业影响力系数

1）森林资源产业感应力系数反映的是，第 $j$ 个森林资源产业部门增加一个单位最终产品时，对其他产业的需求程度，计算公式如下：

$$\delta_j = \frac{\sum\limits_{i=1}^{n} b_{ij}}{\frac{1}{n}\sum\limits_{i=1}^{n}\sum\limits_{j=1}^{n} b_{ij}} \quad i, j = 1, 2, \cdots, n$$

式中，$b_{ij}$ 为完全消耗系数矩阵 $B$ 中第 $i$ 行第 $j$ 列的元素。

2）森林资源产业影响力系数反映的是，如果国民经济中的各个生产部门都增加一个单位最终产品时，对第 $i$ 个森林资源生产部门的需求程度，计算公式如下：

$$\theta_j = \frac{\sum\limits_{j=1}^{n} b_{ij}}{\frac{1}{n}\sum\limits_{i=1}^{n}\sum\limits_{j=1}^{n} b_{ij}} \quad i, j = 1, 2, \cdots, n$$

式中，$b_{ij}$ 为完全消耗系数矩阵 $B$ 中第 $i$ 行第 $j$ 列的元素。

通过结合我国投入产出表计算可得,森林资源产业影响力系数和森林资源产业感应力系数如表 4-4 所示，首先，从影响力的角度来看，森林资源第二产业的影响力系数较大，说明如木竹家具制造业、木竹浆造纸及纸制品业等森林资源第二产业，较之其他森林资源产业对国民经济的拉动作用较大，由于森林资源产业的感应力系数小于 1，说明其对国民经济发展的促进作用较小。其次，从感应力的角度来看，森林资源第二产业的感应力系数相较于其他森林资源产业较大，说明其更易感受到产品的需求变化情况，因此对国民经济中其他部门有较强的推动作用。而从整个森林资源产业来看，整个森林资源产业的影响力系数和感应力系数分别为 0.70 和 0.69，都小于 1，说明整个森林资源产业对经济的拉动作用还相对较小。

表 4-4　我国森林资源产业的影响力系数和感应力系数

| 项目 | 影响力系数 | 感应力系数 |
| --- | --- | --- |
| 森林资源第一产业 | 0.65 | 0.66 |
| 森林资源第二产业 | 1.03 | 1.08 |
| 森林资源第三产业 | 0.71 | 0.73 |
| 森林资源产业 | 0.70 | 0.69 |

（3）森林资源产业变动对我国产业结构变动的影响分析

随着我国经济的发展，我国的森林资源产业在近些年也得到了蓬勃的发展，产业规模不断扩大，根据历年《中国统计年鉴》中的数据显示并计算可知，2005～2015 年，我国森林资源产业占第一产业的比重呈现出稳定的上升趋势，森林资源产业对第一产业的贡献率也在逐年稳步增长，并且以森林旅游业为主的森林资源第三产业在近些年也得到了较大的发展，说明了以森林资源产业为主的第一产业和以森林旅游业为主的第三产业对第一产业和第三产业产值的增长起到了较大的促进作用，这说明了森林资源产业的发展不仅仅是发展第二产业，而是三个产业协同发展，这无疑对我国产业结构的变动有着较大的促进作用。

## 4.2.4　森林资源产业结构与森林资源经济协同发展分析

4.2.2 节和 4.2.3 节分别通过对经济发展效应与森林资源产业结构效应的分析，探讨了这两者的效应和在可持续利用中所起到的作用，现在本节通过借鉴连素兰等（2016）相关的研究，结合一定的模型探讨和分析森林资源产业结构与森林资源经济协同发展。

协同是指两者之间相互依存、相互帮助，而协同发展则是指两者通过协同达到共同进步，进而取得共赢的目的。目前学术界有关协同发展的研究已经取得了一定的成果，在相关的研究方法中包括相关分析、回归分析及 DEA、协调度等方法，由于本书探讨的是森林资源产业结构和森林资源经济的协同发展，基于两者之间相互影响、相互作用的关系，本书选取了耦合协调度模型，因为协调度的概念是吴跃明等（1996）从协同的角度出发的，建立在衡量两者之间在发展过程中的相互配合、相互协调的程度。此外在后来相关学者的研究和补充中，刘耀彬等（2005）创新地将耦合的概念和协调度结合在一起，构建了目前被广泛使用的耦合协调发展模型，该模型不仅可以适用于不同系统、不同区域之间也可以应用于环境-经济系统之间的研究中，因此本节将这种方法作为衡量和分析森林资源产业结构与森林资源经济协同发展的首选。

首先假设某地区的森林资源产业结构有 $u$ 个指标，森林资源经济有 $v$ 个指标。此外变量 $X_i$ 是该地区森林资源产业结构系统的序参量，变量 $Y_i$ 是该地区森林资源经济系统的序参量。

第一，由于序参量在系统中的协调度将会影响系统的有序性，并且正负项指标不仅提供的功效方向不同，功效的大小也有所不同，因此在估算协调度之前，要先将序参量对系统的功效计算出来，即有序度的大小，有序度越大表明该序参量对系统的有序程度贡献越多、影响也越大，有关有序度的计算公式如下：

$$X_i = \begin{cases} \dfrac{x_i - \min(x_i)}{\max(x_i) - \min(x_i)} & (x_i为正向指标) \\[2mm] \dfrac{\max(x_i) - x_i}{\max(x_i) - \min(x_i)} & (x_i为负向指标) \end{cases}$$

$$Y_j = \begin{cases} \dfrac{y_j - \min(y_j)}{\max(y_j) - \min(y_j)} & (y_i为正向指标) \\[2mm] \dfrac{\max(x_i) - x_i}{\max(y_j) - \min(y_j)} & (y_j为负向指标) \end{cases}$$

式中，$i$ 取 1 至 $u$，$j$ 取 1 至 $v$。

第二，分别计算森林资源产业结构与森林资源经济的综合发展指数，在计算的过程中会涉及相关权重的计算，本书在结合了相关学者的研究成果之后，选取了熵值法作为本书的方法，其中森林资源产业结构与森林资源经济的综合发展指数分别用 $f(X)$ 和 $g(Y)$ 表示，两者各指标的权重分别用 $a_i$ 和 $b_j$ 表示，涉及的相关公式如下：

$$f(X) = \sum_{i=1}^{u} a_i X_i$$

$$\sum_{i=1}^{u} a_i = 1$$

$$g(Y) = \sum_{j=1}^{v} b_j Y_j$$

$$\sum_{j=1}^{v} b_i = 1$$

第三，计算耦合度所涉及的公式如下：

$$C = \left\{ f(X)g(Y) \bigg/ \left[ \frac{f(X)+g(Y)}{2} \right]^2 \right\}^K$$

式中，$K$ 为调节系数且 $K \geqslant 2$，由于本小节所讨论的是两者之间的耦合度，因此 $K = 2$；$C$ 为耦合度，范围在 $0 \sim 1$，$C$ 越大并接近 1 时说明森林资源产业结构与森林资源经济之间相互影响的程度越大，$C$ 越小并趋于 0 时说明两者之间相互影响的程度越小。此外，由于本章探讨的是森林资源可持续利用经济效益，因此还需计算两者综合发展的协调度，才能更加详细、清晰地说明森林资源产业机构与森林资源经济协同发展的综合收益，其中计算协调度的值所涉及的公式如下：

$$L = \gamma f(X) + \delta g(Y)$$

$$B = \sqrt{C \times L}$$

式中，$\gamma$ 和 $\delta$ 分别为森林资源产业结构与森林资源经济综合发展指数的权重；$L$ 为森林资源产业结构与森林资源经济的协同发展效应；$B$ 为两者综合发展的协调度，且 $0 \leqslant B \leqslant 1$，说明 $B$ 值越大两者之间的协调度越高，越有助于系统由无序走向有序，$B$ 值越小两者之间的协同度越低。

此外，本书为了更加清晰地探讨森林资源产业结构与森林资源经济发展在不同阶段所呈现的不同程度的协调关系，因此借鉴了连素兰（2017）相关的研究成果，将评判标准与协调类型之间的关系整理如图 4-1 所示。

计算出以上相关数据之后便可以对森林资源产业结构与森林资源经济协同发展进行分析，一般以下四项数据在一定时间的变化趋势、增降幅度及它们两两之间比较为基础，

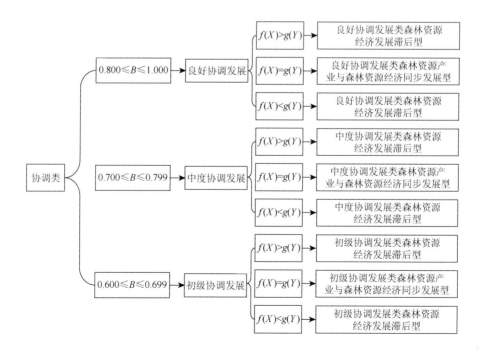

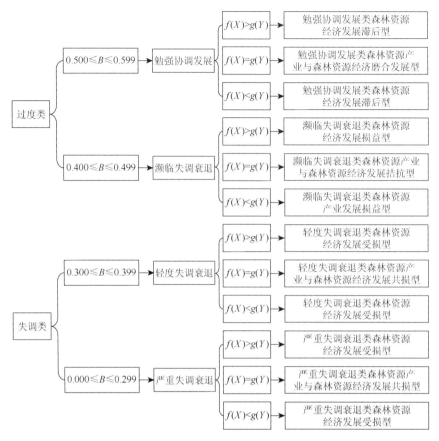

图 4-1　耦合协调发展类型和评判标准

这四项数据分别是森林资源产业结构和森林资源经济的综合发展指数、森林资源产业结构与森林资源经济协同发展的耦合度及它们之间的综合发展的协调度，即耦合协调度，若在一定时期内森林资源经济的综合发展指数大于森林资源产业结构的综合发展指数，说明森林资源产业结构的发展相对滞后，若森林资源产业结构的综合发展指数大于森林资源经济的综合发展指数，说明在这段时间内，森林资源经济发展相对缓慢。例如，2012 年之前的福建省森林资源产业综合发展相对滞后，但是在 2012 年时森林资源经济发展相对较好，从相关学者的研究结论可以看出，形成福建省森林资源状况的原因主要是"十二五"规划之后，福建省落实国家政策，实行林权制度改革，并且积极响应政府号召，努力建设生态文明强省，并实施了相关林业建设的措施，从而促进了当地的林业发展，进而出现2012 年时当地森林资源经济发展相对较好的状况。森林资源产业机构和森林资源经济之间的耦合度是衡量两者相互影响程度的，而两者的耦合协调度能够判别耦合协调发展的类型，结合相关数据，对照图 4-1 所列的相关标准便可清晰地判别出森林资源经济与森林资源产业结构协同发展所处的类型及状况。最后，权重在本节中也是关键的数据，因为通过指标权重的大小能够判别出该指标在协同发展中所起到作用的高低，从而有利于当地政府、国家及时调整相关政策，促使森林资源产业结构与森林资源经济协同发展，发挥森林资源的最大价值。

# 4.3　森林资源可持续利用生态效益分析

## 4.3.1　评价方法与指标体系

　　森林资源可持续利用生态效益一直都是国际上的热门话题,毕竟在现在这个高速发展的社会,有资源、有良好的生存环境已经成为广大人民迫切要求实现的目标。在学术上,关于该问题的研究热度也一直居高不下,其中如田淑英和白燕(2009)基于森林生态效益补偿机制的基础上,通过立足于我国森林的现实情况,研究出清晰的补偿机制,并创新地针对我国的森林资源现状,提出了相关的建议与措施。本书通过对文献的阅读和整理,借鉴相关学者的研究成果设计了符合本书的森林资源可持续利用生态效益评价方法和评价指标体系,用以评价我国森林资源利用的生态效益状况。

　　生态效益主要是指生态系统所能给人类带来的服务和效用,20 世纪 50 年代由于全球环境污染严重,国外研究者掀起了对森林资源生态系统价值评估的热潮。而我国对此方面的研究起步较晚,最初是引用国外的理论和方法,直至 1988 年,国务院设立了相关的部门对我国森林资源生态效益进行价值评估才标志着我国该方面的研究发展正式步入轨道,进入 21 世纪,森林资源的重要性越来越得到大家的认可,研究力度也越来越大。

　　目前关于森林资源生态效益的评价方法有很多,其中包括市场价值法、机会成本法、恢复和防护费用法、人力资本法、费用支出法、享乐价格法、替代工程法、条件价值法及影子价格法等:①市场价值法一般适用于评估的资源在市场中具有一定的价值且可以用确定的市场价格去衡量,也就是说在评价森林资源的生态效益时,是将它看作生产中的一个要素,因此这种方法的不足之处就是无法衡量所有资源的生态效益,而且容易受到相关政策和制度变动的影响。②机会成本法一般适用于稀缺的资源特别是这种资源的社会效益不能得到很好的评估时的情景。由于其本身具有一定的客观性和全面性,因此决策者在评估效益时一般会首选这种方法。③恢复和防护费用法一般是指将破坏的森林资源生态系统恢复原貌或者维持现有的森林资源的生态系统所需花费的费用作为对森林资源生态效益的评估价值。这种方法无须详细的信息和资料,并且能够弥补市场价值法的不足,对不具有市场性的资源也能够进行合理的评估。不足之处在于对价值产生影响的不只是成本,还有其他方面的原因,因此这种方法也具有一定局限性。④人力资本法一般是指用自然人通过自己的有益活动为这个社会创造价值,从而获得的劳动价值来衡量资源生态效益的方法,一般被破坏的资源会对自然人造成一定的伤害使之不能为社会创造价值,所以这种方法在使用前要明确自然人的身体健康与不良的生态环境所带来的负面作用之间的关系,因此这种方法具有一定的针对性,同时也具有一定的局限性。⑤费用支出法是基于市场提出的方法,一般是指消费者群体愿意为旅游景区或者供给消费者游玩和休息的其他景观场所支付的费用作为衡量资源生态效益的方法,在这里愿意支付的费用并不是单纯上的门票、吃、住及交通工具等费用,它还包括最重要的一部分,即消费者剩余,在这里消费者剩余是通过抽样调查得出的数据再进行进一步估算而得出来的,因此所得出的结果也具有一定的误差。此外，由于这种方法市场化程度较低，而且不能核算一些非使用值，因此相对于市场价值法，这种方法的说服力就相对较弱了。⑥享乐价格法是基于人是理性的角度考虑问题的，因为在人是理性的前提下，消费者在购买商品时就会将享乐因素作为一个关键点，所以这些因素也会间接地导致商品的价格有所变化，因此这种方法是将受周围环境等外在因素变化所导致的商品价格作为衡量资源生态效益价值的手段，由于这种方法是建立在市场的基础上，因此其可以更好地反映市场的变化所带来的消费者偏好的波动，但是由于这种方法的主观性较强，而且模型复杂且受到外在多种因素的干扰，因此该方法具有一定的局限性，在某些情况下的资源生态效益的评价是无法使用这种方法的。⑦替代工程法是指通过构建相应的工程来代替受到破坏之前的自然资源从而给人带来服务的过程，在这个过程中这项后来所建的工程的成本就是用来衡量所替代自然资源生态效益的价值，因此这种方法在计算时必须要明确构建的工程所需要的材料、物资、人工及其他产品的市场价格，只有这样才能更加贴切地估算出替代工程所需的成本，即资源的生态效益的价值。这种方法被广泛用于评估一些不能被直接评估的资源生态价值，但是市场环境及时间上的一些变化，导致同一资源替代工程的成本不同，因此这种方法在使用时也有一定的不足。⑧条件价值法又称问卷调查法，它是一种从假想角度来研究问题的方法，如生态效益是可以进行交易的，那么通过发放问卷或者实际调查等方法，汇总生态效益使用者愿意为生态效益支付的价格及他们心理上能够承受的价格，这样也就得出了资源生态效益的价值，由于这种方法具有一定的灵活性，因此有助于研究者使用，并且这种方法适用于一些较大但是没有实用价值的评估。但是由于这种方法建立在研究者问卷调查的设计和发放，以及被调查人员的想法和认知的基础上，因此这种方法所产生的结果具有一定的偏差，并且说服力较低。⑨影子价格法，这种方法的特点在于其采用的是一种能够反映其真正实际价值的价格，而不是笼统的市场价格，因此这种方法在定量评价生态系统方面得到了广泛的运用。本书通过总结学者的相关方法和理论，选择目前使用较多的实物量和价值量相结合的方法来评估森林资源的生态效益。

1. 涵养水源效益

在森林资源的保护中，水源是非常重要的因素，因为森林资源可以通过树叶的蒸散，以及降低地表径流量等方式减弱洪水的吞噬，此外森林资源所占的土地对水源的渗透率不同，也会导致森林资源的生态效益不同。所以，水土流失对森林资源的生态效益的影响很大，在相关文献的阅读和总结中，可以得出关于涵养水源效益的方法一般有降水储存法、水量平衡原理等方法。由于本小节讨论的森林资源主要建立在数据的基础上，因此本书选择运用水量平衡原理的方法来估算森林资源涵养水分的量。其表达式如下：

$$U = W \times P = (R - E) \times A \times P$$

式中，$U$ 为森林资源的涵养水源的效益（元/年）；$W$ 为森林资源的涵养水源量（米$^3$/年）；$R$ 为年平均降水量（毫米）；$E$ 为年平均蒸散量（毫米）；$A$ 为森林面积（公顷）；$P$ 为单位蓄水费用（元）。

2. 保育土壤效益

森林资源的一个重要作用就是保育土壤，一般体现在当外来物侵蚀土壤的时候，可以降低侵蚀的程度，此外不仅能减少风沙对土壤的侵害，保持土壤的活力，也可以减少灾害的发生，以免对土壤产生毁灭性的打击。在估算有关保育土壤效益的问题中，关于估计森林资源在减少侵蚀土壤中起到多大作用时，一般分为有林地和无林地两种情况，换一句话说，在没有林木覆盖的情况下土壤被侵蚀的数量和有林木覆盖的情况下土壤被侵蚀的数量之间进行对比，两者之间的差额就是所求的结果。由于森林资源的存在减少了土壤被侵蚀的数量，进而也就减少了土壤中有利的营养物质（如氮、磷、钾等元素）被损害的数量，增加了土壤的活力与肥力。因此关于土壤中流失的有利的营养物质的计算一般是通过各种营养物质在土壤中所占的比重与被侵蚀的土壤总量相乘而得出的结果。

森林保育土壤的价值一般通过替代工程法估算，如强固土壤这一部分的价值，首先通过将求得的森林资源强固土壤的数量转化为面积，然后与相关的土地造价成本相乘便可以求得这部分的固土价值。而保持土壤肥力方面的价值是通过计算损失的土壤的数量中所含的具有肥力的营养物质的含量，按照一定的方法折算成市场中流通的化肥的量，然后结合市场中化肥的价格便可以折算出森林资源保持土壤肥力的价值量。

其中，有关森林资源强固土壤及保持土壤中营养物质的实物量和价值量的计算，可以大致总结为以下几个步骤，首先需要计算出有林地与无林地之间强固土壤数量上的差额，折算成面积，然后按照相关土壤建设工程成本估算出这部分土壤的价值；其次土壤中的有利的营养物质（如氮、磷、钾等元素）都属于保持土壤活力和肥力重要的因素，所以在计算森林资源保护土壤的肥力时，应建立在有林地和无林地的区别上。因为森林资源能够起到防止和减少土壤被侵蚀进而达到强固土壤的作用，所以从侧面也可以反映出由于土壤被侵蚀的数量的减少进而引发土壤中有利物质流失的数量减少，因此通过衡量有林地与无林地之间强固土壤的差额，然后通过计算该差额中所含的氮、磷、钾等元素的含量，折算成市场中化肥的数量，进而计算出化肥的价格作为估算森林资源保护土壤肥力的价值。当土壤中的营养物质无法转化为化肥量的有机质时，可以折算成市场上相应的有机质的数量，然后计算出有机质的价格，作为衡量森林资源保护土壤肥力价值的一部分。一般用 $G$ 表示强固土壤的实物量（吨/年），$B_1$ 表示有林地覆盖情况下，土壤被侵蚀的模数 [吨/（公顷·年）]，$B_2$ 表示无林地覆盖情况下，土壤被侵蚀的模数 [吨/（公顷·年）]，$U_{固土}$ 表示强固土壤的价值量（元/年），$A$ 表示的是森林面积（公顷），$C$ 表示建造挖运土方的费用（元/米$^3$），$\rho$ 表示林地土壤的容量（吨/米$^3$），$G_i$ 表示相关土壤营养物质的流失量（吨/年），其中 $i$ 表示氮、磷、钾等元素，$I$ 表示土壤中相关营养物质所占的比重（%），$U_i$ 表示森林资源中保护相关营养物质的价值量（元/年），$M_i$ 表示化肥中所含相关营养物质的价格，也表示相关有机质的市场价格（元/年）。

保育土壤效益的相关公式如下：

$$G = A \times (B_2 - B_1)$$

$$U_{固土} = G \times C / \rho$$

$$G_i = G \times I$$
$$U_i = G_i \times M_i$$

### 3. 固碳释氧效益

森林资源的固碳释氧作用应该是现在社会最关注的问题，因为随着工业发展进程的加快，雾霾、温室效应等现象也接踵而至。而森林资源的作用这个时候就显得更加重要了，固碳释氧主要是从森林吸收二氧化碳、释放氧气的作用出发的，一般情况下，森林资源在进行光合作用时，每释放 1 吨的干物质时，便会吸收 1.63 吨的二氧化碳，释放 1.19 吨的氧气，从而达到森林生态平衡进而降低温室效应，创造一个低碳生物圈的作用。本小节根据有关学者的理论，从植物和土壤两方面来讨论森林资源固碳的效果，以便提高估算的准确性，也使文章更具有说服力。

（1）森林资源中植物的固碳

根据以上有关森林资源固碳的论述，可以得出在计算相关植物固碳的实物量的时候，可以结合光合作用的过程。由于树木落叶的腐烂过程所消耗的氧气与新树叶等新生过程所产生的氧气数量大致相等，因此根据林业的不同种类及它们的第一级生产力，结合森林资源每制造 1 吨的干物质所需要吸收的二氧化碳的数量，进而得出总的植物吸收二氧化碳的数量，即森林资源中植物的固碳数量。而在计算其价值量的时候，可以借鉴很多方法，目前较为成熟和得到广泛运用的方法是温室效应损失法、造林成本法及碳税法等，本书基于自身所需的要求借鉴了碳税法来衡量其价值量，此外碳税率则参考了瑞典的方法（150 美元/吨），以便更直观、更具有说服力地计算出森林资源中植物固碳效益的价值量。

（2）森林资源中土壤的固碳

森林资源中土壤的作用也是功不可没的，由于土壤中含有大量的微生物及营养物质，因此土壤在固碳方面也起到很大的作用。在衡量森林资源中土壤的固碳效益的实物量和价值量的时候，可以借鉴上述提过的方法，以土壤中每年增加的碳的程度作为其固碳的实物量，而价值量则同样借鉴碳税法进行衡量。

（3）森林资源中森林释放氧气

基于光合作用的原理，可以以上述固碳的实物量进而求出释放氧气的实物量，再根据市场上氧气的价格，最后得出森林资源中森林释放氧气的价值量。其中 $G_{植物固碳}$、$G_{土壤固碳}$ 分别表示两种情况下的固碳量（吨/年），$A$ 表示森林面积（公顷），$D$ 表示林分净生产力 [吨/（公顷·年）]，$J_{碳}$ 表示碳在二氧化碳中所占的分量（27.27%），$K_{土壤}$ 表示单位面积林业土壤的年固碳量 [吨/（公顷·年）]，$U_{植物固碳}$、$U_{土壤固碳}$ 分别表示两种情况下固碳的价值量（元/年），$C_{碳}$ 表示固碳的价格（元/吨），$G_{氧}$ 表示森林的氧气产生量（吨/年），$U_{氧气}$ 表示森林释放氧气的价值量（元/年），$C_{氧气}$ 表示市场中氧气的价格（元/吨）。

森林固碳释氧效益的相关公式如下：

$$G_{植物固碳} = 1.63 J_{碳} \times A \times D$$
$$G_{土壤固碳} = A \times K_{土壤}$$
$$U_{植物固碳} = C_{碳} \times G_{植物固碳}$$

$$U_{土壤固碳} = C_{碳} \times G_{土壤固碳}$$

$$G_{氧} = 1.19A \times D$$

$$U_{氧气} = G_{氧} \times C_{氧气}$$

#### 4. 积累营养物质效益

森林中的植物在生长的过程中并不是单一地成长,它会从周围的环境中吸收有利于其自身发展的有利物质,如前面所论述到的氮、磷、钾等营养物质,这些元素通过各种各样的方式被植物吸收、消化进而转化到自身的体内,因此也可以理解为这些营养物质被转存到植物的体内,而森林资源是汇集大量多样性植物的集合体,更是一个包含了丰富的营养物质的"金矿"。在衡量有关森林资源营养物质效益的时候,可以借鉴相关学者的做法,用森林的面积乘以每单位面积每年新长出植物的重量,进而得出森林每年增加的植物的重量,然后根据植物中营养物质所占的比重情况求出每年森林资源新增的营养物质的含量。而有关价值量的做法则可以类比之前所论述的有关保护土壤活力与肥力中所涉及的做法,将每年森林资源新增的营养物质转化为相关的化肥,如氯化钾等常用的实物,然后结合市场中相关化肥的价格进而求出森林积累相关营养物质的价值量。用 $G_i$ 表示不同营养物质的含量(%),$i$ 表示氮、磷、钾等元素,$N_i$ 表示各种营养物质在林木中所占的比重(%),$U_{营养}$ 表示森林资源中积累的各种营养物质的价值量。

积累营养物质效益所涉及的公式如下:

$$G_i = A \times N_i \times D$$

$$U_{营养} = A \times D \times \sum N_i M_i$$

#### 5. 净化大气环境效益

目前随着工业化时代的成熟,国家和城市的经济得到了大幅度的发展,但是伴随而来的对环境及资源的损害是不可估量的。现在的雾霾现象正是人类随意排放有害气体造成的,其中最典型的气体就是二氧化硫及一些氮氧化合物等,而森林资源在净化空气方面起到很好的作用。因为森林资源利用自身的优势可以削弱大气中有害气体的数量,并且能够吸收大气中的粉尘,保障空气质量以达到适合人类生存的环境,此外森林资源还能够提供负离子,为人类贡献更好的空气质量,因此本书结合负离子、降低粉尘、吸收有害气体等污染物这三方面探讨森林资源净化大气环境的效益。

在估算的过程中,可以以森林林分的负离子浓度、降低粉尘的数量及吸收污染物的数量为基础,分别与森林面积求积进而得出每项的实物量,然后根据每项的费用求出最后总和的价值量,这个价值量就可以表示相应的森林资源净化大气环境的效益。其中,$G_{负离子}$、$G_{尘}$、$G_{吸收污染}$ 分别表示林分每年提供负离子的数量(个/年)、降低粉尘的实物量(吨/年)及吸收有害气体等污染物的实物量(吨/年),$A$ 表示森林面积(公顷),$E_{负离子}$ 表示林分负离子的浓度(个/厘米$^3$),$H$ 表示林分的高度(米),$L$ 表示负离子存活的寿命(分钟),$U_{负离子}$、$U_{尘}$、$U_{吸收污染}$ 分别表示林分每年提供负离子、降低粉尘及吸收有害气体等污染物的价值量(元/年),$O_{负离子}$ 表示生产负离子所消耗的成本(元/个),$E_{尘}$ 表示单位面积下林分降低粉尘的量［千克/(公顷·年)］，$O_{尘}$ 表示降低粉尘所花费的成本（元/千克），$E_{吸收污染}$ 表示单位面积下林分吸收有害气体等污染物的量［千克/(公顷·年)］，$O_{吸收污染}$ 表示治理有害气体等污染物花费的成本（元/千克）。

净化大气环境效益有关的公式如下：

$$G_{负离子} = 5.256 \times 10^{15} \times E_{负离子} \times AH / L$$

$$U_{负离子} = 5.256 \times 10^{15} \times O_{负离子} \times (E_{负离子} - 600) \times AH / L$$

$$G_{尘} = E_{尘} \times A$$

$$U_{尘} = O_{尘} \times E_{尘} \times A$$

$$G_{吸收污染} = E_{吸收污染} \times A$$

$$U_{吸收污染} = O_{吸收污染} \times E_{吸收污染} \times A$$

### 6. 净化水质效益

森林俗称"大地之肺"，这不仅体现了森林具有净化水源的作用，而且体现了森林的蓄水功能，因此可以通过估算净化水质的价值量来评估森林资源的生态效益。其中，$U_{净化}$ 表示净化水质效益的价值量（元/年），$V_{涵}$ 表示森林资源中水源的涵养量（米$^3$/年），$W$ 表示年均降水量（毫米），$T$ 表示年平均蒸散量（毫米），$O_{净化}$ 表示净化单位体积水所花费的成本（元/米）。

净化水质效益的公式如下：

$$U_{净化} = V_{涵} \times O_{净化} = (W - T) \times A \times O_{净化}$$

### 7. 生物多样性保护效益

森林作为一个集动物、植物、微生物于一体的大家庭，不仅为物种提供了食物和栖息场所，也为它们繁衍后代提供了一个稳定的环境。在生态环境中，人与动植物能够和谐相处的一个大前提就是干扰性的降低，森林为动植物提供了不受外界打扰的生态圈，同时也为人们创造了一个优秀的生活环境。因此森林资源对人类的发展进步、生物的进化起到了不可忽视的作用。结合有关学者的研究，本书在这里根据 Shannon-Wiener 指数法估算生物多样性保护的实物量，首先根据估算出的实物量，通过一定的方程处理得到相应的机会成本，这里的机会成本是指单位面积上由于物种死亡或者其他情况等造成的损失，其次基于总体的林业面积算出相应效益价值量。其中，$Z_{平均}$ 表示该地区平均多样性的指数，$A$ 表示森林面积（公顷），$A_i$ 表示不同类型的林业面积（公顷），$S_i$ 表示不同种林业的生物多样性指数（其中 $i$ 表示林业的种类），$U_{生物}$ 表示生物多样性保护效益的价值量（元/年），$M_{生物}$ 表示每单位面积上物种损失所产生的机会成本［元/(公顷·年)］。

生物多样性保护效益的相关公式如下：

$$Z_{平均} = \frac{1}{A} \sum_{i=1}^{n} A_i S_i$$

$$U_{生物} = M_{生物} \times A$$

通过以上梳理的相关方法，可以将森林资源可持续利用生态效益的评价方法总结为表 4-5。

**表 4-5　森林资源可持续利用生态效益的评估方法**

| 效益类型 | 具体效益 | 评价方法 |
|---|---|---|
| 涵养水源效益 | 涵养水源、净化水质、调节水量 | 影子价格法 |
| 保育土壤效益 | 强化土地，保持肥力 | 机会成本法、影子价格法 |
| 固碳释氧效益 | 固碳释氧 | 碳税法、造林成本法 |
| 积累营养物质效益 | 积累林木的营养 | 替代工程法 |
| 净化大气环境效益 | 提供负离子、吸收和阻止粉尘 | 治理费用法 |
| 净化水质效益 | 减少河流污染物，净化水质 | 替代工程法 |
| 生物多样性保护效益 | 保育物种，丰富生态系统 | Shannon-Wiener 指数法 |

## 4.3.2　数据来源及描述分析

本章节对森林资源可持续发展生态效益的评价研究数据主要来自相关文献资料的阅读和考察、林业系统调查数据，其他部分信息通过向群众发放问卷调查获得。

有关国家森林资源方面的数据及资料相对难以收集，因此本书选取三篇关于森林资源可持续发展生态效益价值的文献进行描述和分析，结合前两节所提到的方法进行数据上的整合。第一篇文献是柴济坤（2016）关于南木林地区森林资源可持续发展生态效益价值的有关研究，在此文中作者选取了林区中的九个具有优势的树种，然后分别通过不同的龄级进行划分，进而详细地探讨不同龄级下的不同树种会带来生态效益上的差异，在数据上作者通过当地森林资源的二类清查数据及当地的水务局、林业局及农牧业局进行收集整理，利用替代工程法、碳税法等相关方法，得出南木林地区的森林资源生态效益的价值量为 593 亿元左右。第二篇文献是朱丽华等（2012）关于吉林省临江林业局森林资源生态效益价值的相关研究，在此文中作者并不是按照树种和龄级进行划分的，而是主要以生态公益林为基础推算相关结论的，如在数据的计算中作者用建造拦截 1 立方米的洪水所需的水库和堤坝的成本进而推算生态公益林的防洪价值，用农田灌溉水和社会供水的利用价值间接推出生态公益林所能增加的枯水期径流的效益价值。此外由于生态价值并不是静态的，而是一个与社会经济紧密相连的发展过程，因此为了数据具有一定的客观性和说服力，作者还结合当地的社会经济发展水平，运用恩格尔系数及人口比重权重将所得到的森林资源生态价值在一定的基础上进行了修正，最后所得到的临江林业局森林资源生态效益的价值量结果为 8.44 亿元左右。第三篇文献是邹涛和田森（2013）关于义乌市森林资源生态效益价值的相关研究，在该文献中作者分别对固土保肥、水源涵养等七个指标进行了详细的计算，最后加总得出 2012 年义乌市的森林资源生态效益的价值量在 8.8 亿元左右。

### 4.3.3　森林资源生态效益评价

通过对上述三篇文献的梳理和总结,可以得出森林资源生态效益价值量的估算具有一定的客观性,因为在一般情况下,它都是基于所研究地区的现实状况选取的数据,并且在选取方法时也因地而异,因此本书在三篇文献的基础上,结合笔者的观点和结论,对三个地区的森林资源生态效益进行评价,并对我国森林资源的状况提出部分建议。

柴济坤（2016）通过研究发现,2014 年南木林地区森林资源生态效益价值中,固碳释氧的生态效益占总效益的 70%以上,积累营养物质和涵养水源的生态效益占总效益的 10%左右,这说明南木林地区的森林资源通过自身改变了当地的空气环境,并为当地的人们创造了一个稳定的生态圈,保障了居民和动物正常的生活与生长,也为整个地区的生态环境和水质状况的稳定起到了推动作用。朱丽华等（2012）通过对吉林省临江林业局森林资源生态效益进行估算和研究发现,在总价值中,制造氧气、增加枯水期径流的生态效益及保持水土的生态效益所占比重都相对较大,二氧化硫降解的生态效益及游憩的生态效益所占比重相对较少,对这些比重的分析,为制定生态公益补偿机制提供了一定的依据,也为人与自然发展提供了一定的保障。邹涛和田森（2013）通过对义乌市森林资源生态效益价值的评估发现,首先当地森林资源总量的大幅度增加,使森林覆盖率也得到了一定的提高。其次森林中林种的结构比重趋于稳定和合理,并且用材林面积的适度降低使得森林资源生态效益和经济效益都有所提高,阔叶林面积的增加也表明了当地有关保护阔叶林的政策得到了有力实施。最后,林龄之间比重改变表明可用的林木也相对增多,不仅有助于提高当地的居民收入也促进了当地的经济发展。

通过以上对森林资源生态效益价值的论述及三篇文献的梳理不难发现,一个国家森林资源的优与良已经对这个国家的人民生活、经济发展及社会和谐起到了关键的作用,森林资源不仅是联结人与自然的纽带,更是中国走可持续发展道路上的关键一步,因此对森林资源的保护迫在眉睫,而这不仅是国家的责任,更是每一位受到森林资源恩惠的居民的责任。目前我国森林覆盖率在世界上的排名是第 11 位,并且有些地区的森林资源还在遭受着破坏,因此我国应该加大森林资源保护力度,首先,由于各地区相关情况不同,国家在颁布相关政策的时候要因地而异,这样有助于政策得到有力实施。其次,政府应该大力宣传保护森林资源的重要性,不仅在成人中传递这种思想,更要从小学生抓起,培养他们对森林资源敬畏的意识。再次,适当的林权改革也是必要的,因为只有使农民意识并触及森林资源所带来的利益和好处时,森林资源才能够得到真正的保护。最后,森林资源并不是一个静态的事物,因此相关制度和政策的实施并不是一成不变的,只有国家、政府和人民时刻以保护森林资源为首要任务,时刻关注着森林资源的相关变化并及时调整相关战略,才能取得森林资源保护上的真正成功。

## 4.4　森林资源可持续利用影响因素分析

森林资源作为一种可再生资源,与人类的生活密切相关,是人类生存和发展不可缺少的自然资源之一,对改善人类的生活环境起着重大作用。但人类的过度砍伐,以及由此带来的温室效应和大气污染都对森林资源造成了严重的破坏,同时森林资源破坏所带来的沙尘暴、山地滑坡等自然灾害也将会给人类赖以生存的生态环境造成威胁,因此,森林资源可持续利用的问题也越来越受到大家的关注。本节主要通过构建森林资源可持续利用的系统动力学模型,对该模型中主要的反馈回路进行分析,并针对影响森林资源可持续利用的因素提出合理的建议。

## 4.4.1　可持续利用交互系统分析

森林资源可持续利用是以环境承载力不断提高为前提,让森林资源既能满足当代人的需求,又能满足后代人的需求,并在其中找到一个平衡点,使森林资源、社会经济、生态环境三者之间共同稳步向前发展。可是森林资源可持续利用与生态环境保护和经济持续发展之间存在着诸多矛盾。例如,森林资源与环境保护、人口的快速增长之间存在着矛盾,森林资源的消耗与生态平衡之间存在着矛盾,森林资源再生周期长与社会发展对木材需求之间存在着矛盾等,因此森林资源可持续利用不仅与森林资源自身密切相关,还与生态环境、人口总量等诸多因素紧密相连,所以要解决这个问题就必须要将森林资源与各个影响因素综合起来研究。由于森林资源系统的复杂性和影响因素众多等特点,用传统的数学模型不能反映森林资源系统的特性,因此本节主要通过构造系统动力学模型来对森林资源可持续利用系统进行定性分析和定量分析。

## 4.4.2　基于系统动力学的森林资源可持续利用模型构建

### 1. 系统动力学模型的概述

系统动力学是由麻省理工学院的 Forrester 创立的,该理论提供了一种解决较为复杂结构问题的方法,它是以反馈控制理论为基础,以计算机仿真技术为手段来研究复杂系统内部结构的一门科学,由于它具有可以用于处理高阶层、非线性等系统问题的特点,因此近些年,系统动力学的应用范围越来越大,且能解决传统数学模型无法解决的问题。

### 2. 建模目的

本节主要通过运用系统动力学的方法将经济、社会、生态等与森林资源可持续利用系统有关的因素综合起来进行分析,并通过分析我国森林资源可持续利用系统的内部运行机制和外部影响因素,构建森林资源可持续利用的系统动力学模型。建立该模型的目的是找出影响森林资源可持续利用的内部要素和外部要素,并可以通过预测森林经营者不同的森林资源发展战略对经济、社会和生态的影响,得出决策者的最佳经营战略。

### 3. 系统边界

系统边界也就是系统包含的功能与系统不包含的功能之间的界限,只有在对系统建立模型之前明确了系统边界才能对系统内部的结构有更深刻的认识,本节把森林资源可持续利用系统分为森林资源子系统、社会经济子系统、生态环境子系统这三个子系统,而其他诸如"三废"排放、人口总量、林业科学技术等影响森林资源可持续利用的因素则被作为"辅助系统"加入到以上三个子系统中去。

### 4. 指标体系构建

在构建上述中的三个子系统和综合模型之前,首先需要对子系统中所涉及的指标进行指标体系构建,森林资源可持续利用系统综合模型中的主要指标见表4-6。

表4-6　森林资源可持续利用系统综合模型主要指标

| 代码 | 指标名称 | 代码 | 指标名称 |
| --- | --- | --- | --- |
| hlmxjl | 活立木蓄积量 | GDP | GDP |
| mccl | 木材产量 | rjGDP | 人均GDP |
| yylmszl | 原有林木生长量 | jmxfsp | 居民消费水平 |
| zszl | 总生长量 | nlcpxq | 农林产品需求 |
| slfgl | 森林覆盖率 | zlgxmj | 造林、更新面积 |
| sthjzk | 生态环境状况 | lyscnl | 林业生产能力 |
| shgzd | 社会关注度 | slzyzxq | 森林资源总需求 |
| fnlcpxq | 非农林产品需求 | lycytz | 林业产业投资 |
| lyzcz | 林业总产值 | rjhlmxjl | 人均活立木蓄积量 |
| jjjgctz | 基建及工程投资 | rkzl | 人口总量 |
| lykxjs | 林业科学技术 | sfpf | "三废"排放 |
| zlmj | 造林面积 | | |

### 5. 森林资源子系统的构建

森林资源的增减变化对整个森林资源可持续利用系统会产生重要影响,影响整个森林资源可持续利用系统的运行与发展,所以构建该子系统的目的是模拟森林资源自身的变化过程,找出各个变量之间的关系。本节主要基于以下两点来构建森林资源子系统的因果反馈关系:①随着活立木蓄积量的增加,可供使用的木材量也因此增加,但由于受到国家采伐的限额控制,木材产量也因此受到控制;②活立木蓄积量不仅受到原有林木生长量的影响,而且还受到新造林生长量的影响,新造林数量越多,活立木蓄积量越大。其主要的因果反馈图如图4-2所示,主要因果反馈回路有两条,即:①活立木蓄积量→木材产量→活立木蓄积量(负反馈);②活立木蓄积量→原有林木生长量→总生长量→活立木蓄积量(正反馈)。

从图4-2中的森林资源子系统因果关系可以看出,森林资源蓄积量与社会经济发展之间是同一性和斗争性的关系,一方面政府对基建及工程的投资和科学技术的进步可以提高森林的利用效率,并发现可以作为森林资源替代品的资源,以缓解人们对森林资源的过度

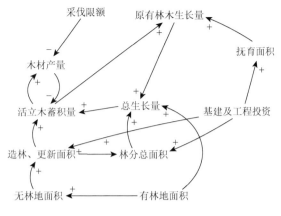

图 4-2　森林资源子系统因果关系图

使用;而另一方面随着社会经济的发展,人们对森林资源的需求量也在逐渐加大,使活立木蓄积量逐渐减少。在森林资源可承载的水平下,森林资源可以满足社会经济发展的需要,但如果人们对于森林资源过度使用以致超过了森林资源承受的范围,必然会对森林资源子系统造成破坏,影响森林生态系统的平衡。

### 6. 生态环境子系统的构建

生态环境子系统在整个森林资源可持续利用系统中扮演着重要的角色。当生态环境发生变化时,必然会对森林资源的蓄积量产生影响,而生态环境自身的净化能力也必然会影响社会经济系统的发展,这也将影响着森林资源系统的再生产过程。所以在研究森林资源可持续利用系统时,应该首先保证生态环境子系统的可持续发展,满足其对森林资源的基本需求。该子系统的因果反馈关系如图 4-3 所示,主要因果反馈回路如下:森林覆盖率→生态环境状况→社会关注度→造林面积→森林面积→森林覆盖率(负反馈)。

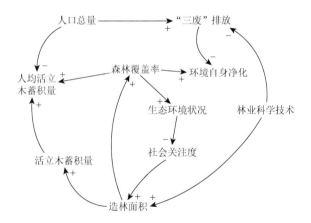

图 4-3　生态环境子系统因果关系图

从图 4-3 中的生态环境子系统因果关系可以看出,随着人口总量的增长和森林资源存量的减少而引发的生态环境恶化，主要表现在土地荒漠化严重、物种灭绝速度加快、生物多样性减少等方面，从而引起社会的关注度广泛上升，并通过植树造林等方式使造林、更新面积增大，进而提升森林覆盖率，使整个生态系统趋于稳定。

### 7. 社会经济子系统的构建

社会经济子系统与生态环境子系统和森林资源可持续利用系统之间存在着辩证统一的关系：同一性表现在增加生态环境子系统和森林资源可持续利用系统的投入有利于优化经济发展要素，提高人民生活质量，进而促进经济的发展；斗争性表现在对这种非生产性的投资过大，必然会减少政府对生产性的投资，进而对经济的发展产生影响，该子系统的因果反馈图如图 4-4 所示，主要因果反馈回路如下：①GDP→人均 GDP→居民消费水平→农林产品需求→森林资源总需求→造林、更新面积→活立木蓄积量→林业生产能力→林业总产值→GDP（正反馈）；②GDP→人均 GDP→居民消费水平→非农林产品需求→森林资源总需求→综合利用→林业生产能力→林业总产值→GDP（正反馈）；③GDP→林业产业投资→林业生产能力→林业总产值→GDP（正反馈）。

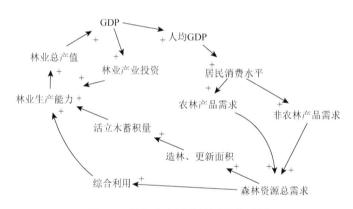

图 4-4　社会经济子系统因果关系图

从图 4-4 中的社会经济子系统因果关系可以看出：①GDP 的增加，会增大对林业产业的投资，林业生产能力也随之增加，进而林业总产值也得到提高。②随着人们收入水平的提高，居民消费水平也随之提高，单一的农林产品已逐渐不能满足社会发展的需要，人们对诸如森林旅游等非农林产品需求逐渐增加。

### 8. 森林资源可持续利用系统综合模型的构建

本节将使森林资源可持续利用系统的三个子系统结合成一个综合模型体系，并对其进行分析。主要因果反馈图如图 4-5 所示，主要因果反馈回路如下：①活立木蓄积量→林业生产能力→林业总产值→GDP→人均 GDP→居民消费水平→农林产品需求→木材产量→活立木蓄积量（负反馈），这个回路反映了社会对森林资源的消耗，当活立木蓄积量增加而导致人均 GDP 增加时，人们的消费水平也便会随之增加，进而导致人们对森林资源的需求量加大，最终造成森林资源蓄积量减少。如果这个回路在整个森林资源可持续利用系统中起主导作用，那么森林资源蓄积量会下降。②活立木蓄积量→林业生产能力→林业总产值→GDP→林业产业投资→基建及工程投资→造林、更新面积→总生长量→活立木蓄积量（正反馈），这个回路反映的是森林资源的再生产过程，当活立木蓄积量增加进而导致 GDP 增加后，人们将资金用于林业产业的投资，使新造林面积增加，进而导致森林蓄积量增加。如果这个回路在整个森林资源可持续利用系统中起主导作用，那么森林蓄积量会增加。③活立木蓄积量→人均活立木蓄积量→生态环境状况→社会关注度→造林、更新面积→总生长量→活立木蓄积量（负反馈），该回路反映的是生态环境状况对该综合模型的影响程度，当生态环境状况稳定时，生态环境与社会发展是协调可持续的，当生态环境遭到破坏时，会导致活立木蓄积量下降，影响社会的发展。④GDP→林木产业投资→林业科学技术→造林、更新面积→总生长量→活立木蓄积量→林业生产能力→林业总产值→GDP（正反馈），这个回路反映的是经济的发展拉动了林业产业投资，进而带动了林业科学技术的提升，林业生产能力也因此得到加强，进而促进 GDP 进一步增长。

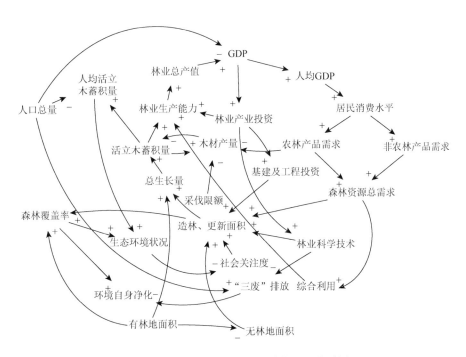

图 4-5　森林资源可持续利用系统因果关系图

从图 4-5 可以看出，随着社会经济的发展，农林和非农林产品需求逐渐增加，林业产业投资也随之增加，并拉动林业总产值的增长；与此同时，森林资源又通过扩大再生产的过程使活立木蓄积量增加，并为全社会提供充足的木材产量，而活立木蓄积量的增减变化，又会反过来对生态环境产生影响，与此同时生态环境的稳定则是森林资源可持续利用的前提，这在无形中约束了人们对森林资源的利用情况，同时稳定的生态环境是保障社会经济平稳健康发展的前提。

## 4.5　森林资源可持续发展定量研究

### 4.5.1　我国森林资源可持续发展多目标优化模型设计

在做可持续发展的定量分析时，需要解决复杂大系统的整体性问题，基于此本节提出建立一个三层次模型体系，该体系既可以反映森林资源子系统等自身的特点，又可以反映各个子系统之间的联系，并采用大系统模型、运筹学模型等建模方法，让整个系统之间协调运行，成为一个统一的整体。三层次模型体系分为目标规划层、子系统间关联层、子系统内部层。

结合三层次模型的结构，子系统内部层主要包含预测模型和优化模型。预测模型分为森林资源预测模型、经济发展预测模型、生态环境预测模型；优化模型则主要包括劳动力分配、森林资源结构、林业产业结构等模型。子系统内部层主要是用数学语言来描述系统内部的要素，并为子系统间关联层和大系统集成层提供外部参数。子系统间关联层主要包括子系统承载力模型和系统间关联模型，其中子系统承载力模型主要是为森林资源与环境的限制条件提供目标，系统间关联模型则主要用来反映子系统之间的关联关系。目标规划层主要是用大系统模型构造系统的综合集成模型。

### 4.5.2　我国森林资源可持续发展多目标优化模型构建

我国森林资源可持续发展多目标问题可以用下列式子表达：

$$\max\{f^1(x), f^2(x), f^3(x)\}$$
$$\text{s.t.} \quad g_j(x) \leqslant (\geqslant, =) b^j(x)$$
$$x \geqslant 0$$

式中，$f^1(x)$ 为森林资源子系统的目标函数；$f^2(x)$ 为生态环境子系统的目标函数；$f^3(x)$ 为社会经济子系统的目标函数；$g_j(x)$ 和 $b^j(x)$（$j=1$，2，3）分别为第 $j$ 个子系统的约束函数向量和约束界限向量。而根据我国的国情来说，社会经济发展是摆在首要位置的，所以在对我国森林资源可持续发展进行定量研究时，应将社会经济发展作为研究的首要目标，而将森林资源蓄积量和生态环境效益作为硬目标，这样上述式子就可转化为如下式子：

$$\max f^1(x)$$
$$\text{s.t.} \quad g_j(x) \leqslant (\geqslant, =) b^j \quad j=1,2,3$$
$$f^2(x) \geqslant c^2; \quad f^3(x) \geqslant c^3$$
$$x \geqslant 0$$

式中，$c^2$ 和 $c^3$ 分别为 $f^2(x)$ 与 $f^3(x)$ 的 $\varepsilon$-约束界限向量。

### 4.5.3　我国森林资源可持续利用分解–协调模型的构建

对于一个复杂系统的多目标问题，在对其模型进行求解时存在着诸多问题，因此本书主要通过建立分解–协调模型来解决这方面的问题。根据我国的实际情况可以将森林资源子系统划分为森林营造子系统、林木种苗子系统，社会经济子系统主要是林产品工业子系统，而生态环境子系统则是通过其他两个系统对其的影响来表现。因此根据森林资源可持续利用系统的整体结构，本书可将系统划分为林木种苗子系统 $S_1$、森林营造子系统 $S_2$ 和林产品工业子系统 $S_3$，其中 $S_2$ 又可以根据我国的地理情况被划分为 $m$ 个子系统，这样整个复合系统一共可被分为 $N = m + 2$ 个子系统，编号分别为 $j = 1, \cdots, m, m+1, m+2 = N$，其中，$j = 1$ 属于子系统 $S_1$；$j = 2, \cdots, m+1$ 属于子系统 $S_2$；$j = m+2 = N$ 属于子系统 $S_3$。由此可以将该综合模型的决策变量设定为 $x = [(x^{S_1})^{\mathrm{T}}, (x^{S_2})^{\mathrm{T}}, (x^{S_3})^{\mathrm{T}}]$，式中，$(x^{S_1})^{\mathrm{T}} = x^1 = [x_1^1, x_2^1, \cdots, x_\alpha^1]^{\mathrm{T}}$ 为子系统 $S_1$ 的结构向量，$x_i^1$ 为第 $i$ 个树种（$i = 1, 2, \cdots, \alpha$）的苗木年产量；$(x^{S_2})^{\mathrm{T}} = [x^2, x^3, \cdots, x^{(m+1)}]^{\mathrm{T}}$，$x^j = [x_{1k}^j, x_{2k}^j, \cdots, x_{\beta k}^j]^{\mathrm{T}}$（$j = 2, \cdots, m+1; k = 1, \cdots, \alpha$）为子系统 $S_2$ 的结构向量，$x_{ik}^j$ 为第 $j$–1 个地区（$j = 2, \cdots, m+1$）的第 $i$ 个林种的第 $k$ 个树种的林地面积；$(x^{S_3})^{\mathrm{T}} = x^{m+2} = x^N = [x_1^N, x_2^N, x_\gamma^N]^{\mathrm{T}}$ 为子系统 $S_3$ 的结构变量，$x_i^N$ 为第 $i$ 种林产品的年产量。

#### 1. 目标函数模型

我国森林资源可持续系统优化模型的目标函数为

$$f(x) = [J^1(x), \cdots, J^N(x)]$$

式中，$J^1(x), J^j(x)(j = 2, \cdots, m+1)$ 和 $J^N(x)$ 分别为子系统 $S_1$、子系统 $S_2$、子系统 $S_3$ 的目标函数，分别为各个子系统的年利润额，因此我国森林资源可持续系统多目标优化模型可以转化为如下单目标形式：

$$\max J(x) = \sum_{j=1}^N J^j(x^j) = \sum_{i=1}^\partial (C_i^1)^{\mathrm{T}} x_i^1 + \sum_{j=2}^{m+1} \sum_{i=1}^\beta \sum_{k=1}^\alpha (C_{ik}^j)^{\mathrm{T}} x_{ik}^j + \sum_{k=1}^\gamma (C_i^N)^{\mathrm{T}} x_k^N$$

式中，$(C_i^1)^{\mathrm{T}}$、$(C_{ik}^j)^{\mathrm{T}}$ 和 $(C_i^N)^{\mathrm{T}}$ 分别为子系统 $S_1$、子系统 $S_2$、子系统 $S_3$ 的利润率向量。

#### 2. 约束条件模型

1）子系统 $S_1$ 的约束模型如下：

$$\sum_{i=1}^\alpha a_i^1 x_i^1 \leqslant b_a^1 = z_1^1$$

$$\sum_{i=1}^\alpha f_i^1 x_i^1 \leqslant b_f^1$$

$$x_i^1 = 0 (\text{表示无第} i \text{个树种的苗木产品})$$

式中，$a_i^1(i = 1, \cdots, \alpha)$ 和 $f_i^1(i = 1, \cdots, \alpha)$ 分别为面积系数与资金投入系数；$b_a^1$ 和 $b_f^1$ 分别为林木种苗面积与年资金投入的约束界限值；$z_1^1$ 为子系统间的关联变量。

2）子系统 $S_2$ 的约束模型如下：

$$b_{ikL}^j \leqslant x_{ik}^j \leqslant b_{ikH}^j \quad i=1,\cdots,\beta; k=1,\cdots,\alpha; j=2,\cdots,m+1$$

$$x_{ik}^j = 0(表示第\,j-1\,个地区没有第\,i\,个林种的第\,k\,个树种)$$

$$\sum_{i=1}^{\beta}\sum_{k=1}^{\alpha} x_{ik}^j \leqslant b_a^j \quad j=2,\cdots,m+1; k=1,\cdots,\alpha$$

$$\sum_{i=1}^{\beta}\sum_{k=1}^{\alpha} f_{ik}^j x_{ik}^j \leqslant b_f^i \quad j=2,\cdots,m+1; k=1,\cdots,\alpha$$

$$\sum_{i=1}^{\beta}\sum_{k=1}^{\alpha} w_{ik}^j x_{ik}^j \leqslant b_w^j \quad j=2,\cdots,m+1; k=1,\cdots,\alpha$$

$$s_{ik}^j x_{ik}^j \leqslant b_{sik}^j = z_{ik}^j + e_{ik}^j \quad i=1,\cdots,\beta; k=1,\cdots,\alpha; j=2,\cdots,m+1$$

式中，$x_{ik}^j$ 为第 $j-1$ 个地区的第 $i$ 个林种的第 $k$ 个树种的林地面积；$b_{ikL}^j$ 和 $b_{ikH}^j$ 分别为第 $j-1$ 个地区的第 $i$ 个林种的第 $k$ 个树种的林地面积的下限与上限约束值；$b_a^j$ 为第 $j-1$ 个地区林地总面积约束界限值；$f_{ik}^j$、$w_{ik}^j$ 和 $s_{ik}^j$ 分别为第 $j-1$ 个地区第 $i$ 个林种的第 $k$ 个树种的资金投入系数、劳动力系数与苗木需要量系数；$b_f^j$、$b_w^j$ 和 $b_{sik}^j$ 分别为第 $j-1$ 个地区每年营林投入、劳动力与苗木供应量的约束界限值；$z_{ik}^j$ 为本区域内苗木供应关联变量；$e_{ik}^j$ 为苗木的净外购量的估计值。

3）子系统 $S_3$ 的约束模型如下：

$$b_{kL}^N \leqslant x \leqslant b_{kH}^N \qquad\qquad k=1,\cdots,\gamma$$

$$\sum_{k=1}^{\gamma} f_k^N x_k^N \leqslant b_f^N$$

$$\sum_{k=1}^{\gamma} w_k^N x_k^N \leqslant b_w^N$$

$$\sum_{k=1}^{\gamma} s_{ik}^N x_{ik}^N \leqslant b_{si}^N = z_i^N + e_i^N \quad i=1,\cdots,\beta$$

式中，$b_{kL}^N$ 和 $b_{kH}^N$ 分别为林产品产量的下限、上限约束值；$f_k^N$ 和 $b_f^N$ 分别为资金投入系数与年收入约束界限值；$w_k^N$ 和 $b_w^N$ 分别为劳动力系数与劳动力约束界限值；$s_{ik}^N$ 和 $b_{si}^N$ 分别为木材的消耗量系数与木材供应量约束界限值；$z_i^N$ 为木材供应的关联变量；$e_i^N$ 为木材原料的净外购量的估计值；$x_k^N$ 为第 $k$ 种林产品的年产量；$x_{ik}^N$ 为投入第 $i$ 种木材下所生产的第 $k$ 种林产品的年产量。

3. 关联模型

子系统 $S_1$ 与子系统 $S_2$ 的关联模型，子系统 $S_2$ 和子系统 $S_3$ 的关联模型如下所示：

$$z_1^1 = S - \sum_{j=2}^{m+1}\sum_{i=1}^{\beta}\sum_{k=1}^{\alpha} x_{ik}^j$$

$$z_i^j = \sum_{k=1}^{\alpha} x_{ik}^1 - \sum_{\substack{i=2\\i\neq j}}^{m+1}\sum_{k=1}^{\alpha} s_{ik}^i x_{ik}^i = \sum_{i=1}^{m+1}\sum_{k=1}^{\alpha} h_{ik}^{ji} x_{ik}^i \qquad i=1,\cdots,\alpha; j=2,\cdots,m+1$$

$$z_i^N = \sum_{j=2}^{m+1} \sum_{k=1}^{\alpha} g_{ik}^j x_{ik}^j \qquad\qquad i = 1, \cdots, \alpha$$

式中，$S$ 为森林资源用地面积；$h_{ik}^{ji}$ 为关联系数；$g_{ik}^j$ 为采伐量系数；$s_{ik}^i$ 为第 $i$ 个林种的第 $k$ 个树种的资金投入系数；$x_{ik}^i$ 为第 $i$ 个林种的第 $k$ 个树种的苗木年产量；$x_{ik}^j$ 为第 $j$–1 个地区的第 $i$ 个林种的第 $k$ 个树种的林地面积。

#### 4. 模型的矩阵表示形式

将以上所得的我国森林资源可持续利用多目标优化问题整合成如下矩阵形式：

$$\max \qquad J(x) = \sum_{j=1}^{N} J^j(x^j) = \sum_{j=1}^{N} (C^j)^{\mathrm{T}} x^j \qquad\qquad j = 1, \cdots, N$$

$$\text{s.t.} \qquad A^j x^j \leqslant B^j \qquad\qquad j = 1, \cdots, N$$

$$B^j = D^j z^j + E^j \qquad\qquad j = 1, \cdots, N$$

$$z^j = \sum_{i=1}^{N} H^{ji} x^i + S^j \qquad\qquad j = 1, \cdots, N$$

$$x \geqslant 0$$

式中，$(C^j)^{\mathrm{T}}$ 为利润率向量；$A^j$ 为子系统 $j$ 的约束矩阵；$B_j$ 为约束界限向量；$z^j$ 为关联向量；$D^j$ 为资源供应约束矩阵；$H^{ji}$ 为关联矩阵；$E^j$、$S^j$ 为常数向量。

### 4.5.4　我国森林资源可持续利用多目标优化模型求解

为了求解此多目标优化模型，在此需要使用分解-协调算法，而仅仅考虑关联模型的 Lagrange 泛函为

$$L(x, z, \lambda) = \sum_{j=1}^{N} \left[ (C^j)^{\mathrm{T}} x^j + (\lambda^j)^{\mathrm{T}} \left( z^j - \sum_{i=1}^{N} H^{ji} x^i - S^j \right) \right]$$

式中，$\lambda = [\lambda^1, \cdots, \lambda^N]^{\mathrm{T}}$ 为 Lagrange 乘子向量；$z = [z^1, \cdots, z^N]^{\mathrm{T}}$，$(z^1)^{\mathrm{T}} = z_1^1$，$(z^j)^{\mathrm{T}} = [z_1^j, \cdots, z_\beta^j]$ $(j = 1, \cdots, N)$，利用和号变换，可得如下式子：

$$L(x, z, \lambda) = \sum_{j=1}^{N} [(C^j)^{\mathrm{T}} x^j + (\lambda^j)^{\mathrm{T}} (z^j - S^j)] - \sum_{i=1}^{N} \sum_{j=1}^{N} (\lambda^j)^{\mathrm{T}} H^{ji} x^i$$

$$= \sum_{j=1}^{N} \left[ (C^j)^{\mathrm{T}} x^j + (\lambda^j)^{\mathrm{T}} (z^j - S^j) - \sum_{i=1}^{N} (\lambda^i)^{\mathrm{T}} H^{ij} x^j \right] = \sum_{j=1}^{N} L^j(x^j, z^j, \lambda)$$

由此可将模型分解为 $N$ 个子问题 $(j = 1, 2, \cdots, N)$，

$$\max \qquad L^j(x^j, z^j, \lambda) = \left[ (C^j)^{\mathrm{T}} - \sum_{i=1}^{N} (\lambda^i)^{\mathrm{T}} H^{ij} \right] x^j + (\lambda^j)^{\mathrm{T}} [(z^j)^{\mathrm{T}} - S^j]$$

$$\text{s.t.} \quad A^j x^j \leqslant B^j = D^j z^j + E^j$$

$\lambda$ 由协调级决定。

根据 Lagrange 对偶原则，协调级为

$$\min_{\lambda} \varphi(\lambda) = \min_{\lambda}[\max_{x,z} L(x,z,\lambda)$$

$$B^j = D^j z^j + E^j (j = 1, \cdots, N)] = \min_{\lambda} L^*(\lambda)$$

$$\text{s.t.} \quad A^j x^j \leqslant B^j$$

按照以上的式子便可求出多目标优化模型的最优解。本书主要运用以下几种方法对未知参数进行估计：①根据历史数据对多目标优化模型中的各个参数进行估计；②通过多目标优化模型中各个变量之间的关联对多目标优化模型中的参数进行估计；③通过相关的专业性知识来确定多目标优化模型的参数。

根据以上的公式，可求出我国森林资源可持续利用多目标优化结果，见表 4-7。

表 4-7　我国森林资源可持续利用多目标优化结果

| 决策变量 | 初值 | 优化值 | 比较 |
| --- | --- | --- | --- |
| 苗木/亿株 | 542.2 | 1 008 | 1.86 |
| 用材林/万公顷 | 1 503.3 | 2 265 | 1.51 |
| 经济林/万公顷 | 1 610.2 | 2 730 | 1.70 |
| 竹林/万公顷 | 210.3 | 334 | 1.59 |
| 公益林/万公顷 | 1 980.4 | 2 687 | 1.36 |
| 人造板/万立方米 | 28 680 | 37 880 | 1.32 |
| 纸浆/万吨 | 7 925 | 9 916 | 1.25 |
| 目标值/亿元 | — | 6 525.4 | — |

根据表 4-7 中的优化结果可以得到，我国在不超过森林资源承载力和环境承载力的情况下，能实现 6525.4 亿元的利润额，其中苗木数量平均增长到 1.86 倍，用材林增长到 1.51 倍，经济林增长到 1.70 倍。在用材林中增长最快的是杨树，这说明以杨树为核心的树种为我国经济发展带来了很好的效果，而从中我们还发现有些树种的面积变化较小，这说明森林资源在使用过程中出现了过度使用的现象，需要人们提高警惕，不要乱砍滥伐，而要在森林资源可承载的情况下进行合理砍伐。另外，竹林、公益林的增长速度也是相对可观的，分别增长到 1.59 倍和 1.36 倍，这都为我国经济的发展注入了新的力量。

# 4.6　结论与政策建议

## 4.6.1　主要研究结论

首先本书对我国森林可持续利用情况进行了研究，根据模型的构建和数据的整理对我国森林资源可持续利用的现状及存在的问题进行了分析，发现我国的森林资源可持续利用的结构存在很多不合理的情况，我国森林资源的生态价值和经济价值不能得到平衡发展，同时，我国的大部分省份都出现了森林资源人口承载严重过载现象，现有的森林资源已经不能充分满足人口的需求。林业的生产效率比较低下，人工林占比较少，农民的造林积极性也不高,森林资源覆盖率不高,人均利用森林资源量不足。因此,我国的林业产业内部结构不完善,使森林资源的利用和我国可持续发展之间不能协调发展。我国必须采取相应的措施使森林资源的可持续利用情况得到优化,才能适应我国可持续发展战略。

### 4.6.2　政策建议

我国的森林资源持续利用是一项复杂的工程,它不仅和经济相互关联,还需要我国政府及林业主管部门的支持。首先,要提高森林资源的总量,就要采取一系列的措施加强保护天然林,有效预防天然林被害虫侵害、有效预防火灾现象,提高森林资源的生态价值,使森林资源朝着可持续的方向发展,除了保护天然林,另外一项重要的计划就是要大力营造人工林。据统计,我国原始森林覆盖面积不足,我国森林资源总体生态效益偏低,提高森林覆盖面积最有效的方法就是大量种植人工林。其次,应该大量培育原生态森林的储备资源,中幼林是森林资源中的接班林,主管部门应该多设立原始森林的抚育试点,对中幼林进行抚育。在抚育过程中,应该选择质量相对较高的中幼林进行着重抚育,同时在森林资源开发利用中,要严格、准确控制好每一年的森林砍伐量,积极抓好生物智能园林建设,设计好需要抚育中幼林的基本数量,不要轻易改变。在树木品种的选择上,尽量不要过多选择价格昂贵的珍贵物种,因为大多数珍贵物种在栽培的时间上耗时更长,也需要花费更多的成本。所以在物种的选择上,应该先考虑好养活的、较短时间就能长大的品种,如大量种植快速生长的树木,这样可以快速地提高森林资源总量。然后,一方面要加强人们保护森林资源的意识,积极开展林业保护的教育工作,可以多举行一些社区讲座活动,多普及森林资源保护的基本知识,提高林业科技总体教育水平;另一方面要明确森林产权,保护所有者权益,并保证这些措施可以得到政府政策性的保护和稳定实施。同时要加强对林地的管理,现如今城市建设对林地的占用问题越来越严重,导致部分区域林地的面积一直在减少。因此必须要加强实施对占用问题的全方位监管,确保林地面积只能增加不能减少,做到尽量减少为了城市建设工程而去占用林地资源的现象,严厉打击不合理乱占、滥用林地的行为,保护森林资源,杜绝林地减少。同时加强对树木的采伐管理,在森林资源不减少的情况下合理利用森林资源,并做到可持续发展。在森林资源流通过程中,强化监督管理,杜绝非法木材进入市场。同时要加强我国森林资源可持续利用和我国经济的协调发展。因为森林资源的保护和利用是一件非常复杂的系统过程,根据我国现阶段森林资源的可持续发展,第一,要发展我国的林业经济,提高林农的收入,需要将林区的资金、人才、产业进行整合,保证林业健康可持续发展,形成林区的核心竞争力,发挥"增长极"效应。第二,要把我国森林资源可持续发展和生态保护建设作为一项长期任务来抓,只有这样才能保证环境和经济共同发展。

## 4.7　案例:吉林省森林资源可持续利用方案研究

本章从可持续利用的经济效益和生态效益出发,选取吉林省的森林资源作为案例进行探讨，原因如下。首先，吉林省拥有着丰富的森林和农业资源，在生态系统的循环中，丰富的森林资源能够改善空气环境及水质等因素，这对以农业为主的吉林省是一个得力的条件，更对东北乃至东北亚地区的生态环境产生重要的影响。其次，根据吉林省林业厅官网发布的林业概况，可以获知 2015 年吉林省林业用地面积已达到 929.9 万公顷，森林的覆盖率为 43.9%，全省建立的不同类型的自然保护区达 42 个，省级以上森林公园有 57 个，面积达到 223.98 万公顷，全省共有湿地面积 172.8 万公顷。从以上数据可以看出，在国家政策的扶持下，吉林省关于森林资源的发展也在传统林业转向现代林业的进程中，凭借背后丰富的森林资源这一有利条件，取得了一定的进步，因此选取吉林省的森林资源具有一定的典型性和说服力。此外，随着近几年城市的发展，吉林省的森林资源也遭受到了一定的破坏，大面积的森林资源遭受利欲熏心的人的大肆砍伐，沙土化情况也越来越严重，此外部分土壤肥力也逐渐流失，进而影响了当地的农业发展。虽然国家也颁布了相应的法规和政策，但冰冻三尺，非一日之寒，目前关于吉林省的森林资源存在的问题还很多，矛盾也很尖锐，因此关于吉林省森林资源的经济效益、生态效益乃至可持续利用情况还需进一步探讨。森林资源的可持续利用并不单单只是体现在森林的变化上，还体现在经济生活上，因为可持续利用并不是一个静态的发展，而是一个动态的过程，伴随着经济而发展，与人民的生活息息相关。所以在经济高速发展的今天，如果森林资源的脚步跟不上时代的发展，就会出现人类乃至市场、国家对森林资源的需求量远远得不到满足的情况，因此在本次的案例讨论中，本章将从经济效益和生态效益两方面出发，尽量全面地探讨吉林省森林资源的可持续利用现状及发展。

　　作者首先查询相关林业数据库，吉林省各年森林资源情况见表 4-8。

表 4-8　吉林省各年森林资源情况表

| 年份 | 林业用地面积/万公顷 | 森林面积/万公顷 | 活立木总蓄积/亿立方米 | 人工林面积/万公顷 | 森林蓄积量/亿立方米 | 森林覆盖率 |
|---|---|---|---|---|---|---|
| 2007 | 805.57 | 720.12 | 8.54 | 148.22 | 8.16 | 38.1% |
| 2011 | 856.19 | 763.87 | 9.65 | 160.56 | 9.23 | 40.4% |
| 2015 | 856.19 | 763.87 | 9.65 | 160.56 | 9.23 | 43.9% |

资料来源：2007～2015 年《中国林业统计年鉴》

　　由以上数据可以看出：①吉林省森林资源的优势在逐渐增长中，2007～2011 年直至 2015 年，林业用地面积及森林面积都增长了 40 万公顷以上；②吉林省森林资源的森林蓄积量和活立木总蓄积都增加了 1 亿立方米以上，并且随着国家政策的发展及政府的号召，森林资源的重要性越来越得到大家的重视，人工林面积也得到了小幅度的增长；③虽然吉林省森林覆盖率不大，但总体是上涨趋势，因此不难发现吉林省在 2007～2015 年关于森林资源的发展取得了一定的进步，优势也逐渐扩大。

　　本书现将从经济效益方面探讨吉林省森林资源可持续利用情况，并结合相关学者的研究发现，经济效益的提高并不只是森林资源量单方面的提高，更多的是森林资源带动周边产业经济的发展，因此本案例在探讨时借鉴学者的经验，研究的林业产业包括种植业、养殖业、林业、野生动物保护及森林旅游业，并以林业产业的增加值代表林业产业发展的快慢，结合刘铁铎（2015）的实证研究可以得出以下几个方面：第一，吉林省林业产业的快速发展不仅对全省 GDP 产生了影响，也对整个国民经济产生了重大的影响。林业属于第一产业，森林旅游业属于第三产业，因此林业产业的发展不仅可以带动养殖业、畜牧业、种植业等的发展，也可以通过影响第一产业和第三产业的比重，间接影响产业结构的比重，从而达到完善内部结构比重，促进经济发展的作用。本书通过对相关文献的阅读和整理，可以得出吉林省林业产业并不是单一的个体，而是与其他产业相互依存、相互发展，其中比较典型的两个产业就是林业和森林旅游业。林业依存度最高的是林业部门，对森林旅游业依存度最高的恰恰是林业，而森林旅游业对野生动物保护和繁殖业的依存度最高，因此可以得出产业之间相互依存、相互发展的结论，林业产业在这其中起到至关重要的作用。第二，根据吉林省的相关数据的研究，可以得出在 2013 年左右的时候，相关学者基于森林资源产业影响力和森林资源感应力这两个系数发现，吉林省的林业发展及森林旅游业发展并不是很成熟，这两者与全省经济发展之间的相互影响和相互拉动效果也都没有达到平均水平，这也说明吉林省关于森林资源的发展还需要进一步加快。虽然林业产业和其他相关产业之间的经济效益相互影响，森林资源的可持续利用也能为周边的产业做出贡献，但是外界环境的不确定性及市场的波动都有可能影响森林资源发挥其自身的优势。

森林资源可持续利用的生态效益也是学术界比较关注的热点问题，因为森林资源作为维护生态系统的"佼佼者"，其带给人类乃至动植物及微生物等群体的效益是不可估量的。但是目前由于工业化的普及，雾霾、温室效应等现象仍有出现，森林资源带来的生态效益也越来越成为政府、国家重视的焦点。吉林省作为农业大省，其当地的森林资源对人类生活的影响更加直观，森林资源的过度砍伐直接导致的就是水土流失及沙土化严重，而且水土流失的不仅是表面上的树木和水土，更多的是土壤中蕴含的资源，如氮、磷、钾等元素，进而直接影响了土壤的肥力与活力，这对以农业种植为主的吉林省更是一种打击，并且吉林省森林资源的状况还直接影响着东北的生态系统，因此结合生态效益的评估方法对吉林省森林资源的可持续利用状况进行一定的分析是有必要的。生态效益的评价方法有很多，一般立足于涵养水源、保育土壤、固碳释氧、净化水质和大气环境及多样性生物的保护方面，由以上论述，不难发现这些元素都与大自然的生态环境密不可分。基于此，本书在结合了相关学者的实证研究发现，由于省级资料一般较难被查询，只能在对吉林省某个样本区域进行了研究之后，以样本的结果反映吉林省的结果。相关学者的研究，一般是选择比较具有典型性的蛟河市为代表，经过一定统计分析可以得出蛟河市在涵养水源、保育土壤等方面都具有较高的水平。该市区也经历了林权改革，因此森林资源得到了更好的保护，农民及相关政府都对森林的保护贡献一份自己的力量，所以吉林省森林资源的可持续利用也得到了一定的提高，由此带来的生态效益也有了大幅度的变化。

本章选择吉林省森林资源的可持续利用作为案例来探讨，首先是基于吉林省自身的森林资源优势，其次是有关该方面的文献和结论也比较多，有助于总结和阐述。除了上述提到的生态效益和经济效益，关于吉林省森林资源的可持续利用也存在着一定的不足，现结合相关经验及有关学者的研究提出以下几方面的建议。第一，由于森林资源的保护与发展并不单单是政府和国家的责任，更是每一位居民的责任，森林资源所带来的效益也将直接影响到每一位居民的利益。但是目前广大人民对森林资源的保护意识还很缺乏，因此吉林省应该加大对森林资源重要性的宣传力度，强化关于保护森林资源的教育模式，力争做到人人爱森林，人人护森林。第二，优化产业结构，着重培养林业和森林旅游业，因为吉林省作为拥有丰富森林资源和旅游景点的城市，应该发挥自身优势促进经济发展，并带动旅游景区周边的群众富裕起来，这样就会增强人们对森林资源保护的意识，明白森林资源不仅能够改变生存环境，更能带动经济发展。第三，由于前期为了经济发展而以破坏森林资源为代价的副作用现在还远未消除，吉林省在进行绿色发展的同时，可以选择适合的地点进行植树造林，弥补前期对大自然和生态系统造成的破坏。此外，随着高科技的发展，吉林省在进行森林资源可持续利用的同时，可以结合相关高新技术或者发明成果，对森林资源进行更好的保护和维持，达到人与自然和谐共处，让全省的森林资源达到稳定的水平，为吉林省创造更多的经济财富和生态财富，为东北乃至东北亚地区稳定的生态环境贡献一份自己的力量。

# 参 考 文 献

柴济坤. 2016. 南木林区森林资源生态效益价值评估的研究. 兰州财经大学硕士学位论文.

连素兰. 2017. 低碳经济视角下福建省林业产业结构与林业经济协同发展研究. 福建农林大学硕士学位论文.

连素兰，何东进，纪志荣，等. 2016. 低碳经济视角下福建省林业产业结构与林业经济协同发展研究——基于耦合协调度模型. 林业经济，（11）：49-54，71.

刘铁铮. 2015. 吉林省森林资源可持续利用与经济社会协调发展研究. 吉林农业大学博士学位论文.

刘先. 2014. 基于 DEA 方法的江苏省林业生产效率研究. 北京林业大学硕士学位论文.

刘耀彬，李仁东，宋学锋. 2005. 中国城市化与生态环境耦合度分析. 自然资源学报，20（1）：105-112.

刘子玉. 2010. 吉林省农村居民消费问题研究. 吉林大学博士学位论文.

田淑英，白燕. 2009. 森林生态效益补偿：现实依据及政策探讨. 林业经济，（11）：42-45，77.

魏言妮. 2016. 基于 DEA 模型的中国林业生产效率测度分析. 市场周刊，（7）：43，44.

吴跃明，郎东锋，张子珩，等. 1996. 环境——经济系统协调度模型及其指标体系. 中国人口·资源与环境，6（2）：47-50.

臧良震，支玲，郭小年. 2014. 中国西部地区林业生产技术效率的测算和动态演进分析. 统计与信息论坛，29（1）：13-20.

朱丽华，王海南，李学友，等. 2012. 吉林省临江林业局森林资源的生态效益价值分析. 东北林业大学学报，40（7）：82-85.

邹涛，田森. 2013. 义乌市森林资源生态效益价值评估初探. 华东森林经理，（2）：55-58.

Aytes R U. 2005. Analysis of the land base situation in United States. United States Department of Agriculture Forest Service，（3）：7-88.

Boulding K E. 1966. The economic of the coming spaceship earth//Jarrett H. Environmental Quality in a Growing Economy. Baltimore：Johns Hopkins University Press：3-14.

Caves D W，Christensen L R，Diewert W E. 1982. The economic theory of index numbers and the measurement of input，output and productivity. Econometrica，50（6）：1393-1414.

Färe R，Grosskopf S，Norris M，et al. 1994. Productivity growth，technical progress and efficiency change in industrialized countries. American Economic Review，84（1）：66-83.

Farrell M J. 1957. The measurement of productive efficiency. Journal of the Royal Statistical Society，120（3）：253-290.

# 第5章 森林碳汇分析

本章在大量研究相关文献的基础上，首先，明确森林碳汇的相关概念并在确定森林碳汇的估算方法后对 2014 年的中国森林碳汇进行测算，然后利用灰色系统理论对森林碳汇的影响因子进行分析。其次，从森林碳汇的空间相关性和空间溢出效应两方面分析其空间分布特征。最后，分析目前森林碳汇交易市场的交易模式和发展潜力。在此基础上，对森林碳汇进行碳汇会计研究，对全国碳强度与森林碳汇进行差异性分析，并且对碳排放量与经济增长进行理论探究。

## 5.1 森林碳汇估算方法

### 5.1.1 森林碳汇的主要估算方法

根据数据和文献分析与研究，本书对碳汇有了初步的认识和了解。通俗点说，碳汇表示一种库存，是自然界中的碳交换和寄存的中介。森林碳汇在自然界中是一种对碳元素进行处理的状态，在与自然界进行碳循环的过程中森林碳汇表现出来的是状态。

当前的大多数学者主要采用样地清查的方法来计算森林碳汇量，这个方法是通过建立一个相关典型样本块来确定森林生态系统的森林碳汇量，并通过观测植物碳储量连续时期变化的方法，建立了生物量与体积的关系，并得到了广泛的应用。该方法的计算过程主要是基于森林体积的库存量，然后计算生物量，最后生物量优于转换因子和碳汇。该方法在自然科学的基础上，避免了以纯自然科学为依据的弊端，减少了各种烦琐的步骤和降低了测算上的难度，进一步划分了计算方法和实际操作成本。森林碳汇量估算的计算公式为

森林固碳量$(C_F)$ = 树木森林固碳量 + 林下植物固碳量 + 林地固碳量

$$C_F = \sum (V_i \times \gamma \times \delta \times \rho) + \alpha \sum (V_i \times \gamma \times \delta \times \rho) + \beta \sum (V_i \times \gamma \times \delta \times \rho)$$

式中，$C_F$ 单位为万吨；$V_i$ 为第 $i$ 个地区的森林的活立木储蓄量（万立方米）；$\alpha$ 为林下植物碳转换系数；$\beta$ 为林地碳转换系数；$\gamma$ 为含碳率；$\delta$ 为生物量扩大系数；$\rho$ 为容量系数。

1）$\alpha$ 为 0.195，表示林下植物所有的固碳量。

2）$\beta$ 为 1.244，该结果表示林地里的固碳量。

3）$\gamma$ 为含碳率，是指用生物量计算的固碳量。联合国政府间气候变化专门委员会默认值为 0.5。

4）$\delta$ 为 1.9，其作用是通过森林蓄积量计算出以树木为主体的生物蓄积量。联合国政府间气候变化专门委员会默认值是 1.9。

5）$\rho$ 为 0.5，该系数的作用是通过森林的全部生物储蓄量计算出生物量的容量。

综上所述，森林碳汇量的计算公式可化为

$$C_F = (1 + \alpha + \beta) \times \gamma \times \delta \times \rho \times \sum V_i = 1.158\,525 \sum V_i$$

### 5.1.2　相关数据与森林碳汇量实证分析

以全国的森林系统为体系，本章运用森林蓄积量扩展法，以 2014 年的数据为基础，计算全国的森林碳汇量。

通过表 5-1 可以得出 2014 年全国的活立木储蓄量为 1 607 406.22 万立方米，故森林碳汇量为 1 862 220.29 万吨。

**表 5-1　2014 年全国各地活立木储蓄量**　　　　　单位：万立方米

| 地区 | 活立木储蓄量 | 地区 | 活立木储蓄量 | 地区 | 活立木储蓄量 |
| --- | --- | --- | --- | --- | --- |
| 北京 | 1 828.04 | 安徽 | 21 710.12 | 四川 | 177 576.04 |
| 天津 | 453.98 | 福建 | 66 674.62 | 贵州 | 34 384.40 |
| 河北 | 13 082.23 | 江西 | 47 032.40 | 云南 | 187 514.27 |
| 山西 | 11 039.38 | 山东 | 12 360.74 | 西藏 | 228 812.16 |
| 内蒙古 | 148 415.92 | 河南 | 22 880.68 | 陕西 | 42 416.05 |
| 辽宁 | 25 972.07 | 湖北 | 31 324.69 | 甘肃 | 24 054.88 |
| 吉林 | 96 534.93 | 湖南 | 37 311.50 | 青海 | 4 884.43 |
| 黑龙江 | 177 720.97 | 广东 | 37 774.59 | 宁夏 | 872.56 |
| 上海 | 380.25 | 广西 | 55 816.60 | 新疆 | 38 679.57 |
| 江苏 | 8 461.42 | 海南 | 9 774.49 |  |  |
| 浙江 | 24 224.93 | 重庆 | 17 437.31 |  |  |

资料来源：《中国林业统计年鉴 2014》

## 5.2　森林碳汇量影响因子分析

森林碳汇量的影响因素分析对应对温室效应有着积极的意义，森林作为陆地上最大的生态系统，在面对气候变化问题上具有不可替代的作用。从森林碳汇量的角度去缓解碳排放在一定程度上降低了成本，比一般的节能减排措施限制碳排放更容易实施。其除了自身的影响因素，还包括自然影响因素和社会影响因素。

本节根据 5.1 节论述的森林蓄积量扩展法计算出森林碳汇总量，选取木材产量、造林面积、林业投资完成额、火灾面积和森林病虫鼠害面积这五个因素，使用灰色系统预期模型进行森林碳汇的影响因素分析排序，进而确定影响森林碳汇能力的主要因素和次要因素。

## 5.2.1　灰色关联度分析

灰色关联度分析是在处理系统分析时最常用的方法，通过相关程度的分类，可以发现哪些因素是影响系统发展的主要因素，哪些因素是影响系统发展的次要因素。其主要特点是能够从定量的角度表达系统中各种因素和事物之间的相对变化情况，因此灰色系统关联度预期模型在实际应用中具有很强的实用性。以下是建立灰色系统关联度预期模型的具体步骤。

1）识别系统中的参考列数据和比较列数据，参考列数据可以表示为 $X_0(k)$，比较列数据可以表示为 $X_i(k)(i=1,2,\cdots,n)$。

2）对选取的数据进行无量纲化处理，因为各指标的物理量单位不同，不能放在一起进行处理，所以在进行灰色关联度分析时首先要进行无量纲化处理，对原始数据 $X_0$，$X_1,\cdots,X_n$ 进行无量纲化处理得出 $Y_0,Y_1,\cdots,Y_n$。若 $I_1$、$I_2$ 分别表示效益型和成本型，则转化为效益型数据时进行处理的公式为

$$y = \frac{x - \min x}{\max x - \min x}, \quad x \in I_1$$

$$y = \frac{\max x - x}{\max x - \min x}, \quad x \in I_2$$

3）找出无量化方案后数据初始值与影响因子数据之间的差异序列，求参考列数据 $(Y_0)$ 与比较列数据 $(Y_i)$ 之间的差列 $\varDelta_i(k)$，其中计算差列 $\varDelta_i(k)$ 公式为

$$\varDelta_i = [\varDelta_i(1), \varDelta_i(2), \cdots, \varDelta_i(k)]$$

式中，$\varDelta_i(k) = |Y_0(k) - Y_i(k)| \ (i = 1, 2, \cdots, n)$。

4）第一层和第二层的最小值与最大值分别按差列 $\varDelta_i(k)$ 计算。第一层求出最小值序列 $\min \varDelta_i(k)$ 和最大值序列 $\max \varDelta_i(k)$，其公式如下：

$$\min \varDelta_i(k) = [\min \varDelta_1(1), \min \varDelta_2(2), \min \varDelta_3(3), \cdots, \min \varDelta_k(k)]$$

$$\max \varDelta_i(k) = [\max \varDelta_1(1), \max \varDelta_2(2), \max \varDelta_3(3), \cdots, \max \varDelta_k(k)]$$

然后分别求出两个层中最小值 $m$、最大值 $M$，其公式为

$$m = \min \min \varDelta_i(k), \ M = \max \max \varDelta_i(k)$$

5）计算比较列数据与参考列数据的灰色关联系数，即 $\lambda_i(k)$。$\lambda_i(k)$ 的计算公式为

$$\lambda_i(k) = \frac{m + \mu M}{\varDelta_i(k) + \mu M} (i = 0, 1, 2, \cdots, n)$$

式中，$\mu = 0.5$。

6）计算关联度系数 $r_i$。对各因素之间的相关程度进行排序，并利用相对程度系数与参考列数据进行比较。计算平均关联系数，其求值公式是

$$r_i = \frac{1}{n} \sum_{k=1}^{n} \lambda_i(k)(i = 1, 2, \cdots, n)$$

最后进行灰色关联度分析排序。经过上述分析计算出需要分析的指标与影响指标的关联程度，对比较关联度值大小进行排序，形成关联序列，其关联程度可以反映出各因素指标对参考列数据的影响程度。

### 5.2.2　森林碳汇量影响因素实证

本章通过查找第五、第六、第七和第八次全国森林资源清查数据，查找全国的活立木储蓄量，以一次全国森林资源清查数据为周期，得到第五、第六、第七和第八次的活立木储蓄量，见表 5-2。

**表 5-2　森林资源清查的森林碳汇量**

| 项目 | 第五次<br>1994～1998 年 | 第六次<br>1999～2003 年 | 第七次<br>2004～2008 年 | 第八次<br>2009～2013 年 |
|---|---|---|---|---|
| 活立木储蓄量/亿立方米 | 124.9 | 136.18 | 145.54 | 164.33 |
| 森林碳汇量/亿吨 | 144.6998 | 157.7679 | 168.6117 | 190.3804 |

本章结合 5.2.1 节计算森林碳汇量的森林蓄积量扩展法，计算出这四次森林资源清查的森林碳汇量。

本章基于 1994～2013 年《中国统计年鉴》、1994～2013 年《中国林业统计年鉴》等资料找出全国森林系统五个影响因子的数据，以五年为一个数据组，得到的数据见表 5-3。

**表 5-3　森林碳汇量影响因素数据**

| 项目 | 第五次<br>1994～1998 年 | 第六次<br>1999～2003 年 | 第七次<br>2004～2008 年 | 第八次<br>2009～2013 年 |
|---|---|---|---|---|
| 森林碳汇量/亿吨 | 144.699 8 | 157.767 9 | 168.611 7 | 190.380 4 |
| 造林面积/×$10^3$ 公顷 | 5 058.526 | 6 369.75 | 4 467.2 | 5 972.942 |
| 木材产量/万立方米 | 6 490.652 | 4 741.548 | 6 490.882 | 7 983.44 |
| 林业投资完成额/万元 | 659 209 | 2 416 516.2 | 5 999 993.8 | 25 323 240.8 |
| 火灾面积/公顷 | 124 125.5 | 135 381.8 | 141 203.9 | 29 307.83 |
| 森林病虫鼠害面积/万公顷 | 724.523 | 837.395 4 | 1 071.612 | 1 174.86 |

设这五个影响因子分别为 $X_1$、$X_2$、$X_3$、$X_4$、$X_5$，森林碳汇量设为 $X_0$。当 $k=1$ 时，$X_1(k)$、$X_2(k)$、$X_3(k)$、$X_4(k)$、$X_5(k)$ 分别表示第五次全国森林资源清查时这五个影响因素的值，见表 5-4。

**表 5-4　无量纲化后森林碳汇量影响因素数据**

| 项目 | 第五次<br>1994～1998 年 | 第六次<br>1999～2003 年 | 第七次<br>2004～2008 年 | 第八次<br>2009～2013 年 |
|---|---|---|---|---|
| $X_0$ | 0.7601 | 0.8287 | 0.8857 | 1.0000 |
| $X_1$ | 0.7941 | 1.0000 | 0.7013 | 0.9377 |

续表

| 项目 | 第五次<br>1994~1998 年 | 第六次<br>1999~2003 年 | 第七次<br>2004~2008 年 | 第八次<br>2009~2013 年 |
|---|---|---|---|---|
| $X_2$ | 0.8130 | 0.5939 | 0.8130 | 1.0000 |
| $X_3$ | 0.0260 | 0.0954 | 0.2369 | 1.0000 |
| $X_4$ | 0.2361 | 0.2165 | 0.2076 | 1.0000 |
| $X_5$ | 1.0000 | 0.8652 | 0.6761 | 0.6167 |

由于上述影响因子物理意义不同，本章无法直接进行处理，故对上述数据进行无量纲化，造林面积、木材产量和林业投资完成额为效益型指标，火灾面积和森林病虫鼠害面积是成本型指标。

计算 $X_0$ 与 $X_i$ 间的差列 $\Delta_i(k)$，可以得出如下结果：

$$\Delta_1(k) = (0.034, 0.1713, 0.1844, 0.0623) ;$$
$$\Delta_2(k) = (0.0529, 0.2348, 0.0727, 0) ;$$
$$\Delta_3(k) = (0.7341, 0.7333, 0.6488, 0) ;$$
$$\Delta_4(k) = (0.5240, 0.6122, 0.6781, 0) ;$$
$$\Delta_5(k) = (0.2399, 0.0365, 0.2096, 0.3833) 。$$

从 $\Delta_i(k)$ 中求最大值和最小值。根据理论描述求出最小序列和最大序列：

$$\min \Delta_i(k) = (0.0340, 0, 0, 0, 0.0365)$$
$$\max \Delta_i(k) = (0.1844, 0.2348, 0.7341, 0.6781, 0.3833)$$

最小值 $m = 0$，最大值 $M = 0.7341$。

利用 $\lambda_i(k) = \dfrac{m + \mu M}{\Delta_i(k) + \mu M}$，取 $\mu = 0.5$，

$$\lambda_1 = (0.9152, 0.6818, 0.6656, 0.8549)$$
$$\lambda_2 = (0.8740, 0.6099, 0.8347, 1)$$
$$\lambda_3 = (0.3333, 0.3336, 0.3613, 1.0000)$$
$$\lambda_4 = (0.4119, 0.3748, 0.3512, 1.0000)$$
$$\lambda_5 = (0.6047, 0.9095, 0.6365, 0.4892)$$

根据 $r_i = \dfrac{1}{n} \sum_{k=1}^{n} \lambda_i(k)$ 计算 $r_i$。$r_1$、$r_2$、$r_3$、$r_4$、$r_5$ 分别表示造林面积、木材产量、林业投资完成额、火灾面积、森林病虫鼠害面积这五个影响因素与森林碳汇量的关联度，$r_1 = 0.7794$，$r_2 = 0.8297$，$r_3 = 0.5071$，$r_4 = 0.5345$，$r_5 = 0.6600$，则这五个关联度的大小顺序为 $r_2 > r_1 > r_5 > r_4 > r_3$，即木材产量>造林面积>森林病虫鼠害面积>火灾面积>林业投资完成额。

### 5.2.3 影响因素实证结果分析

关于木材产量>造林面积>森林病虫鼠害面积>火灾面积>林业投资完成额与森林碳汇

量的关联度,本书通过实证分析结果发现各项影响因素与森林碳汇量的关联度间具有一定程度的正关联性。

政府和各级林业主管部门对造林区要进行科学规划,合理扩大森林植被面积,保持森林资源的稳定,保持森林物种的多样性。实现造林与中国生态经济相结合,促进生态经济林建设,增加森林碳汇,为农民创业致富提供途径。

在森林植被保护过程中合理伐木,在植被减少时禁止伐木,以确保植被覆盖达到正常标准。在高植被地区可以进行合理的采伐,减少一些低利用率的植被,以确保森林的整体效率。森林经营者保护一些高利用率的植被,同时促进生态稳定、经济繁荣和社会发展。森林病虫鼠害和火灾已经成为危及森林资源的突出问题,可想而知,我们不能也不应该低估这两者对森林资源的破坏,这些负面因素对森林造成的威胁和巨额亏损将严重导致森林碳汇量的减少,并导致经济损失。政府和各级林业主管部门必须给予足够的关注,还应该组织科研人员进行研究并给以一定资金上的支持,在必要的时候,讨论防治森林灾害的科学方法,以确保森林不遭到破坏,让森林更大程度上发挥碳汇的作用。森林系统的林业投资完成额和森林碳汇量之间的相关性是最小的,但这不会成为政府和林业主管部门放松管理的原因。然而,对森林系统的林业投资在森林资源开发方面发挥着关键作用。对林业基础设施的投资主要用于绿化项目、森林病虫害和森林火灾预防与控制等项目,故在增加森林碳汇方面,加强林业体系的建设发挥了重要作用。

### 5.2.4　碳排放量与经济增长关系

联合国政府间气候变化专门委员会第五次评估报告指出,全球温度上升是由于温室气体的增加,而二氧化碳是最主要的温室气体。随着中国工业化进程的加速,能源消费量也呈直线上升,随之而来的就是巨大的碳排放量。2016 年,我国当年能源消费总量为 43.6 亿吨标准煤,比上年增长 1.4%。能源消费的增加也加速了二氧化碳等污染物的排放。随着中国经济的发展,碳排放水平逐年攀升,要想解决全球气候变化问题,中国必须做出相应改变。2009 年,在哥本哈根世界气候大会上中国承诺到 2020 年单位国内生产总值二氧化碳排放比 2005 年下降 40%~45%,并将其与国民经济和社会发展规划相结合。

Grossman 和 Krueger 于 1991 年首次提出环境质量和人均收入之间的倒“U”形关系,当国民收入水平较低时,污染和人均 GDP 呈现正相关;而当国民收入水平较高时,二者呈现负相关。后来 Panayotou（1997）将这种变化关系称为 EKC。中国当前的经济发展水平和碳排放之间是否也存在这个倒“U”形关系?目前国内外大多数学者对这个理论持有不同的看法。

1）碳排放与经济增长的关系呈倒“U”形。Stern（2010）的研究表明人均 GDP 和碳排放之间的关系是经典的倒“U”形。钟茂初等（2011）运用动态追赶模型实证研究 EKC 模型,发现二者之间的关系虽然呈倒“U”形,但是经济上升阶段和下降阶段的斜率变化不同,前者先增加后减小,后者一直减小。

2）碳排放与经济增长的关系呈正“N”形。M. Zarzoso 运用混合组群平均数估计法研究发现经济合作与发展组织成员大部分国家的碳排放和经济增长间的关系呈正“N”形,在少数不发达国家呈倒"N"形。胡初枝等（2008）选取 1990～2005 年数据，运用平均分配余量的分解方法研究出二者存在正"N"形关系。

3）碳排放与经济增长之间并不存在显著的因果关系。Galeotti 等（2006）对 EKC 模型进行了稳健性检验，发现该模型并未能通过检验，因此不支持 EKC 模型，不能说明二者存在显著的因果关系。同样在李卫兵和陈思（2011）的研究中，他们利用 STIRPAT（stochastic impacts by regression on population，affluence，and technology，可拓展的随机性的环境影响评估）模型，发现我国的碳排放与经济增长没有显著的因果关系。

4）碳排放与经济增长之间呈线性关系。Fodha 和 Zaghdoud（2010）以突尼斯为例，选取的人均 GDP 与碳排放量的数据进行因果关系检验，发现二者之间的长期因果关系较为显著，并且呈正相关的关系。

### 5.2.5　碳排放量与经济增长研究理论方法

根据相关理论基础，结合中国碳排放的实际情况，本章通过理论分析碳排放和经济增长的一些指标，并研究经济增长和碳排放之间的具体影响。具体方法如下。

1）利用全国省级面板数据，利用面板平滑转换模型，分析碳排放和经济增长之间的机制转移效应。面板平滑转换模型假设，城镇化与二氧化碳排放量之间的关系存在一个连续平滑转换的机制，城镇化将以阈值为界，从一个机制转换到另一个机制，且新旧机制之间不同。在不同转换变量水平下，检验不同经济特征差距对城镇化与二氧化碳排放量之间产生的非线性关系。

2）利用全国时间序列数据，首先，运用 ARDL（auto regressive distributed log，自回归分布滞后）模型和格兰杰因果性检验研究碳排放、城镇化和经济增长间的关系。因为 ARDL 模型边界检验 $F$ 统计量的临界是在时间序列的基础上，所以先进行单位根检验。其次，利用协整检验方法检验变量间是否存在长期的因果关系。最后，估计长期弹性和短期弹性，并进行格兰杰因果性检验，运用统计技术检验经济变量间的因果性的方法，探究各变量间的因果性联系。

## 5.3　森林碳汇空间效应分析

随着经济的快速发展，工业化生产的普及，碳排放量急剧增加，国际社会认为只有减少碳排放量、增加森林碳汇才能有效地缓解日益严峻的气候变暖问题。森林可以吸收并储存二氧化碳从而有效降低当前的碳排放量。森林碳汇对低碳经济的发展起到了关键的作用，它利用植物的光合作用将排放的二氧化碳中的碳储存到植物中，从而降低了碳排放。因此，森林碳汇有着较好的市场发展潜力。地球上第二大碳库就是森林生态系统，它的储碳量占全球陆地总储碳量的 46%，约为 1146 皮克[①]碳。地球上第一大碳库是海洋，除了海洋，森林生态系统固定碳的能力和能源替代作用是最强的。因为森林碳汇在成本和操作

---

① 1 皮克 = $10^{-12}$ 克。

上比减排技术更加经济，所以提高森林碳汇是解决全球气候变暖问题的最好办法。中国森林资源的分布并不是孤立的，森林资源地理环境的相似性常常会呈现出明显的空间相关性，因此确定森林生态系统森林碳汇分布的空间效应对后续森林碳汇项目实施有很大必要，以及对今后逐步发展的碳交易决策支持具有重要意义。

### 5.3.1 空间关联性分析

在目前我国森林碳汇空间分布的研究中发现，我国森林碳汇的分布在空间上有着明显的区别，在资源环境相似的地区其森林碳汇量同样存在着较大差异的现象。基于此，本书依据我国 31 个省（自治区、直辖市）的统计数据，集中考察我国森林碳汇是否存在地理空间关联性及溢出效应，为提升森林碳汇能力、制定差异化发展政策提供可供参考的建议。

1. 空间自相关分析模型

为了了解我国 31 个省（自治区、直辖市）森林碳汇在空间上的分布特征，本书采用全局空间自相关 Moran's $I$（莫兰指数）分析森林碳汇空间分布是否存在聚集特性。

1）全局空间自相关 Moran's $I$ 计算公式如下：

$$\text{Moran's } I = \frac{n\sum_{i=1}^{n}\sum_{j=1}^{n}w_{ij}(y_i-\bar{y})(y_j-\bar{y})}{\left(\sum_{i=1}^{n}\sum_{j=1}^{n}w_{ij}\right)\sum_{i=1}^{n}(y_i-\bar{y})^2}$$

式中，$n$ 为地区总数；$y_i$ 为第 $i$ 地区某指标的观测值；$y_j$ 同 $y_i$；$\bar{y}$ 为平均值。空间权重矩阵元素 $w_{ij}$ 为空间对象在第 $i$ 和第 $j$ 两点之间的关系，该矩阵一般为对称阵，且 $w_{ii}=0$。本书选择距离的权重矩阵，并对海南的孤岛现象进行假设，假设它与广东接壤。对全局空间自相关 Moran's $I$ 分析的结果进行了 $z$ 值显著性检验。

通过计算全局空间自相关 Moran's $I$ 可以衡量出空间的整体相关性，但全局有时也不能反映局部的情况，因此，本书再采用空间关联局域指标做进一步分析。

2）局域空间自相关 Moran's $I$ 的主要形式为

$$I_i = Z_i\sum_{i\neq i}w_{ij}Z_j$$

式中，$Z_i = x_i - \bar{x}$，$Z_j = x_j - \bar{x}$。

2. 研究过程与结果分析

本书采用 stata13.1 软件对我国 2014 年 31 个省（自治区、直辖市）的森林碳汇数据进行了全局空间自相关 Moran's $I$ 的计算，从而判断森林碳汇空间是否存在集聚态势。

（1）全局空间自相关 Moran's $I$ 分析

如表 5-5 所示，Moran's $I$ 为 0.331，且通过 1%显著性检验，说明森林碳汇存在正的空间相关性，且在空间上表现出集聚态势。

表 5-5　2014 年森林碳汇全局空间自相关 Moran's *I*

| 变量 | *I* | *E*（*I*） | Sd（*I*） | *z* | *p*-value[*] |
|---|---|---|---|---|---|
| 数值 | 0.331 | −0.033 | 0.115 | 3.157 | 0.001 |

注：*I* 为 Moran's *I* 指数；*E*（*I*）为期望值；Sd（*I*）为方差；*z* 为 *z* 值；*p*-value[*] 为 *p* 值；同表 5-6

（2）局域空间自相关 Moran's *I* 分析

为了进一步分析森林碳汇的分布特征，本书计算了局域空间自相关 Moran's *I*，分析我国 31 个省（自治区、直辖市）森林碳汇之间的相关性，为了更好地将数据可视化，做出 Moran 散点图。

由表 5-6 可知，吉林、黑龙江、四川、云南、西藏和青海地区的森林碳汇局域空间自相关 Moran's *I* 在 5%水平下显著，说明其存在空间局域相关性。

表 5-6　各地区的局域空间自相关 Moran's *I*

| 地区 | 编号 | *I_i* | *E*（*I_i*） | Sd（*I_i*） | *z* | *p*-value[*] |
|---|---|---|---|---|---|---|
| 北京 | 1 | 0.580 | −0.033 | 0.658 | 0.933 | 0.175 |
| 天津 | 2 | 0.587 | −0.033 | 0.658 | 0.943 | 0.173 |
| 河北 | 3 | 0.200 | −0.033 | 0.323 | 0.721 | 0.235 |
| 山西 | 4 | −0.051 | −0.033 | 0.450 | −0.039 | 0.484 |
| 内蒙古 | 5 | −0.072 | −0.033 | 0.296 | −0.130 | 0.448 |
| 辽宁 | 6 | −0.227 | −0.033 | 0.529 | −0.367 | 0.357 |
| 吉林 | 7 | 0.753 | −0.033 | 0.529 | 1.488 | 0.068 |
| 黑龙江 | 8 | 2.288 | −0.033 | 0.658 | 3.528 | 0.000 |
| 上海 | 9 | 0.470 | −0.033 | 0.658 | 0.766 | 0.222 |
| 江苏 | 10 | 0.415 | −0.033 | 0.450 | 0.996 | 0.160 |
| 浙江 | 11 | 0.164 | −0.033 | 0.396 | 0.497 | 0.310 |
| 安徽 | 12 | 0.213 | −0.033 | 0.355 | 0.694 | 0.244 |
| 福建 | 13 | −0.059 | −0.033 | 0.529 | −0.049 | 0.481 |
| 江西 | 14 | 0.019 | −0.033 | 0.355 | 0.147 | 0.441 |
| 山东 | 15 | 0.359 | −0.033 | 0.450 | 0.871 | 0.192 |
| 河南 | 16 | 0.223 | −0.033 | 0.355 | 0.721 | 0.236 |
| 湖北 | 17 | 0.108 | −0.033 | 0.355 | 0.397 | 0.346 |
| 湖南 | 18 | 0.054 | −0.033 | 0.355 | 0.247 | 0.402 |
| 广东 | 19 | 0.031 | −0.033 | 0.396 | 0.162 | 0.436 |
| 广西 | 20 | 0.023 | −0.033 | 0.450 | 0.125 | 0.450 |
| 海南 | 21 | 0.152 | −0.033 | 0.945 | 0.197 | 0.422 |
| 重庆 | 22 | −0.113 | −0.033 | 0.396 | −0.201 | 0.420 |
| 四川 | 23 | 0.816 | −0.033 | 0.323 | 2.630 | 0.004 |
| 贵州 | 24 | −0.195 | −0.033 | 0.396 | −0.407 | 0.342 |
| 云南 | 25 | 2.524 | −0.033 | 0.450 | 5.679 | 0.000 |
| 西藏 | 26 | 2.291 | −0.033 | 0.450 | 5.162 | 0.000 |

续表

| 地区 | 编号 | $I_i$ | $E(I_i)$ | Sd（$I_i$） | $z$ | $p$-value[*] |
|------|------|-------|----------|------------|-----|----------|
| 陕西 | 27 | −0.006 | −0.033 | 0.296 | 0.093 | 0.463 |
| 甘肃 | 28 | −0.121 | −0.033 | 0.355 | −0.248 | 0.402 |
| 青海 | 29 | −0.791 | −0.033 | 0.450 | −1.682 | 0.046 |
| 宁夏 | 30 | −0.259 | −0.033 | 0.529 | −0.428 | 0.334 |
| 新疆 | 31 | −0.115 | −0.033 | 0.529 | −0.155 | 0.438 |

（3）局域空间自相关 Moran 散点图

本书根据前面计算的局域空间自相关 Moran's $I$ 值，做出 Moran 散点图（图 5-1）。在 Moran 散点图中第一象限是高高集聚区，第二象限是低高集聚，第三象限是低低集聚区，第四象限是高低集聚区。这四个象限分别表示某个研究区域和周围区域的局域空间关联性。其中，第一和第三象限表示样本观测值空间正相关性较强，而第二和第四象限则表示样本观测值空间负相关性较强。图 5-1 中的数字与表 5-6 中的序号一致，和 31 个省（自治区、直辖市）一一对应，由图 5-1 可以得到，2014 年，吉林、黑龙江、四川、云南、西藏这五个地域位于高高集聚区且 $p$ 值低于 5%，而对比 1988 年我国森林碳汇空间关联性的研究发现，当时只有西藏、吉林、黑龙江位于高高集聚区，这说明我国这段时间内碳汇项目的发展呈现良好的发展态势。从 Moran 散点图中可以看出东北地区和西南地区的大部分省份位于第一象限，很大可能是因为这些地区的森林资源相对丰富，基础设施较为完善，从而促进了所在地的碳汇林发展。

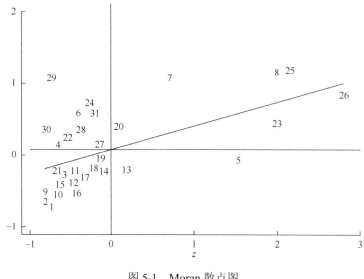

图 5-1　Moran 散点图

Moran's $I$ = 0.331

而上海、江苏、山东、天津等地域的经济发展水平较高，拉动了木材加工业的发展，同时阻碍了森林碳汇的形成，从而产生了低低集聚的效应。

### 5.3.2　空间溢出效应分析

空间溢出效应是一个区域对另一个区域提供发展促进性或者形成发展限制性的经济外部性现象。森林资源自身的分布特点决定了森林碳汇的发展会受到区域因素的影响。空间溢出效应对森林碳汇的影响体现为，某一区域的森林碳汇的变动会对其周围区域的森林碳汇产生影响，这种影响可以是正向的也可以是反向的。为了进一步提高森林生态功能和加快森林碳汇的发展，需要考虑空间溢出效应这一影响因素，故而更好地判断其他因素对其的影响。

薛龙飞等（2017）对省域之间的森林碳汇量的研究，不仅证实空间溢出效应的存在，还对空间溢出效应进行了量化分析，发现相邻地区的森林碳汇的增加会促进本地区森林碳汇同时增加，数值比重大约为 1∶0.4。因此可以看出我国森林碳汇的空间相关性是由邻近地区的空间溢出效应表现的。

## 5.4　森林碳汇市场分析

随着人类经济可持续发展问题越来越受关注，各发达国家在联合国的号召下，积极遵守《京都议定书》的相关规定。从 2005 年开始，发达国家由于本国地理环境有限，开始在发展中国家开展森林碳汇项目，用产生的森林碳汇抵消本国在经济发展中产生的碳排放量，久而久之形成了国际性的森林碳汇市场。近年来，随着中国经济的高速发展，中国产生的二氧化碳排放量也位居前列。因此自党的十八大以来，党和政府十分重视生态文明建设，也加快了森林碳汇市场的建设。

### 5.4.1　森林碳汇市场运作机制

不同学者从不同角度对森林碳汇市场构建方面展开研究。在森林碳汇市场形成的条件研究方面，李怒云等（2008）认为政府政策驱动是我国完善森林碳汇市场的必要条件，而尹敬东和周兵（2010）主张坚持行政与市场相互辅助的方式，并且应在政策条件成熟后，逐步由政策推动森林碳汇市场向由市场推动过渡。

从森林碳汇市场发展技术角度分析，曹开东（2008）在研究中认为，技术缺陷是我国森林碳汇市场存在的最明显的问题。森林碳汇的认证技术、计量及森林种植培育技术等是完善森林碳汇市场必要的技术条件。在我国 2018 年森林碳汇规模较小的情况下，如果森林碳汇的计量和认证技术存在缺陷，那么将会缩小森林碳汇供给方的范围。成熟的认证技术会有效降低成本，从而扩大市场规模，成熟的技术将缩短交易周期，降低交易费用，那样森林碳汇将在森林碳汇市场取得成本优势。

从森林碳汇市场要素角度分析，李淑霞和周志国（2010）的研究发现森林碳汇市场的效率由各要素之间的联系与制约决定。要使森林碳汇市场良好运作，供求机制和价格竞争机制的交互作用是关键，除此之外还需要风险机制做保障。森林的所有者或经营者一般为森林碳汇市场的潜在供给者,能够通过森林碳汇交易得到经济补偿是供给方参与森林碳汇交易的主要原因。

森林碳汇市场中供给会受到森林碳汇价格的影响。李建华（2008）认为森林碳汇价格主要取决于土地利用的机会成本因素、自身的特征和市场价格。沈月琴等（2013）的研究显示虽然木材价格及利率变化不会明显影响优等林地森林碳汇供给量,但在二者较低的情景下,中、劣等林地森林碳汇供给量受到明显影响,呈现出大幅度提高的现象。由此可借用金融手段来调节森林碳汇供给量。

## 5.4.2　我国森林碳汇市场交易模式

森林碳汇交易实质上就是森林碳汇交换活动,供需双方各取所需,对相互提供给双方的森林碳汇或经济补偿达成交易。森林碳汇市场交易模式是供需双方为实现森林碳汇交易而采用的具体方式。购买者选择不同的供给者,因而形成不同的森林碳汇交易模式,选择交易模式就是选择交易对象及交易方式和经营方式,同时应承担相应的交易风险。森林碳汇市场的交易模式促进着森林碳汇市场规模的扩大。森林碳汇交易模式的形成是一个逐步发展的过程,不是一成不变的,也不可随意构建,每一个交易模式的形成都是为适应森林碳汇市场发展的需要。在中国森林碳汇交易市场中,中国绿色碳汇基金会扮演着十分重要的角色。它是中国首家以应对气候变化,增加森林碳汇、减少碳排放为目的的机构,它主要是为了促进企业或者个人进行低碳生产与生活。虽然国内学者从不同角度探讨森林碳汇市场,但是用案例对森林碳汇市场的交易模式进行分析研究的较少。为了森林碳汇市场的良好发展,明确森林碳汇市场中供需双方的交易模式及过程就显得尤为重要。因此对国内一些已经形成规模的森林碳汇市场进行剖析十分必要。

刘豪（2014）将广东省森林碳汇市场交易模式类型按照经营组织形式共划分为四类,如表 5-7 所示。在委托模式中,中国绿色碳汇基金会作为中间商寻找林业局或者林场进行森林碳汇生产,最后将森林碳汇卖给需求者,但是中国绿色碳汇基金会不直接参与森林碳汇项目的经营活动,它的森林碳汇项目需要统一报送给国家林业局应对气候变化和节能减排工作领导小组办公室审批。农户没有申请森林碳汇项目的资格和承担经营风险的能力,因此形成了依附模式。该模式的供给方是农户个体或农户小组,供给方将土地集中起来依托其他模式中的森林碳汇项目进行经营。

表 5-7　广东省森林碳汇市场交易模式分类

| 交易模式 | 组织者 | 造林者 | 经营特点 |
| --- | --- | --- | --- |
| 委托模式 | 中国绿色碳汇基金会 | 林业局或林场 | 中国绿色碳汇基金会委托林业局或者林场造林 |
| 依附模式 | 企业或林场 | 农户个体或农户小组 | 依附于其他交易模式,占比较小 |
| 股份合作模式 | 农户和企业或林场 | 企业或林场 | 农户出让土地使用权给林场或公司经营,双方约定责任和收益分成 |
| 自营模式 | 企业或林场 | 企业或林场 | 买方出资,林场或者企业独立经营 |

当需求方主动向供给方提出购买需求，二者以股份合作的形式进行交易，由此形成了股份合作模式。这种模式具有临时性和灵活性，因此运用次数最多。它能够很好地聚集双方的优势，因为森林碳汇项目优先雇用当地农户，并支付工资。自营模式相比于前者更具有一定的持续性，双方交易完毕后不解散经营组织，继续为后续服务提供平台。

### 5.4.3　我国森林碳汇市场潜力分析

结合 5.3.1 节空间局域关联性的分析，这里选取位于高高集聚区的吉林、黑龙江、四川、云南、西藏这五个地域的森林碳汇数据进行分析。从整体上看，五个省区的森林碳汇储量都呈现上涨趋势，高高集聚态势促进各省区的森林碳汇共同增长，其中西藏的森林碳汇量上涨最快（图 5-2）。

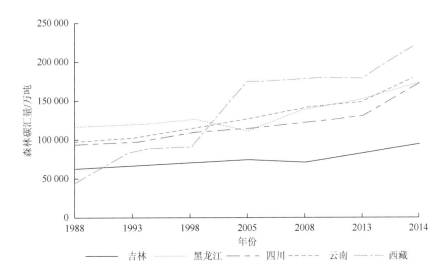

图 5-2　局部森林碳汇折线图

资料来源：1989～2015 年《中国林业统计年鉴》、《中国统计年鉴》

图 5-3 是对我国森林碳汇量的描绘，1988～2014 年，我国森林碳汇呈整体上升态势，并且增长速度逐渐加快，可见我国的森林碳汇市场在这 20 多年发展迅速，在政府政策的引导和专业技术的支持下，森林碳汇供给量实现较快增长。

政策上，党的十八大以来，我国高度重视生态文明建设和绿色发展，2016 年国家林业局制定了《省级林业应对气候变化 2017—2018 年工作计划》，要求各省份通过减少碳排放、增加森林碳汇、稳定湿地碳汇、抓好碳汇考核等方式增汇减排。近年来国家在生态环境保护方面给出大量资金支持和政策扶持，而森林碳汇作为减少碳排放的有效途径且其市场潜力越发明显，必将有着广阔的发展前景。

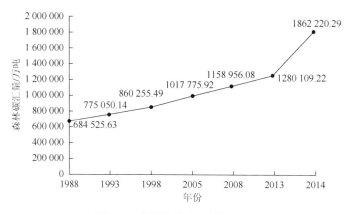

图 5-3　我国森林碳汇量折线图

资料来源：1989～2015 年《中国林业统计年鉴》、《中国统计年鉴》

## 5.5　森林碳汇会计研究

面对全球生态恶化，如温室效应、全球气候变暖、臭氧层空洞等问题，各国均在寻找最合适的解决方法，多个国家建立并签署了如《京都议定书》《巴黎协定》等环境保护协定，要求各国尽自己最大的努力，改善地球生态环境。全球气候治理的进程一直在缓慢进行，为了人类更好地发展，任何人或事都无法阻挡或逆转全球绿色低碳发展的潮流。

《京都议定书》中，就要求世界各国相互帮助，提供相关技术，开展造林及再造林的相关森林碳汇项目，用一国产生的森林碳汇量抵抗该国的碳排放量。在确立远期目标、平衡上下往来双向机制和动态评估方面，2015 年达成的《巴黎协定》具有重要意义。2015 年 11 月，我国在巴黎气候大会上向国际社会做出承诺：到 2030 年，我国的森林蓄积量将会高于 2005 年森林蓄积量 45 亿立方米左右，并将增加森林碳汇作为中国应对气候变化国家自主贡献三大目标之一。

我国低碳经济转型成效显著，在新能源利用和可再生能源利用方面位于世界前列，已经连续九年蝉联清洁能源投资额的全球第一位，其中 2017 年的清洁能源投资总额是排名第二位的美国的 2.3 倍。

在《联合国气候变化框架公约》中，碳汇就被定义为将二氧化碳从大气中清除的过程、活动及机制。其主要包括陆地碳汇和海洋碳汇。而在这其中，森林由于是陆地生态系统中规模最大的碳库，当仁不让地成为陆地碳汇的载体。森林碳汇及林业碳汇都是碳汇的重要方法，前者是指森林植物进行光合作用，吸收空气中的二氧化碳并将其固定于地球表面中，以此降低大气中二氧化碳浓度。后者则属于行业碳汇，是指将前者与管理政策（如碳贸易）相结合。由此可见，森林在应对气候变化中的战略性作用逐步显现，大力发展森林碳汇事业已成为我国应对气候变化的重要途径。

森林碳汇对于缓解全球温室效应、减缓全球气候变暖具有重要作用。据统计，森林植物资源吸附的二氧化碳占到陆地碳库的一半左右。在中国特色社会主义建设历程中，由于森林碳汇具有可持续发展意义，人们逐渐重视其发展和意义。从生态学视角看，森林碳汇是指森林通过摄入二氧化碳气体并将其固定在泥土或植物中来减少二氧化碳的过程。从会计学视角看，森林碳汇是指将碳排放权作为一种资产进行交易，它的生态价值在森林培育企业生产经营时产生，并且根据资产确认的相关规定，森林碳汇符合相关条件，会计上应将其确认为无形资产，同时企业通过购买森林碳汇来完成减排任务或在森林碳汇交易市场上通过出售森林碳汇获得收益。由于收益归森林培育企业所有，这能使森林培育企业实现经济利益流入，这部分利益构成它的资本金，所有者权益也相应增多了。

森林碳汇会计研究作为一个新兴领域，有其现实的实践意义，也具有学术上的创新价值。要进行会计上森林碳汇价值的确认与计量，首先要划分它所属的会计要素种类。国际上对此主要有两种观点，分别是收入要素种类及资产要素种类。

## 5.5.1　森林碳汇会计要素归属

根据企业会计准则中有关资产的定义和特征描述，森林碳汇是企业在过去生产过程中形成的。森林培育企业对其承包期间的森林资源拥有拥有权，即对林木在土地上形成的森林碳汇拥有控制权。森林碳汇作为一种资源，对于有效降低大气中二氧化碳浓度、缓解温室效应是有价值的。

森林碳汇会计作为森林碳汇交易市场中的一个重要组成部分，其存在受到多种因素影响。从森林碳汇会计本质的分析出发，合理有效地核算林业企业碳固定所产生的碳排放空间，并对森林碳汇贸易市场中的碳排放权交易进行会计确认和计量，构建森林碳汇会计核算框架，以帮助企业更好地了解有关森林碳汇贸易情况，做出合理决策。现在森林碳汇会计市场已经是全球各国共同关注的内容，这就要求有一个统一化、标准化的森林碳汇会计计算，对森林碳汇贸易中的各种交易事项进行会计确认、计量及信息披露。

在森林碳汇市场上，企业可以买卖森林碳汇创造经济利益，即便污染企业通过投资森林培育企业的方式完成减排任务，也能起到增加森林碳汇的作用。森林碳汇是能给森林培育企业带来经济利益的资源。综上，森林碳汇符合会计上有关资产的定义。

在学术上，有关森林碳汇资产的归属有以下四种不同观点：森林生态资产、存货、无形资产、金融资产。本书认为将森林碳汇确认为无形资产的观点更有说服力，根据企业会计准则中无形资产的有关规定，森林碳汇符合无形资产的相关定义和确认条件。它所依附的林木与空气中的水或二氧化碳等结合，在光合作用条件下发挥碳汇作用。由此可看出，森林碳汇不具有实物形态。随着森林碳汇市场的发展，森林碳汇交易反映了人们对森林碳汇的需求，对于森林培育企业等森林碳汇所有者，森林碳汇是有价值的，能为他们带来经济利益。森林碳汇市场上的交易为人们提供了公允价值，弥补了非林木资产不能直接计量成本的弱势。因此，森林碳汇的价值能可靠计量，成本也能可靠计量。

## 5.5.2　国际森林碳汇会计研究结果

对于森林碳汇会计研究，尤其是碳排放权交易及其在会计上的影响等方面的研究，国际上十分重视。本节接下来介绍国际上对碳排放权交易会计规定方面的主流结论。

国际会计准则理事会对碳排放权交易会计的研究探讨较为全面，其认为持有的碳排放权应该确认为无形资产。当公允价值高于发放的配额时，仍然按照公允价值进行核算，两者间的差额则作为政府补助。当需要对已经发生的碳排放配额进行支付时，应将其确认到负债表中，并且可按照当期现行市价对碳排放量的配额进行估计确认，将碳排放量分配时产生的收益作为递延收益，还要对由碳排放权交易产生的其他资产减值进行资产减值测试。

美国对碳排放权交易的研究最为详细也最为久远，其认为根据碳排放权使用目的的不同，按照历史成本分别进行确认计量。自身持有的碳排放权，由于其具有企业在日常活动中持有以备出售的性质，应确认为存货；用来投资的碳排放权可以带来资本增值或者具有给投资企业带来诸如改善贸易关系等其他利益的性质，则应确认为金融资产等。同时，仍然存在疑惑的是在现有碳排放权总量交易机制下，存在以免费获得或者以拍卖的形式取得的碳排放分配额的可能，在这两种情况下不产生成本，无法采用历史成本法。因此，对于该问题的计量仍存在争议，有待进一步的完善和确认。目前，美国财务会计准则委员会下属机构将碳排放配额确认为资产，但在期末需要交付政府。同时，会计计量中要满足一致性要求，都应采用公允价值模式进行计量。

英国、法国、德国等国对碳排放权交易会计也开展了深入研究，出于各国国情和标准要求不同，对碳排放权会计的会计确认与计量也各不相同，因此也有着不同的研究理论成果。欧洲财务报告咨询组与国际上看法相一致，认同国际会计准则理事会认为持有碳排放权应该确认为资产。当公允价值高于发放的配额时，仍然按照公允价值进行核算，两者间的差额则作为政府补助。当需要对已经发生的碳排放配额进行支付时，应将其确认为负债。但是，这一认定标准需在诸多前提条件的制约下才成立，因此无法充分反映出经济实际情况。

从签订《京都议定书》以来，日本就积极开展对碳排放权交易的研究。日本政府和相关组织机构也纷纷根据国情对碳排放权交易会计准则及实务问题展开研究。按照交易目的的不同进行区分，对于持有以备出售的碳排放额采用基于金融商品会计的方法进行处理，其余作为无形资产入账。

肖序（2006）是我国最早开始森林碳汇会计研究的学者，其概括介绍了各国关于森林碳汇会计研究的相关理论，从森林碳汇的资产确认问题和碳源的负债确认问题入手，在碳固定的会计核算方面也略有涉及。

然而，尽管国内对低碳经济与森林碳汇的研究发展越发重视，但是在碳固定方面，尤其是碳固定会计方面的核算研究仍然较为缺乏。有学者认为碳减排量应确认为存货，且应属于流动资产，也有学者则认为森林碳汇是非货币性资产。

在会计计量方面，出于我国自身国情考虑，我国没有活跃的碳排放交易市场，对碳排放的公允价值缺乏准确有效的计量，对该价值的使用并无过多的现实意义，但是在未来制度的不断完善下，公允价值将会充分发挥自身作用，对会计起到良好有效的计量作用。因此，本书建议采用混合计量法，根据情况的不同，分别采用历史成本法和公允价值法来对其进行计量。

### 5.5.3　森林碳汇资产价值的确认

要进行森林碳汇资产价值的确认，首先要衡量碳的多少。在碳计量方面，我国现有文献中，吴金友和李俊清（2010）提出了造林项目碳计量的方法，张小全等（2009）通过研究世界主要国家温室气体排放数据,从数据计量的角度系统地比较了林业碳计量方法和碳源碳汇结果。

林木树种、树龄的差异造成了森林碳汇量评估的技术难题。为解决这一问题,首先,森林培育企业可请森林资源资产评估方面的专家学者或专业评估师来评估森林碳汇量。其次,森林培育企业的财务人员在此基础上按照相关准则要求合理测算森林碳汇的价值量。最后,森林碳汇的价值分别由评估的实物数量和实物价值共同确认。森林培育企业继而向林业局申请,林业局对合格的价值评估签发认证凭证。森林培育企业拿着认证凭证到森林碳汇市场上交易,在此过程中获得的原始入账依据,如相关发票、合同、转账凭证记录了森林培育企业取得的收入。在评估过程中政府通过向森林培育企业发放补助支持森林碳汇发展。

### 5.5.4　森林碳汇相关会计账户的设置

在森林碳汇会计业务处理过程中,首先要设立相应的会计账户,主要有以下几个会计科目。

#### 1. 无形资产——森林碳汇

上文已经叙述森林碳汇作为资产类的合理性,通过无形资产——森林碳汇账户记录森林培育企业拥有或控制的森林碳汇资源价值,在交易过程中森林碳汇能为会计主体(森林培育企业)产生经济利益的流入。该账户的借方登记了森林碳汇资产价值的增加,价值增加可能是由森林培育企业行为或因交易市场上公允价值变动产生的。该账户的贷方登记了森林碳汇资产价值的减少,森林碳汇资产价值的减少通常由森林培育企业售出森林碳汇或森林碳汇市场上公允价值的增减变动造成。

#### 2. 资本公积——森林碳汇资本金

为了记录森林培育企业在生产经营过程中产出的归自己所有的森林碳汇,特别设置了资本公积——森林碳汇资本金。这个所有者权益账户所记录增加的森林碳汇最终会给森林培育企业带来经济利益,形成森林培育企业资本金的事项。该账户的借方登记森林碳汇权益资本金的减少,在森林碳汇交易过程中若实际的卖价低于森林碳汇账面价值,就会使所有者权益资本减少,差额需要计入损益类科目。该账户的贷方登记了森林培育企业在生产经营过程中森林碳汇权益资本金的增加。

#### 3. 公允价值变动损益——森林碳汇

公允价值变动损益科目反映了资产在持有期间因公允价值变动形成的损益。公允价值变动损益——森林碳汇科目反映了森林培育企业在生产经营森林碳汇时由于公允价值增减变化形成的损益。当森林碳汇损益减少时,需要计入公允价值变动损益——森林碳汇账户的借方,具体核算因公允价值变动而损失的金额或贷方转出金额。如果森林碳汇公允价值变动产生了损益或有金额从借方转出,这两种情况都会引起损益的增加,需要计入公允价值变动损益——森林碳汇账户的贷方。

### 4. 营业外收支——森林碳汇转让

营业外收入——森林碳汇转让收入作为损益类账户记录了森林碳汇市场上交易形成的经济利益流入。该账户的借方登记了因森林碳汇交易转让退回而产生的金额。该账户的贷方登记了因出售森林碳汇形成的经济利益流入。它主要涵盖资本公积——森林碳汇资本金的账面转销额，森林碳汇实际转让价格减去无形资产——森林碳汇账面价值、公允价值变动损益——森林碳汇账面价值的净额。本账户在会计期末需结转至本年利润，期末结转之后不会存在余额。

为了记录森林碳汇交易过程中发生的相关费用、营业税金及附加，设置了营业外支出——森林碳汇转让支出。这个账户的借方登记费用的增加，贷方登记相关费用的冲减，期末结转至本年利润账户后无余额。

会计期间内森林碳汇交易的净损益额为期末营业外收入——森林碳汇转让收入的余额和期末营业外支出——森林碳汇转让支出的余额二者之差，它是本年利润的重要组成部分。

## 5.5.5　森林碳汇的会计业务处理

### 1. 森林碳汇价值的初始确认

作为会计主体的森林培育企业在生产经营过程中对森林碳汇价值的确认需计入资本公积——森林碳汇资本金，因为这项无形资产由森林培育企业拥有或控制，森林碳汇给森林培育企业带来的经济利益流入归属股东。会计业务处理如下。

1）借：无形资产——森林碳汇。

2）贷：资本公积——森林碳汇资本金。

### 2. 重新确认森林碳汇价值

在会计主体进行森林碳汇交易的时候，如若无形资产公允价值增加，就会造成森林碳汇账面价值的上升，在会计上需要做以下的分录。

1）借：无形资产——森林碳汇。

2）贷：公允价值变动损益——森林碳汇。

若森林碳汇公允价值下降时，需进行反方向的会计业务处理。

### 3. 森林碳汇转让交易收益的实现

当森林碳汇交易中实现经济利益流入时，需要根据相关原始凭证（如进账单、销售合同、发票）记账。

如果实际交易价格比无形资产——森林碳汇账面价值大，差额需计入营业外收入——森林碳汇转让收入账户，同时转销资本公积——森林碳汇资本金账户。

如果实际的森林碳汇交易价格比账面价值低，应首先用差额冲减资本公积——森林碳汇资本金，再转销资本金的账面价。期末，需要把营业外收入——森林碳汇转让收入转至本年利润，结转之后，这个账户不会存在余额。

4. 森林碳汇交易过程中的费用处理

会计主体进行森林碳汇的交易时常会发生手续费、咨询费等费用，按照企业会计准则规定需先将增加的费用计入营业外支出——森林碳汇转让支出，期末再转进本年利润，营业外支出——森林碳汇转让支出不存在余额。

在确保经济发展的同时，生态资源的保护也是人类必须关注的重要一环。各国共同致力于减少化石燃料燃烧，提倡使用清洁能源，鼓励植树造林，限定碳排放量。在减少碳排放量进展的今天，衍生出碳排放权交易，这就需要确认资产负债，同时涉及会计科目的设置，各个森林培育企业均需要考虑如何构建合理的森林碳汇会计。

森林碳汇会计的确认有助于森林培育企业披露相关的会计信息，有利于投资者、政府部门进行相关决策。设计合理的碳交易信息披露框架，在财务报告中如实反映碳固定与碳信用。碳排放权交易本身就具有其特殊的复杂性，如交易森林培育企业的合格性标准，森林碳汇项目核准与审批的严格性等。因此，表外报告的存在能够更加充分详细地报告财务状况，也帮助投资者充分了解森林培育企业情况。因此，在表外对森林碳汇经营风险及重大事项的处理进行披露就显得尤为重要。森林碳汇会计的研究能促使森林培育企业开展更规范的经济业务结算，推动森林生态会计研究，也对实物中经济利益的流入有积极引导作用。

在未来，还有更多的措施和方法可能会被用来减少并控制碳排放，如实施碳税等措施，这些措施的实现均需要以合理的森林碳汇会计计量为基础，因此对森林碳汇会计开展深入研究势在必行。归根结底，都是为了人类的地球母亲。我们期待深入研究森林碳汇和扩大森林碳汇研究范围，通过会计学科为世界生态环境的治理和保护献上一分力量。

## 5.6　案例：中国碳强度与森林碳汇差异性

从工业革命以来，碳排放量急剧增加，全球气候变暖问题日趋严峻，通过减少碳排放、增加森林碳汇来缓和气候变化的问题已经成为国际社会的共识。由此碳排放量和森林碳汇作为碳减排工作的重要指标，二者之间一定存在着某种关系。那么研究同一时空内的碳排放强度和森林碳汇之间的关系就显得十分必要，为后续的碳减排措施及森林碳汇的增加提供了一定的数据支撑。而在前人的研究中把这两方面放在一起分析的文献较少，本章案例针对 31 个省（自治区、直辖市）的碳排放强度和森林碳汇进行分析。从"碳中和"的角度来看，对二者进行整体视角上的分析可以为政府减排政策的制定提供理论支持，从而具有实际意义。

### 5.6.1　研究方法

1. 碳强度

碳强度是指单位 GDP 的二氧化碳的排放量，其计算公式为

$$碳强度 = \frac{碳排放量}{GDP}$$

这里碳排放量的计算采用联合国政府间气候变化专门委员会推荐的碳排放系数法，其表达式为

$$C = \sum_{i=1}^{n} E_i C_i$$

式中，$E$ 为能源，$E_i$ 为第 $i$ 种类能源的最终消耗量；$C$ 为碳排放量，$C_i$ 为第 $i$ 种类能源的碳排放系数；$n$ 为使用过程中能产生二氧化碳的能源种类总数。由于各省份在编制统计年鉴时，区域能源消费总量以万吨标准煤为单位，这里在计算碳排放量时取 0.67 作为标准煤的碳排放折算系数。

2. 森林碳汇估算方法

森林蓄积量扩展法计算出的森林碳汇量是时间点数据，为了分析森林碳汇与碳排放强度的关系，这里需要计算一定时期内的森林碳汇，根据 5.1.1 节中的森林碳汇估算方法不难推导出一定时期内的森林碳汇计算公式：

$$\Delta C_F = (1 + \alpha + \beta) \times \gamma \times \delta \times \rho \times \sum \Delta V_i$$

3. K-means 分析法

聚类分析是将由抽象对象组成的总体分成由相似个体组成的类的一种方法。聚类和分类的不同之处在于聚类所要划分的类是未知的，它将数据划分到不同的类或者簇，所以同一个簇中的对象有很大的相似性，而不同簇之间有很大的相异性。聚类分析本质上是一个探索性分析，在分析最初不需要给出一个分类标准，它自身可以从样本数据出发自动进行分类。当分类方法不同时得到的结果也往往不同，通常的聚类分析主要是谱系聚类（hierarchical clustering）和快速聚类（K-means）及两阶段聚类（two-step）。在聚类过程中用来衡量样本个体间的相似性的指标可以分为两种：第一种是表示个体之间的接近程度的指标，如距离，距离越小的个体具有的相似性就越大，其代表有欧氏距离（Euclidean distance）、欧氏距离的平方（squared Euclidean distance）、切比雪夫距离（Chebyshev distance）、卡方距离（Chi-square measure）等；第二种是表示相似程度的指标，如相关系数，相关系数越大越具有相似性，最主要的代表是皮尔逊相关系数。

本案例采用 K-means 进行聚类，它属于非层次聚类方法的一种。首先人为选择某些个体的数据作为凝聚点，其次按照就近原则将其他个体的数据记录向凝聚点凝聚并计算出各个初始分类的均值，最后用得到的均值重新分类，如此循环直到凝聚点位置收敛。

## 5.6.2　碳排放和碳排放强度全国的地域差异性分析

本案例选取 2014 年的全国 30 个省（自治区、直辖市）（不包括港澳台和西藏）的统

计年鉴中的 GDP 数据和能源消费量数据，以及 5.1 节整理的 2014 年全国 30 个省（自治区、直辖市）的森林碳汇数据作为基础数据计算碳排放强度。

碳排放强度可以被看作是碳排放效率的指标，能反映出某一地区低碳经济的发展水平。对 2014 年全国 30 个省（自治区、直辖市）的碳排放量和碳排放强度的核算结果进行分析，能够反映出全国碳排放量的地域分布情况及碳排放效率的地域差异（图 5-4 和图 5-5）。将两组核算数据进行对比，能够直观地看出全国各地区的产业结构与碳排放效率。

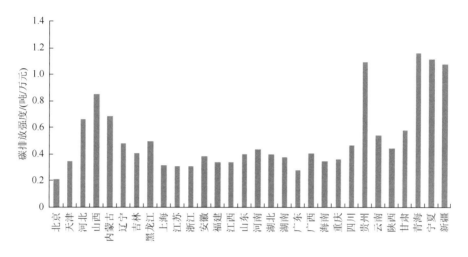

图 5-4　2014 年全国 30 个省（自治区、直辖市）的碳排放强度

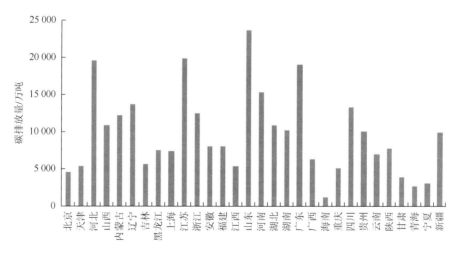

图 5-5　2014 年全国 30 个省（自治区、直辖市）的碳排放量

由图 5-4 和图 5-5 分析可知，2014 年山东的碳排放量为 23 692.942 万吨，居于全国第一位，说明山东是碳排放大省；河北、江苏和广东的碳排放量比较接近，而且居高不下，这三个工业和经济大省的碳排放量接近 20 000 万吨；河南作为中国的经济大省，碳排

放量为 15 336.3 万吨；内蒙古、辽宁、浙江和四川这四个省区的碳排放量为 10 000 万～15 000 万吨；山西、湖北、湖南、贵州和新疆这五个省区的碳排放量为 10 000 万吨左右；广西、云南、上海、黑龙江、陕西、安徽和福建的碳排放量为 5000 万～10 000 万吨；重庆、江西、北京、天津和吉林的碳排放量为 5000 万吨左右；海南、青海、宁夏和甘肃的碳排放量低于 5000 万吨。

青海的碳排放强度居于首位，为 1.16 吨/万元，因宁夏、贵州和新疆的 GDP 比较低，故这三个省区的碳排放强度比较高，分别为 1.122 041 吨/万元、1.096 997 吨/万元和 1.078 397 吨/万元；山西的碳排放强度为 0.8571 吨/万元；从图 5-4 中可以得到剩下省（自治区、直辖市）的碳排放强度大小的比较，即内蒙古的碳排放强度＞河北的碳排放强度＞甘肃的碳排放强度＞云南的碳排放强度＞黑龙江的碳排放强度＞辽宁的碳排放强度＞四川的碳排放强度＞陕西的碳排放强度＞河南的碳排放强度＞吉林的碳排放强度＞广西的碳排放强度＞湖北的碳排放强度＞山东的碳排放强度＞安徽的碳排放强度＞湖南的碳排放强度＞重庆的碳排放强度＞海南的碳排放强度＞天津的碳排放强度＞江西的碳排放强度＞福建的碳排放强度＞上海的碳排放强度＞浙江的碳排放强度＞江苏的碳排放强度＞广东的碳排放强度＞北京的碳排放强度。

对比全国各地区的碳排放强度数据和碳排放量数据可以发现，湖南、山东等人口密集地区碳排放量处于全国的中等位置但是其碳排放强度较低，这说明它的产业结构较为合理，低碳经济发展水平较高。以旅游业、农业、轻工业等为主要来源的省份，其碳排放量和碳排放强度都比较低，如重庆等地。以重工业为主要来源的省份，其碳排放量高而且碳排放强度不低，如河北等地。经济比较发达的地区碳排放量较高，但是碳排放强度较低，如江苏等地。

探究碳排放量和碳排放强度都较高的地区与碳排放量及碳排放强度都较低的地区，可以发现这两种类型的地区的产业结构及能源消费结构较为落后，需要采取相对应的措施和政策进行合理化调整。

## 5.6.3　森林碳汇的地域差异性分析

不同地区的森林碳汇量也有很大的差距，森林碳汇量的高低会受到地理环境因素的制约、政府政策及森林碳汇项目的实施进展程度等的影响。2014 年全国 30 个省（自治区、直辖市）森林碳汇核算结果如图 5-6 所示。

2014 年全国森林碳汇量最多的地区是云南，其森林碳汇量为 217 240 万吨，因为云南主要以旅游业为主，有大片植被林；黑龙江森林碳汇量以 205 894 万吨位居第二位，四川、内蒙古、吉林等省区的森林面积相比于其他省（自治区、直辖市）更加密集，故其森林碳汇量相对也比较高。从图 5-6 中可以直观地看出全国森林碳汇的分布情况，云南、黑龙江、四川、内蒙古和吉林等省区由于森林资源较为丰富，它们的森林碳汇量也位居前列；全国森林碳汇量较低的省（自治区、直辖市）主要集中在经济相对比较靠前的上海、天津和北京等地。

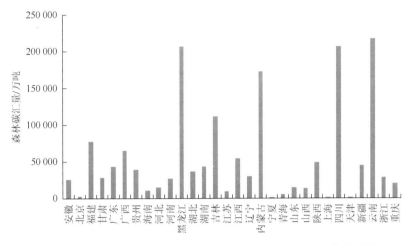

图 5-6 2014 年全国 30 个省（自治区、直辖市）森林碳汇核算结果

### 5.6.4 实证聚类分析和结论

为了更全面地分析全国各地森林碳汇和碳排放强度的地域差异，本书运用碳排放强度和森林碳汇两个指标，进行二维 K-means 分析。这里利用碳排放强度与森林碳汇散点图来确定聚类分析的初始中心点。在制作散点图之前，先对两组样本数据进行标准化处理，从而避免极端值对分类产生不良影响。对两个指标的值进行排序并赋值，从高到低依次为 30~1。图 5-7 中，横轴表示森林碳汇量，纵轴表示碳排放强度。

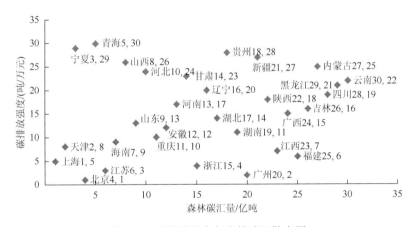

图 5-7 碳排放强度与森林碳汇散点图

根据碳排放强度与森林碳汇散点图的分布情况，可以分析得出全国 30 个省（自治区、直辖市）分为以下四类地区：第一类地区是低森林碳汇地区和低碳排放强度地区（A），第二类地区是高森林碳汇地区和低碳排放强度地区（B），第三类地区是高森林碳汇地区和高碳排放强度地区（C），第四类地区是低森林碳汇地区和高碳排放强度地区（D）。

根据上述的分类细节和各地区的碳排放强度与森林碳汇散点图，SPSS 软件自动选中上海、广州、云南和青海四个地区作为聚类分析的初始中心点，见表 5-8。

表 5-8　初始聚类分析中心

| 项目 | A | B | C | D |
|---|---|---|---|---|
| 森林碳汇量 | 1.00 | 20.00 | 30.00 | 5.00 |
| 碳排放强度 | 5.00 | 2.00 | 22.00 | 30.00 |

在确定初始聚类分析的中心点的条件下，本书利用 SPSS 软件，对全国 30 个省（自治区、直辖市）进行聚类分析，分析的结果见表 5-9。

表 5-9　全国 30 个省（自治区、直辖市）聚类分析结果

| 地区 | 聚类 | 距离 | 地区 | 聚类 | 距离 |
|---|---|---|---|---|---|
| 北京 | A | 6.240 | 吉林 | C | 4.377 |
| 广东 | B | 6.136 | 河南 | D | 7.916 |
| 江苏 | A | 4.010 | 陕西 | C | 4.545 |
| 浙江 | B | 5.459 | 四川 | C | 2.531 |
| 上海 | A | 5.121 | 辽宁 | D | 6.903 |
| 福建 | B | 6.596 | 黑龙江 | C | 3.187 |
| 江西 | B | 4.401 | 云南 | C | 4.434 |
| 天津 | A | 3.847 | 甘肃 | D | 3.522 |
| 海南 | A | 2.378 | 河北 | D | 1.075 |
| 重庆 | A | 6.078 | 内蒙古 | C | 4.760 |
| 湖南 | B | 3.014 | 山西 | D | 3.187 |
| 安徽 | B | 7.815 | 新疆 | C | 8.225 |
| 山东 | A | 6.841 | 贵州 | D | 7.884 |
| 湖北 | B | 6.240 | 宁夏 | D | 9.009 |
| 广西 | C | 5.693 | 青海 | D | 7.963 |

各种类型的地区间的中心点距离见表 5-10。

表 5-10　最终聚类中心点距离

| 项目 | A | B | C | D |
|---|---|---|---|---|
| A | 0 | 13.038 | 24.194 | 18.365 |
| B | 13.038 | 0 | 14.297 | 18.381 |
| C | 24.194 | 14.297 | 0 | 15.590 |
| D | 18.365 | 18.381 | 15.590 | 0 |

经过 K-means 分析的迭代分析后，最终确定聚类分析的中心点，见表 5-11。

表 5-11 最终聚类分析中心点

| 项目 | A | B | C | D |
|---|---|---|---|---|
| 森林碳汇量 | 5.71 | 18.71 | 25.88 | 10.88 |
| 碳排放强度 | 7.00 | 8.00 | 20.38 | 24.63 |

从最终分析出来的结果可以发现，北京、江苏、上海、天津、海南、重庆和山东是第一类地区，即低森林碳汇地区和低碳排放强度地区（A）；广东、浙江、福建、江西、湖南、安徽和湖北是第二类地区，即高森林碳汇地区和低碳排放强度地区（B）；广西、吉林、陕西、四川、黑龙江、云南、内蒙古和新疆是第三类地区，即高森林碳汇地区和高碳排放强度地区（C）；河南、辽宁、甘肃、河北、山西、贵州、宁夏和青海是第四类地区，即低森林碳汇地区和高碳排放强度地区（D）。

低森林碳汇地区和低碳排放强度地区（A）包括北京、江苏、上海、天津、海南、重庆和山东。这些地区拥有合理的产业结构，森林占地面积不高，所以碳排放强度和森林碳汇量都处于较低的位置。在这些地区实现节能减排的措施时，不仅要加强植树造林建设还应保持低碳经济的发展水平。

高森林碳汇地区和低碳排放强度地区（B）的地域分布为我国中部与南部地区。第一产业和第三产业是它们产业结构的主要构成。第三产业较为发达的地区有广东、浙江和福建。而安徽、湖北等地由于森林资源较为丰富且工业化经济较弱，森林碳汇量较高。那么后期随着经济的全面发展，要注意使用绿色能源，做好节能减排措施，同时要保证原有的森林碳汇稳定增长。

高森林碳汇地区和高碳排放强度地区（C）主要集中在广西、吉林、陕西、四川、黑龙江、云南、内蒙古和新疆。通过分析发现，这些地区主要以第二产业为主，产业较为单一，产业结构不均衡，因此要想降低碳排放强度就需要优化产业结构，促进低碳经济的发展。

低森林碳汇地区和高碳排放强度地区（D）主要集中在河南、辽宁、甘肃、河北、山西、贵州、宁夏和青海，其产业结构以重化工业为主，碳排放效率较低。众所周知山西等地拥有我国大部分的化石能源，在开采和加工过程中会产生巨大的碳排放量。与此同时，由于地理位置等因素，它们的森林面积少，从而森林碳汇量低。这些地区的减排工作将最难取得成效，要想改善这个情况，在扩大森林面积的同时，要优化化石能源开采技术，争取从源头治理，从而实现低碳经济。

通过以上的分析，可知各地区的碳排放强度地域差异明显，北京、广东、江苏、浙江、上海和福建等地区由于产业结构与地域性管控等因素，其碳排放强度处于全国的较低水平。山西、新疆、贵州、宁夏和青海等地区由于煤矿等资源的开采与碳排放强度的测算误差等外在估算因素，其碳排放强度处于全国的较高水平。

本书根据本章的实证分析结果，以及中国的实际国情，为我国相关部门的碳减排工作提供理论依据，具体如下。

一是促进低碳经济发展，降低碳排放强度。首先要对第二产业进行优化转型，从生产设备和生产技术及生产要素这三方面入手降低生产活动中产生的碳排放量，从而保证经济的增长；其次，碳排放量不增甚至减少，打破正相关的关系。二是提高林业发展水平，增加森林碳汇。政府可以从政策和资金上给予林业发展更多的帮助，也可以利用金融手段提高造林的积极性。此外，在树种的选取、森林管理的技术上也要进行升级，让森林产生最大的森林碳汇量。三是加快建设碳交易市场，健全碳交易相关制度，尽快实现地域优势互补。

# 参 考 文 献

曹开东. 2008. 中国林业碳汇市场融资交易机制研究. 北京林业大学硕士学位论文.

陈元媛，温作民. 2016. 森林资源培育企业森林碳汇的会计确认. 会计之友，（18）：45-48.

顾艺，陈健. 2015. 基于全生命周期的秸秆家具产品碳足迹体系研究. 家具与室内装饰，（1）：26，27.

胡初枝，黄贤金，钟太洋，等. 2008. 中国碳排放特征及其动态演进分析. 中国人口·资源与环境，18（3）：38-42.

黄蕊，王铮，刘慧雅，等. 2012. 中国中部六省的碳排放趋势研究. 经济地理，32（7）：12-17.

黄彦. 2012. 低碳经济时代下的森林碳汇问题研究. 西北林学院学报，27（3）：260-268.

康凯丽. 2012. 基于区域森林碳汇能力的我国碳汇林业发展研究. 北京林业大学硕士学位论文.

赖金花. 2016. 基于森林碳汇视角下的林业企业碳会计核算与实践研究. 行政事业资产与财务，（24）：63，64.

李建豹，张志强，曲建升，等. 2014. 中国省域$CO_2$排放时空格局分析. 经济地理，34（9）：158-165.

李建华. 2008. 碳汇林的交易机制、监测及成本价格研究. 南京林业大学博士学位论文.

李怒云，王春峰，陈叙图. 2008. 简论国际碳和中国林业碳汇交易市场. 中国发展，8（3）：9-12.

李淑霞，周志国. 2010. 森林碳汇市场的运行机制研究. 北京林业大学学报（社会科学版），9（2）：88-93.

李怨云，陆霁. 2012. 林业碳汇与碳税制度设计之我见. 中国人口·资源与环境，22（5）：110-113.

李卫兵，陈思. 2011. 我国东中西部二氧化碳排放的驱动因素研究. 华中科技大学学报（社会科学版），25（3）：111-116.

李想，王仲智，李争艳，等. 2011. 江苏省能源碳排放现状及县域聚类分析. 世界地理研究，20（3）：82-88.

李智慧. 2011. 林业企业碳会计核算研究. 中南大学硕士学位论文.

刘豪. 2014. 广东省森林碳汇市场研究. 北京林业大学博士学位论文.

刘豪，高岚. 2013. 广东省森林碳汇交易供需要素分析. 林业经济，35（10）：48-51.

鲁丰先，张艳，秦耀辰，等. 2013. 中国省级区域碳源汇空间格局研究. 地理科学进展，（12）：1751-1759.

孟奇. 2014. 森林碳汇的会计确认和计量研究. 浙江农林大学硕士学位论文.

沈月琴，王枫，张耀启，等. 2013. 中国南方杉木森林碳汇供给的经济分析. 林业科学，49（9）：140-147.

王锐，何政伟，于欢，等. 2011. 重庆市渝北区森林碳汇量估算研究. 四川林业科技，32（5）：52-55.

吴金友，李俊清. 2010. 造林项目碳计量方法. 东北林业大学学报，38（6）：115，116，137.

习近平. 2017. 决胜全面建成小康社会 夺取新时代中国特色社会主义伟大胜利——在中国共产党第十九次全国代表大会上的报告.《党的十九大精神学习手册》.

肖序，周志方. 2006. 论环境会计的资源流成本核算在大型企业中的应用. 广州：中国会计学会2006年学术年会：223-233.

薛龙飞，罗小锋，李兆亮，等. 2017. 中国森林碳汇的空间溢出效应与影响因素——基于大陆31个省（市、区）森林资源清查数据的空间计量分析. 自然资源学报，32（10）：1744-1754.

尹敬东，周兵. 2010. 碳交易机制与中国碳交易模式建设的思考. 南京财经大学学报，（2）：6-10.

袁立嘉，唐玉凤，伍格致. 2016. 湖南省碳排放强度与森林碳汇地域差异性分析. 中南林业科技大学学报，36（7）：97-102.

翟石艳，王铮，马晓哲，等. 2011. 区域碳排放量的计算——以广东省为例. 应用生态学报，22（6）：1543-1551.

张小全，武曙红. 2010. 林业碳汇项目理论与实践. 北京：中国林业出版社.

张小全，朱建华，侯振宏. 2009. 主要发达国家林业有关碳源汇及其计量方法与参数. 林业科学研究，22（2）：285-293.

张小有. 2013. 森林碳汇视角下林业企业碳会计核算与实践研究. 北京林业大学博士学位论文.

张英. 2012. 区域低碳经济发展模式研究. 山东师范大学博士学位论文.

钟茂初，孔元，宋树仁. 2011. 发展追赶过程中收入差距与环境破坏的动态关系——对KC和EKC关系的模型与实证分析. 软科学，25（2）：1-6.

Fodha M，Zaghdoud O. 2010. Economic growth and pollutant emissions in Tunisia: an empirical analysis of the environmental Kuznets curve. Energy Policy，38（2）：1150-1156.

Galeotti M，Lanza A，Pauli F. 2006. Reassessing the environmental Kuznets curve for $CO_2$ emission: a robustness exercise. Ecological Economics，57（1）：152-163.

Hsiao F S T，Hsiao M-C W. 2006. FDI，exports，and GDP in east and southeast Asia—Panel data versus time-series causality analyses. Journal of Asian Economics，17（6）：1082-1106.

Locatelli B，Pedroni L. 2004. Accounting methods for carbon credits: impacts on the minimum area of forestry projects under the clean development mechanism. Climate Policy，4（2）：193-204.

Martíne-Zarzoso I，Bengochea-Morancho A. 2004. Pooled mean group estimation of an environmental Kuznets curve for $CO_2$. Economics Letters，82（1）：121-126.

Masih A M M，Masih R. 1996. Energy consumption，real income and temporal causality: results from a multi-country study based on cointegration and error-correction modeling techniques. Energy Economics，18（3）：165-183.

Murray B C. 2000. Carbon values，reforestation，and "perverse" incentives under the Kyoto protocol: an empirical analysis. Mitigation and Adaptation Strategies for Global Change，5（3）：271-295.

Panayotou T. 1997. Demystifying the environmental Kuznets curve: turning a black box into a policy tool. Environment and Development Economics，2（4）：465-484.

Spring D，Kennedy J，Nally R M. 2005. Optimal management of a flammable forest providing timber and carbon sequestration benefits: an Australian case study. Australian Journal of Agricultural and Resource Economics，49（3）：303-320.

Stainback G A，Alavalapati J R R. 2002. Economic analysis of slash pine forest carbon sequestration in the southern U. S. . Journal of Forest Economics，8（2）：105-117.

Stern D I. 2010. Between estimates of the emissions-income elasticity. Ecological Economics，69（11）：2173-2182.

van Kooten G C，Binkley C S，Delcourt G. 1995. Effect of carbon taxes and subsidies on optimal forest rotation age and supply of carbon services. American Journal of Agricultural Economics，77（2）：365-374.

Yoshimoto A，Marušák R. 2007. Evaluation of carbon sequestration and thinning regimes within the optimization framework for forest stand management. European Journal of Forest Research，126（2）：315-329.

# 第6章 森林生产情况分析

本章针对森林资源的生产情况进行分析，首先，简要分析森林生产力内涵，在此基础上分析林业经济投入产出情况及林业经济发展影响因素；其次，分析林业生产要素配置情况及林业生产动态变化，再分析林业生产要素配置效率；再次，利用 Tobit 模型分析林业投入产出效率，并测算林业生产技术效率；最后，综合以上内容，提出相应的政策建议。此外，在案例部分分析森林资源产业结构协调及优化。

## 6.1 森林生产力分析

### 6.1.1 森林生产力内涵[①]

关于森林生产力的内涵本书参照周洁敏和寇文正（2011）等的概念界定，广义的森林生产力定义为森林提供产品和效益的能力，包括物质产品、生态产品及文化产品。通用的森林生产力定义为森林提供物质产品的能力，包括木材、食品、微生物等。狭义的森林生产力定义为森林提供木材的能力。

现实森林生产力与期望森林生产力。由于森林经营周期长，森林在外力的干扰下呈现较强的动态变化。利用森林的可培育性，可以在自然生长的基础上，强化其提供产品的能力，故又可把森林生产力划分为现实森林生产力和期望森林生产力。

现实森林生产力是指在依据现实森林资源状况、生产条件、经营强度做出的森林生产力评价。期望森林生产力是指在考虑森林面积增加及集约经营强度提高的条件下森林可以达到的生产力。期望森林生产力是森林理论上的生产力，在经营强度不断提高、科学技术不断进步的前提下，森林可以日益逼近的生产力水平。

区域森林生产力。区域森林生产力是在一定面积上进行测定和评估的，评估的范围不同，测定和评估的指标及方法也会不同。以林分为单位评估森林生产力常常借助立地指数表和收获量来实现，但由于前期制表工作量大、工序繁杂，很难适应面积较大的区划评估，而且不适宜动态变化较大的森林的评估。

### 6.1.2 国内林业经济投入产出情况分析

1. 林业产出时空分布特征

分析林业产出时空分布特征，即要对林业产出进行空间计量分析，先要进行空间权重矩

---

① 周洁敏和寇文正，2011。

阵的设定，空间权重矩阵主要包括邻近矩阵（即相邻矩阵）及距离矩阵，常用的距离矩阵有地理距离矩阵和经济距离矩阵，本书采用相邻矩阵来对变量进行局部的空间相关性分析。

首先进行林业产出的全局空间相关性检验，检验方法主要有 Moran's $I$ 和吉尔里指数，其计算公式为

$$\text{Moran's } I（I）: \quad I = \frac{\sum_{i=1}^{n}\sum_{j=1}^{n}w_{ij}(x_i - x)(x_j - x)}{S^2\sum_{i=1}^{n}\sum_{j=1}^{n}w_{ij}}, \quad -1 \leqslant I \leqslant 1$$

式中，$S^2 = \dfrac{\sum_{i=1}^{n}(x_i - \bar{x})}{n}$ 为样本方差；$w_{ij}$ 为空间权重矩阵的 $(i, j)$；$\sum_{i=1}^{n}\sum_{j=1}^{n}w_{ij}$ 为所有空间权重之和；$n$ 为地区数；$I$ 的取值范围为 $-1 \leqslant I \leqslant 1$，$I>0$ 表示正相关，$I<0$ 表示负相关，当 $I$ 越接近 1 时，表示地区间的雾霾污染越呈现空间正相关性；当 $I$ 越接近 $-1$ 时，表示地区间的雾霾污染越呈现空间负相关性；当 $I$ 接近 0 时，表示地区间的雾霾污染不存在空间相关性。

$$\text{吉尔里指数（}C\text{）}: \quad C = \frac{(n-1)\sum_{i=1}^{n}\sum_{j=1}^{n}w_{ij}(x_i - x_j)^2}{2\left(\sum_{i=1}^{n}\sum_{j=1}^{n}w_{ij}\right)\left[\sum_{i=1}^{n}(x_i - \bar{x})^2\right]}, \quad 0 \leqslant C \leqslant 2$$

其中，$C>1$ 表示负相关，$C=1$ 呈现出不相关，$C<1$ 表示正相关。

林业产出采用林业总产值来衡量，表 6-1 表示林业产出的全局空间相关性检验结果，主要计算了每一年的 Moran's $I$ 及吉尔里指数，并在经济距离矩阵基础上再次进行检验。具体结果见表 6-1。

表 6-1　林业产出的全局空间相关性检验结果

| 年份 | 相邻矩阵 | | 经济距离矩阵 | |
| --- | --- | --- | --- | --- |
| | Moran's $I$（$I$） | 吉尔里指数（$C$） | Moran's $I$（$I$） | 吉尔里指数（$C$） |
| 2006 | 0.325*** (3.000) | 0.564*** (−3.219) | 0.231*** (2.862) | 0.731*** (−2.864) |
| 2007 | 0.299*** (2.787) | 0.589*** (−3.017) | 0.229*** (2.849) | 0.732*** (−2.850) |
| 2008 | 0.310*** (2.883) | 0.574*** (−3.119) | 0.211*** (2.651) | 0.749*** (−2.670) |
| 2009 | 0.288*** (2.722) | 0.599*** (−2.890) | 0.218*** (2.746) | 0.737*** (−2.791) |
| 2010 | 0.359*** (3.279) | 0.532*** (−3.466) | 0.190*** (2.416) | 0.764*** (−2.509) |
| 2011 | 0.367*** (3.344) | 0.520*** (−3.558) | 0.178** (2.282) | 0.776*** (−2.386) |
| 2012 | 0.307*** (2.868) | 0.578*** (−3.069) | 0.213*** (2.685) | 0.739*** (−2.767) |
| 2013 | 0.283*** (2.668) | 0.595*** (2.941) | 0.224*** (2.801) | 0.729*** (−2.878) |
| 2014 | 0.278*** (2.622) | 0.598*** (−2.919) | 0.228*** (2.849) | 0.726*** (−2.905) |
| 2015 | 0.335*** (3.121) | 0.551*** (−3.222) | 0.244*** (3.038) | 0.720*** (−2.968) |

**、***分别表示通过 5%、1%的显著性检验；括号内的值为 $t$ 统计量

通过观察 2006～2015 年在相邻矩阵及经济距离矩阵基础上的林业产出的 Moran's $I$ 值和吉尔里指数值发现，我国林业产出的 Moran's $I$ 值均大于 0，而吉尔里指数值均小于 1，且林业产出的指数都通过了 10% 的显著性检验，表明我国林业产出呈现出显著的集聚现象，我国的林业产出存在明显的全局空间自相关性。

其次进行局部空间相关性分析。在总体情况检验的基础上，本书对局部进行空间相关性检验，方法主要是 Moran 散点图。Moran 散点图旨在描述观测值与它的相邻观测值之间的关系，根据其观测值所在的象限被划分为：第一象限（HH）表示为高高集聚、第二象限（LH）表示为低高集聚、第三象限（LL）表示为低低集聚和第四象限（HL）表示为高低集聚。本书在全局空间自相关性检验的基础上运用 Moran 散点图来检验林业产出的空间差异性，鉴于篇幅限制，本书仅给出 2006 年及 2015 年的 Moran 散点图（图 6-1）。

由图 6-1 可知，林业产出在整体上呈现集聚态势，且空间分布十分不平衡，从林业产出的 Moran 散点图可以看出，我国大多数的省份主要处于第一象限，少量的省份分布在第二、第三及第四象限，因此，我国的林业产出主要表现为高高集聚。

### 2. 林业生产要素时空分布特征

分析林业生产要素时空分布特征时，先要确定林业产出的生产要素指标。本书确定国内林业经济投入要素主要有劳动力要素、资本要素及土地要素，其中劳动力要素投入用各省份林业系统年末人数来衡量，资本要素投入用各省份林业投资完成情况来衡量，土地要素投入用各省份的林业面积来衡量。为分析其时空分布特征，本书对每个生产要素进行空间相关性检验。

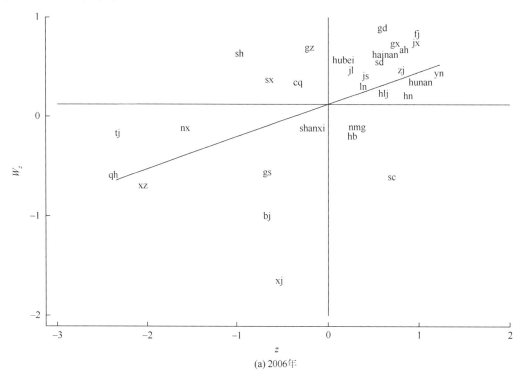

(a) 2006年

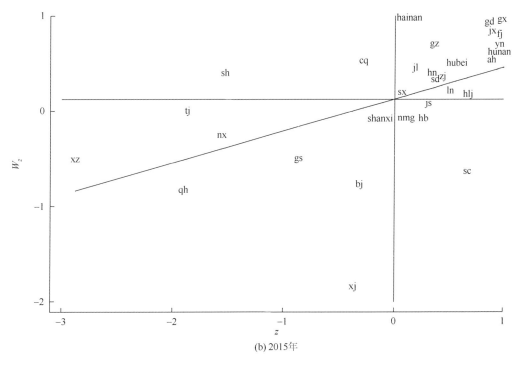

(b) 2015年

图 6-1  2006 年 Moran 散点图与 2015 年 Moran 散点图

（a）中 Moran's $I$ = 0.325；（b）中 Moran's $I$ = 0.335

（1）劳动力要素投入的时空分布特征

首先对劳动力要素的全局空间相关性进行检验，采用相邻矩阵及地理距离矩阵进行分析，具体分析结果见表 6-2。

表 6-2  劳动力要素投入的全局空间相关性检验

| 年份 | 相邻矩阵 | | 地理距离矩阵 | |
| --- | --- | --- | --- | --- |
| | Moran's $I$（$I$） | 吉尔里指数（$C$） | Moran's $I$（$I$） | 吉尔里指数（$C$） |
| 2006 | 0.199** <br>（1.974） | 0.657*** <br>（−2.438） | −0.166*** <br>（−2.468） | 1.131*** <br>（2.468） |
| 2007 | 0.192** <br>（1.914） | 0.673*** <br>（−2.339） | −0.162*** <br>（−2.380） | 1.126*** <br>（2.375） |
| 2008 | 0.181** <br>（1.830） | 0.675** <br>（−2.298） | −0.165*** <br>（−2.448） | 1.129*** <br>（2.439） |
| 2009 | 0.221** <br>（2.157） | 0.650*** <br>（−2.503） | −0.164*** <br>（−2.427） | 1.128*** <br>（2.403） |
| 2010 | 0.227** <br>（2.229） | 0.631*** <br>（−2.590） | −0.170*** <br>（−2.557） | 1.133*** <br>（2.518） |
| 2011 | 0.251*** <br>（2.429） | 0.613*** <br>（−2.722） | −0.155** <br>（−2.265） | 1.118** <br>（2.237） |
| 2012 | 0.245*** <br>（2.412） | 0.613*** <br>（−2.649） | −0.173*** <br>（−2.641） | 1.136*** <br>（2.601） |

续表

| 年份 | 相邻矩阵 | | 地理距离矩阵 | |
| --- | --- | --- | --- | --- |
| | Moran's $I$（$I$） | 吉尔里指数（$C$） | Moran's $I$（$I$） | 吉尔里指数（$C$） |
| 2013 | $0.301^{***}$<br>（2.860） | $0.586^{***}$<br>（−2.903） | $−0.164^{***}$<br>（−2.452） | $1.128^{***}$<br>（2.426） |
| 2014 | $0.258^{***}$<br>（2.477） | $0.610^{***}$<br>（−2.770） | $−0.151^{**}$<br>（−2.183） | $1.116^{**}$<br>（2.185） |
| 2015 | $0.298^{***}$<br>（2.815） | $0.596^{***}$<br>（−2.883） | $−0.156^{**}$<br>（−2.281） | $1.121^{**}$<br>（2.276） |

**、***分别表示通过 5%、1%的显著性检验；括号内的值为 $t$ 统计量

通过观察 2006～2015 年在相邻矩阵及地理距离矩阵基础上的劳动力要素的 Moran's $I$ 值及吉尔里指数值表明，相邻矩阵基础上的我国劳动力要素的 Moran's $I$ 值都大于 0，且吉尔里指数值都小于 1，都通过了 1%的显著性检验；地理距离矩阵基础上的我国劳动力要素的 Moran's $I$ 值大于−1 小于 0，吉尔里指数值大于 1，且通过了显著性检验，表明我国劳动力要素呈现出显著的集聚现象，我国的劳动力要素存在明显的全局空间自相关性。

其次进行劳动力要素的局部空间相关性检验。在全局空间相关性的基础上对劳动力要素运用 Moran 散点图，检验劳动力要素的空间差异性，由于篇幅限制，本书给出 2006 年及 2015 年的 Moran 散点图（图 6-2）。

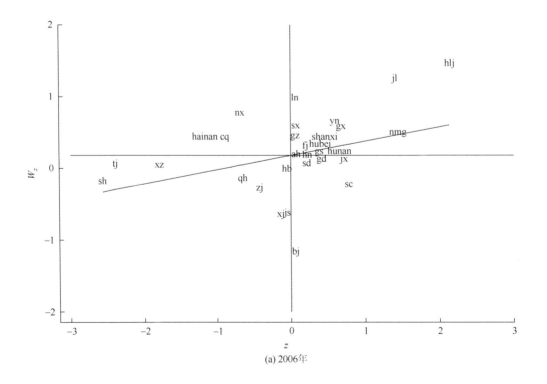

(a) 2006年

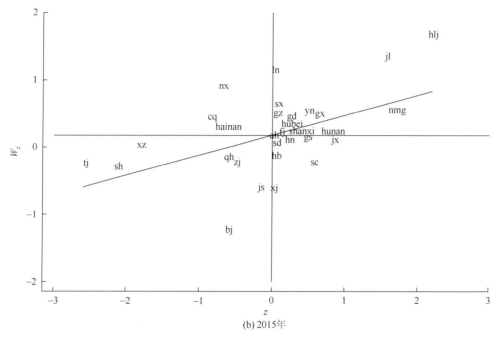

(b) 2015 年

图 6-2　2006 年 Moran 散点图与 2015 年 Moran 散点图

（a）中 Moran's $I$ = 0.199；（b）中 Moran's $I$ = 0.298

图 6-2 可知，劳动力要素投入在整体上呈现集聚态势，且空间分布十分不平衡，从劳动力要素投入的 Moran 散点图中可以看出，大多数的省份主要呈现出高高集聚态势。

（2）资本要素投入的时空分布特征

首先本部分对资本要素的全局空间相关性进行检验，采用相邻矩阵和经济距离矩阵进行分析，具体分析结果见表 6-3。

表 6-3　资本要素的全局空间相关性检验

| 年份 | 相邻矩阵 | | 经济距离矩阵 | |
|---|---|---|---|---|
| | Moran's $I$（$I$） | 吉尔里指数（$C$） | Moran's $I$（$I$） | 吉尔里指数（$C$） |
| 2006 | 0.058<br>（0.770） | 0.891<br>（−0.791） | 0.087*<br>（1.316） | 0.900<br>（−1.065） |
| 2007 | 0.202**<br>（1.949） | 0.804*<br>（−1.499） | 0.063<br>（1.026） | 0.945<br>（−0.582） |
| 2008 | 0.187**<br>（1.812） | 0.773**<br>（−1.758） | 0.018<br>（0.545） | 0.954<br>（−0.486） |
| 2009 | 0.168**<br>（1.660） | 0.750**<br>（−1.907） | 0.047<br>（0.859） | 0.909<br>（−0.967） |
| 2010 | 0.192**<br>（1.870） | 0.739**<br>（−1.972） | 0.031<br>（0.690） | 0.907<br>（−0.992） |
| 2011 | −0.018<br>（0.129） | 0.830<br>（−1.256） | 0.142**<br>（1.891） | 0.801**<br>（−2.121） |
| 2012 | −0.063<br>（−0.250） | 0.878<br>（−0.898） | 0.131**<br>（1.786） | 0.797**<br>（−2.152） |

续表

| 年份 | 相邻矩阵 | | 经济距离矩阵 | |
| --- | --- | --- | --- | --- |
| | Moran's $I$（$I$） | 吉尔里指数（$C$） | Moran's $I$（$I$） | 吉尔里指数（$C$） |
| 2013 | −0.095<br>（−0.513） | 0.916<br>（−0.624） | 0.161**<br>（2.103） | 0.773***<br>（−2.411） |
| 2014 | −0.075<br>（−0.350） | 0.899<br>（−0.747） | 0.217***<br>（2.712） | 0.719***<br>（−2.984） |
| 2015 | −0.065<br>（−0.265） | 0.882<br>（−0.853） | 0.171**<br>（2.227） | 0.756***<br>（−2.586） |

*、**、***分别表示通过 10%、5%、1%的显著性检验；括号内的值为 $t$ 统计量

通过观察 2006～2015 年在相邻矩阵及经济距离矩阵基础上的资本要素的 Moran's $I$ 值及吉尔里指数值可知，相邻矩阵基础上我国的资本要素的 Moran's $I$ 值在 2010 年之前大于 0，在 2010 年之后小于 0，而吉尔里指数值均小于 1，但资本要素的吉尔里指数和莫兰指数部分通过了 10%的显著性检验；经济距离矩阵基础上我国的资本要素的 Moran's $I$ 值大于 0，吉尔里指数值小于 1，且部分通过了显著性检验，表明我国资本要素呈现出集聚现象，我国的资本要素存在显著全局空间自相关性。

其次检验资本要素的局部空间相关性，对资本要素运用 Moran 散点图检验其空间差异性，鉴于篇幅限制，本书给出了 2006 年及 2015 年的 Moran 散点图（图 6-3）。

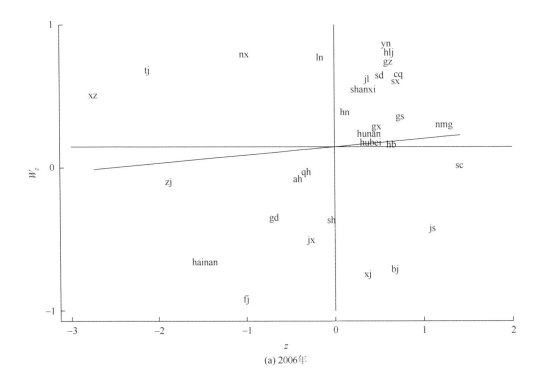

(a) 2006年

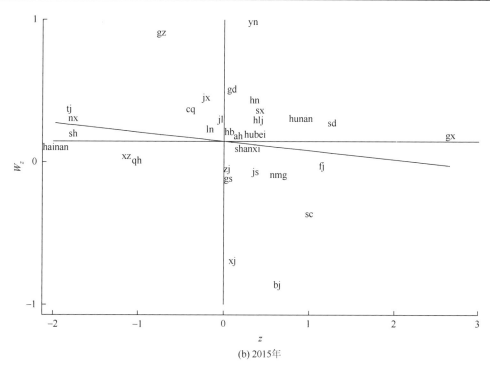

图 6-3 2006 年 Moran 散点图与 2015 年 Moran 散点图

（a）中 Moran's $I$ = 0.058；（b）中 Moran's $I$ = 0.065

由图 6-3 可知，资本要素投入在整体上呈现集聚态势，且空间分布十分不平衡，从资本要素投入的 Moran 散点图中可以看出，大多数的省份呈现出高高集聚的态势。

（3）土地要素的时空分布特征

首先对土地要素的全局空间相关性进行检验，采用相邻矩阵及地理距离矩阵进行分析，具体分析结果见表 6-4。

表 6-4 土地要素的全局空间相关性检验

| 年份 | 相邻矩阵 | | 地理距离矩阵 | |
|---|---|---|---|---|
| | Moran's $I$（$I$） | 吉尔里指数（$C$） | Moran's $I$（$I$） | 吉尔里指数（$C$） |
| 2006 | 0.276*** (2.801) | 0.577*** (−2.676) | −0.121** (−1.728) | 1.083* (1.631) |
| 2007 | 0.276*** (2.801) | 0.577*** (−2.676) | −0.121** (−1.728) | 1.083* (1.631) |
| 2008 | 0.276*** (2.801) | 0.577*** (−2.676) | −0.121** (−1.728) | 1.083* (1.631) |
| 2009 | 0.307*** (3.007) | 0.554*** (−2.940) | −0.120** (−1.674) | 1.084* (1.631) |
| 2010 | 0.307*** (3.007) | 0.554*** (−2.940) | −0.120** (−1.674) | 1.084* (1.631) |
| 2011 | 0.307*** (3.007) | 0.554*** (−2.940) | −0.120** (−1.674) | 1.084* (1.631) |

续表

| 年份 | 相邻矩阵 | | 地理距离矩阵 | |
|---|---|---|---|---|
| | Moran's $I$（$I$） | 吉尔里指数（$C$） | Moran's $I$（$I$） | 吉尔里指数（$C$） |
| 2012 | 0.307*** (3.007) | 0.554*** (−2.940) | −0.120** (−1.674) | 1.084* (1.631) |
| 2013 | 0.307*** (3.007) | 0.554*** (−2.940) | −0.120** (−1.674) | 1.084* (1.631) |
| 2014 | 0.307*** (3.007) | 0.554*** (−2.940) | −0.120** (−1.674) | 1.084* (1.631) |
| 2015 | 0.307*** (3.007) | 0.554*** (−2.940) | −0.120** (−1.674) | 1.084* (1.631) |

*、**、***分别表示通过 10%、5%、1%的显著性检验；括号内的值为 $t$ 统计量

通过观察 2006～2015 年相邻矩阵及地理距离矩阵基础上的土地要素的 Moran's $I$ 值和吉尔里指数值，相邻矩阵基础上的我国的土地要素的 Moran's $I$ 值大于 0，吉尔里指数值都小于 1，且对土地要素值的检验均呈现显著性；地理距离矩阵基础上的我国的土地要素的 Moran's $I$ 值小于 0，吉尔里指数值大于 1，检验值呈现显著性，表明我国土地要素存在全局空间相关性。

其次土地要素的局部空间相关性检验。在全局空间相关性的基础上对土地要素运用 Moran 散点图，检验资本要素的空间差异性，由于篇幅限制，本书仅给出 2006 年及 2015 年的 Moran 散点图（图 6-4）。

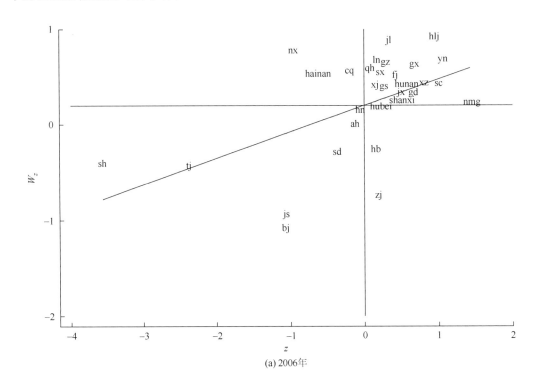

(a) 2006年

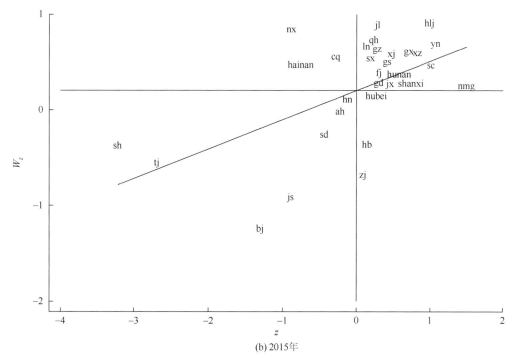

(b) 2015 年

图 6-4　2006 年 Moran 散点图与 2015 年 Moran 散点图

（a）中 Moran's $I = 0.276$；（b）中 Moran's $I = 0.307$

由图 6-4 可知，土地要素投入在整体上呈现集聚态势，且空间分布十分不平衡，从土地要素投入的 Moran 散点图可以看出，大多数的省份呈现出高高集聚态势。

3. 指标选取和数据来源

被解释变量是林业产出，本书用林业总产值（out）来衡量；解释变量选取劳动力要素（$L$）、资本要素（$k$）、土地要素（$T$）及技术进步（$A$），分别用各省份林业系统年末人数、各省份林业投资完成情况、各省份的林业面积及林业系统第一产业中的林业（仅指营林）产值来衡量，数据主要来源于 2007～2016 年的《中国林业统计年鉴》及《中国统计年鉴》。

4. 测度方法及模型选择

空间计量经济学目前已经成为学术界主要研究方法，旨在分析变量之间存在的相互作用，比较常用的空间计量模型主要有空间误差模型（spatial error model，SEM）、空间自回归（spatial autoregression，SAR）模型及空间杜宾模型（spatial Dubin model，SDM）。前两种模型分别考虑了解释变量和被解释变量的空间相关性，而 SDM 同时考虑了解释变量和被解释变量的空间相关性，空间滞后模型、SEM 及其面板扩展模型等都是其特殊形式。因此本书选择运用 SDM 来进行实证分析，其模型一般形式为

$$Y = \rho WY + X\beta + \theta WX + \alpha l_n + \varepsilon$$

式中，$\rho$ 为空间自相关系数；WX、WY 分别为解释变量和被解释变量的空间滞后项；$\alpha$ 为常数项；$l_n$ 为一个 $n \times 1$ 阶单位矩阵；$\beta$ 和 $\theta$ 为回归系数；$\varepsilon$ 为误差项。

　　SDM 同时考虑到了解释变量和被解释变量的空间滞后性，解释变量的变化不仅影响本地区因变量，也会间接影响其他地区的因变量，虽然滞后项系数估计的显著程度显著有效，但其数值大小不能完美表示自变量对因变量的影响，因此需将其检验值分为直接效应、间接效应及总效应的统计量来检验。本书参照 Lesage 和 Fischer（2008）的空间回归模型偏微分方法对 SDM 的总效应进行分解，其中直接效应反映对本地区的平均影响，间接效应反映对其他地区的平均影响[①]。具体计算过程如下：

$$Y = (1 - \rho W)^{-1} \alpha l_n + (1 - \rho W)^{-1} (X_t \beta + W X_t \theta) + (1 - \rho W)^{-1} \varepsilon$$

整理得

$$Y = \sum_{r=1}^{k} S_r(W) x_r + V(W) l_n \alpha + V(W) \varepsilon$$

式中，$S_r(W) = V(W)(I_n \beta + W \theta_r)$；$V(W) = (I_n - \rho W)^{-1}$；$I_n$ 为 $n$ 阶单位矩阵；$W$ 为空间权重矩阵。将上式转换成矩阵形式，得

$$
\begin{bmatrix} y_1 \\ y_2 \\ \vdots \\ y_n \end{bmatrix} = \sum_{r=1}^{k}
\begin{bmatrix}
S_r(W)_{11} & S_r(W)_{12} & \cdots & S_r(W)_{1n} \\
S_r(W)_{21} & S_r(W)_{22} & \cdots & S_r(W)_{2n} \\
\vdots & \vdots & & \vdots \\
S_r(W)_{n1} & S_r(W)_{n2} & \cdots & S_r(W)_{nn}
\end{bmatrix}
\begin{bmatrix} x_{1r} \\ x_{2r} \\ \vdots \\ x_{nr} \end{bmatrix} + V(W) \varepsilon
$$

总效应（ATI）、直接效应（ADI）和间接效应（AII）分别等于：

$$\text{ATI} = n^{-1} I_n S_r(W)_{I_n}$$

$$\text{ADI} = n^{-1} \text{tr}[S_r(W)]$$

$$\text{AII} = \text{ATI} - \text{ADI}$$

　　本书主要考察林业投入要素对林业产出的影响，地区间的溢出效应是主要研究的对象，其相互作用不可忽视，因此本书构建如下 SDM，为了消除量纲的影响，本书对数据进行对数处理，具体模型如下：

$$\ln \text{out} = \lambda_0 + \lambda_1 \ln K_{it} + \lambda_2 \ln L_{it} + \lambda_3 \ln T_{it} + \lambda_4 \ln A_{it} + \lambda_5 W \ln K_{it}$$
$$+ \lambda_6 W \ln L_{it} + \lambda_7 W \ln T_{it} + \lambda_8 W \ln A_{it} + \varepsilon_{it}$$

式中，变量前面加上 $W$ 为某个变量的空间滞后项；$\varepsilon_{it}$ 为随机扰动项。

### 5. 林业投入要素产出贡献率测算

　　林业投入要素贡献率的测算可以采用柯布道格拉斯生产函数进行推导。

　　柯布道格拉斯生产函数的最初的基本形式为

$$Y_{it} = A_{it} K_{it}^{\alpha} L_{it}^{\beta} T_{it}^{\theta} \tag{6-1}$$

式中，$Y$ 为产出；$A$ 为技术进步；$K$ 为资本要素投入；$L$ 为劳动力要素投入；$T$ 为土地要素投入，且该生产函数的规模收益不变，即 $\alpha + \beta + \theta = 1$。

　　对柯布道格拉斯生产函数进行对数处理得

---

[①] 直接效应是指自变量对本地区因变量的影响，加上自变量通过空间滞后项对其他地区因变量的影响再作用于本地区因变量的作用力；间接效应是指其他地区自变量对本地区因变量的总影响；总效应是指综合考虑空间因素后，自变量对因变量的总影响。

$$\ln Y_{it} = \ln A_{it} + \alpha \ln K_{it} + \beta \ln L_{it} + \theta \ln T_{it} \tag{6-2}$$

式中，$\alpha$ 为资本产出的弹性系数；$\beta$ 为劳动产出的弹性系数；$\theta$ 为土地产出的弹性系数。生产函数的规模收益不变性质表明，$\beta = 1 - \alpha - \theta$，代入式（6-2）中可得

$$\ln Y_{it} = \ln A_{it} + \alpha \ln K_{it} + (1 - \alpha - \theta) \ln L_{it} + \theta \ln T_{it}$$

移项可得 $\ln Y_{it} - \ln L_{it} = \ln A_{it} + \alpha(\ln K_{it} - \ln L_{it}) + \theta(\ln T_{it} - \ln L_{it})$

整理得 $\ln(Y_{it}/L_{it}) = \ln A_{it} + \alpha \ln(K_{it}/L_{it}) + \theta \ln(T_{it}/L_{it})$

对式（6-2）两边进行求导，可得式（6-3），即

$$\frac{\Delta A_{it}}{A_{it}} = \frac{\Delta Y_{it}}{Y_{it}} - \alpha \frac{\Delta K_{it}}{K_{it}} - \beta \frac{\Delta L_{it}}{L_{it}} - \theta \frac{\Delta T_{it}}{T_{it}} \tag{6-3}$$

令 $a = \dfrac{\Delta A_{it}}{A_{it}}$，$k = \dfrac{\Delta K_{it}}{K_{it}}$，$l = \dfrac{\Delta L_{it}}{L_{it}}$，$y = \dfrac{\Delta Y_{it}}{Y_{it}}$，$t = \dfrac{\Delta T_{it}}{T_{it}}$，故式（6-3）可变为

$$a = y - \alpha k - \beta l - \theta t \tag{6-4}$$

式（6-4）移项并两边同时除以 $y$ 可得

$$\frac{a}{y} + \alpha \frac{k}{y} + \beta \frac{l}{y} + \theta \frac{t}{y} = 1 \tag{6-5}$$

式中，$\rho_a = a/y$，$\rho_k = \alpha k/y$，$\rho_l = \beta l/y$，$\rho_t = \theta t/y$ 分别为技术进步、资本要素、劳动力要素及土地要素对产出的贡献率。

表 6-5 表示林业投入要素对林业产出的影响，由空间自相关系数（rho）可以看出，空间自相关系数值均大于 0 且通过了显著的相关性检验，说明我国林业投入要素对林业产出存在显著的空间相关性，由豪斯曼值可以看出，SDM 接受随机效应的原假设，采用随机效应进行分析，从结果可以看出，除了资本要素之外，劳动力要素、土地要素及技术进步对我国林业产出起到了显著作用。鉴于 SDM 分解效应的存在性，采用总效应系数值进行产出贡献率的衡量，弹性系数可以从相对量的角度来反映投入要素对林业产出的重要程度，在影响林业产出的四大要素中，土地要素的产出弹性最大，但是却为负值，说明土地投入每增加 1%，林业产出反而下降了 0.399%，说明林业产出处于土地边际报酬递减阶段；技术进步及资本要素对林业产出的影响分别处于第二位及第三位，说明技术进步及资本要素对林业产出的影响也不可忽视；劳动力要素的影响不够显著，且影响程度较小。

表 6-5　SDM 的实证结果分析

| 变量 | SDM | | SDM 分解 | | |
| --- | --- | --- | --- | --- | --- |
| | 固定效应 | 随机效应 | 直接效应 | 间接效应 | 总效应 |
| $\ln K$ | −0.017<br>（−0.6） | 0.008<br>（0.25） | 0.021<br>（0.75） | 0.21[***]<br>（4.07） | 0.231[***]<br>（4.70） |
| $\ln L$ | −0.35[***]<br>（−4.47） | −0.225[***]<br>（−2.66） | −0.213[***]<br>（−2.61） | 0.335[**]<br>（2.11） | 0.122<br>（0.71） |
| $\ln T$ | −0.011<br>（−0.08） | 0.274[**]<br>（2.25） | 0.248[**]<br>（2.09） | −0.647[**]<br>（−2.51） | −0.399[*]<br>（−1.70） |
| $\ln A$ | 0.139[***]<br>（4.71） | 0.164[***]<br>（−5.23） | 0.167[***]<br>（5.70） | 0.081<br>（1.26） | 0.248[***]<br>（3.58） |
| $C$ | | −0.415<br>（−0.29） | | | |

续表

| 变量 | SDM | | SDM 分解 | | |
| --- | --- | --- | --- | --- | --- |
| | 固定效应 | 随机效应 | 直接效应 | 间接效应 | 总效应 |
| $W \ln K$ | 0.214*** <br> （5.01） | 0.17*** <br> （3.74） | | | |
| $W \ln L$ | 0.321** <br> （2.41） | 0.322** <br> （2.38） | | | |
| $W \ln T$ | −0.323 <br> （−1.27） | −0.585*** <br> （−2.69） | | | |
| $W \ln A$ | 0.053 <br> （0.97） | 0.024 <br> （0.41） | | | |
| rho | 0.179** <br> （2.45） | 0.236*** <br> （3.23） | | | |
| 豪斯曼 | 6.23 | | | | |

*、**、***分别表示通过 10%、5%、1%的显著性检验；括号内的值为 $t$ 统计量；$C$ 代表常数项值

　　某个因素对林业产出的贡献不仅取决于该因素的产出弹性，还取决于其在一定时期的变化幅度，因此，研究各个因素对林业产出的贡献率有利于明白各个时期的因素对林业产出的影响程度。从表 6-6 可以看出，资本要素投入对林业产出的贡献最大，贡献率高达53.48%，说明我国林业产出的大小主要依赖于资本投入，呈现出资本密集型特征；技术进步的贡献率处于第二位，贡献率为 45.23%，说明技术进步对我国林业产出的影响占比较大，技术创新的发展和运用提高了林业产出效率，有利于林业发展；劳动力要素投入的贡献率仅为 0.95%，占比较小，说明劳动力投入对我国林业产出的影响较小，由于技术创新的运用，机械化的发展，技术设备逐步替代了劳动力，因此劳动力要素投入的影响程度较小。最后，土地要素投入对林业产出的影响为–0.34%，说明土地要素投入的增加会导致我国林业产出逐步减少，而由原始数据可以看出，我国的土地要素投入在 2006～2015 年并没有发生太大变动，土地要素投入多，对林业保护不到位，可能并不会产生预期的效果。

**表 6-6　各生产要素对于我国林业产出的贡献率**

| 生产要素 | 因素增长幅度 | 单位指标对产出的贡献量 | 对产出的贡献率 |
| --- | --- | --- | --- |
| 土地要素投入 | 0.09% | −0.036% | −0.34% |
| 劳动力要素投入 | 0.82% | 0.10% | 0.95% |
| 资本要素投入 | 24.68% | 5.70% | 53.48% |
| 技术进步 | 19.44% | 4.82% | 45.23% |

注：粮食增幅为 10.66%

## 6.1.3　林业经济发展影响因素的空间计量分析

### 1. 指标选取与数据来源

　　影响林业经济发展的影响因素错综复杂，田宝强（1995）曾在《中国林业经济增长与

发展研究》一书中定义了林业经济增长的概念，本章参考高兵（2007）对林业经济发展影响因素的界定，将其划分为内部因素和外部因素。内部因素可以从供给因素、需求因素及结构因素进行分析，供给因素包括森林资源要素、资本要素、劳动力要素及技术进步，需求因素包括人力资本，结构因素包括林业产业结构调整，外部因素包括国家政策扶持。具体指标构建如图 6-5 所示。

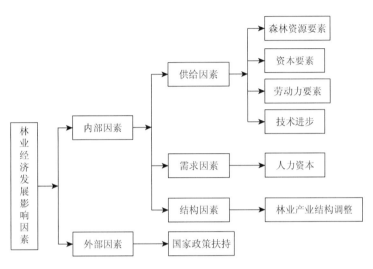

图 6-5　林业经济发展影响因素图

根据林业经济发展影响因素图（图 6-5）可知，林业经济发展的影响因素主要有资本要素投入、劳动力要素投入、森林资源要素、技术进步、人力资本、林业产业结构调整及国家政策扶持，具体的指标构建包括：①被解释变量：林业经济发展水平（pout）采用人均林业总产值来衡量。②解释变量：资本要素投入（cap）采用林业固定资产投资完成额来衡量，劳动力要素投入（lab）采用林业系统年末在职人数来衡量，森林资源要素（res）采用林业系统各省份当年造林面积来衡量，技术进步（tec）采用林业系统第一产业中的林业（仅指营林）产值来衡量，人力资本（huma）采用林业系统从业人员中专业人员人数来衡量，林业产业结构调整（ind）用林业系统营林产值占林业系统总产值的比重来衡量，国家政策扶持（reve）用各省份林业投资中的国家投资值来衡量。

变量数据主要来源于 2007～2016 年的《中国统计年鉴》及《中国林业统计年鉴》，为了消除变量之间的异方差性，本书对变量进行对数化处理。

2. 模型构建

鉴于我国林业经济发展水平存在显著空间相关性，因此本书需要建立空间模型进行计量分析。常用的空间模型有空间滞后模型、SEM 和 SDM，SDM 同时考虑到了被解释变量及解释变量的空间相关性，因此本书选择 SDM 进行分析，并用直接效应、间接效应和总效应来反映空间效应，具体模型构建如下：

$$\text{lnpout}_{it} = \alpha_0 + \alpha_1\text{lncap}_{it} + \alpha_2\text{lnlab}_{it} + \alpha_3\text{lnres}_{it} + \alpha_4\text{lnhuma}_{it} + \alpha_5\text{lntec}_{it}$$
$$+ \alpha_6\text{lnind}_{it} + \alpha_7\text{lnreve}_{it} + \beta_1W\text{lncap}_{it} + \beta_2W\text{lnlab}_{it} + \beta_3W\text{lnres}_{it}$$
$$+ \beta_4W\text{lnhuma}_{it} + \beta_5W\text{lntec}_{it} + \beta_6W\text{lnind}_{it} + \beta_7W\text{lnreve}_{it} + \varepsilon_{it}$$

式中，变量前面加上 $W$ 表示某个变量的空间滞后项；$\varepsilon_{it}$ 为随机扰动项。

### 3. 林业经济发展水平的空间相关性分析

建立空间相邻权重矩阵，计算 2006～2015 年我国人均林业总产值的空间相关的 Moran's $I$ 和吉尔里指数（表 6-7），从而定量检验我国各省份林业经济发展水平的全局空间相关性。

表 6-7　我国林业经济发展水平的全局空间相关性检验

| 年份 | Moran's $I$（$I$） | 吉尔里指数（$C$） |
| --- | --- | --- |
| 2006 | 0.201** （2.233） | 0.532*** （−2.759） |
| 2007 | 0.241*** （2.591） | 0.53*** （−2.806） |
| 2008 | 0.257*** （2.625） | 0.539*** （−2.93） |
| 2009 | 0.26*** （2.593） | 0.608*** （−2.585） |
| 2010 | 0.383*** （3.967） | 0.424*** （−3.397） |
| 2011 | 0.335*** （3.71） | 0.429*** （−3.174） |
| 2012 | 0.436*** （4.121） | 0.431*** （−3.805） |
| 2013 | 0.46*** （4.164） | 0.440*** （−4.061） |
| 2014 | 0.549*** （4.829） | 0.378*** （−4.699） |
| 2015 | 0.571*** （4.97） | 0.411*** （−4.575） |

**、***分别表示通过 5%、1%的显著性检验；括号内的值为 $t$ 统计量

从全局空间相关性检验可以看出，我国 2006～2015 年的林业经济发展水平的 Moran's $I$ 值大于 0，吉尔里指数值小于 1，说明我国人均林业总产值存在显著的正的空间自相关，且均通过了 5%的显著性检验。这说明我国各个省份之间的林业经济发展存在一定的空间依赖性和地理集聚特征，且这种依赖性呈现出逐渐增强态势，因此若研究林业经济发展影响因素时必须考虑变量之间的空间相关性。

为了进行深入研究，本书在进行林业经济发展全局空间相关性基础上进行局部空间相关性研究，进一步探讨各个省份之间的空间集聚现象，主要方法有 Moran 散点图（图 6-6）。鉴于篇幅限制，本书仅给出 2006 年及 2015 年的 Moran 散点图。由 Moran 散点图可以看出，2006 年我国林业经济发展主要集中在第三象限，呈现出低低集聚态势，2015 年主要集中在第一和第三象限，呈现出高高集聚及低低集聚态势，说明我国林业经济发展水平较高的地区倾向与经济发展水平较高的地区进行连接，林业经济发展水平较低的地

区趋于与林业经济发展水平较低的地区为邻，再次证明了相邻地区之间存在正的空间相关性。

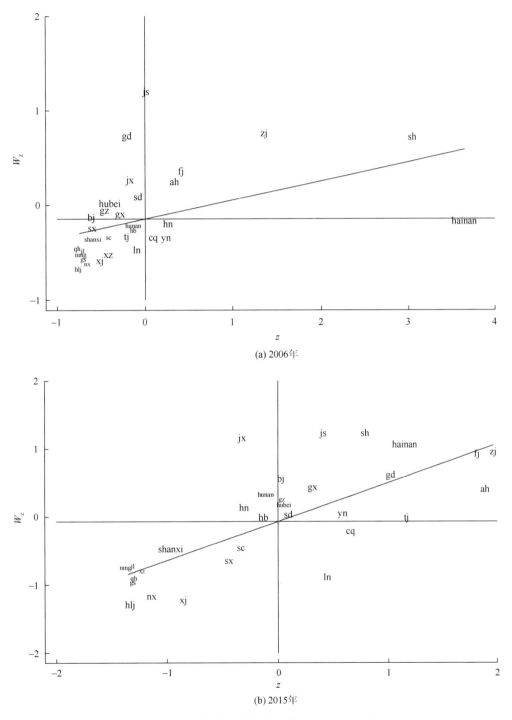

(a) 2006年

(b) 2015年

图 6-6　我国林业经济发展水平的 Moran 散点图

（a）中 Moran's $I$ = 0.201；（b）中 Moran's $I$ = 0.571

### 4. 实证结果分析

本书旨在利用 SDM 研究我国林业经济发展水平的影响因素，利用 stata14.0 进行计量分析结果见表 6-8。

**表 6-8　SDM 的回归分析结果及模型分解**

| 变量 | SDM | | SDM 分解 | | |
| --- | --- | --- | --- | --- | --- |
| | 固定效应 | 随机效应 | 直接效应 | 间接效应 | 总效应 |
| lncap | 0.008<br>（0.74） | 0.002<br>（0.18） | 0.008<br>（0.7） | −0.003<br>（−0.07） | 0.005<br>（0.12） |
| lnlab | −0.924***<br>（−26.79） | −0.986***<br>（−49.34） | −0.92***<br>（−25.45） | 0.073<br>（0.51） | −0.847***<br>（−5.29） |
| lnres | −0.001<br>（−0.05） | 0.008<br>（1.02） | −0.003<br>（−0.3） | −0.039<br>（−1.31） | −0.042<br>（−1.18） |
| lnhuma | −0.044**<br>（−2.32） | −0.031*<br>（−1.79） | −0.045**<br>（−2.34） | −0.011<br>（−0.18） | −0.056**<br>（−2.81） |
| lntec | 1.018***<br>（46.60） | 0.994***<br>（73.91） | 1.015***<br>（45.71） | −0.03<br>（−0.46） | 0.984***<br>（13.11） |
| lnind | −1.03***<br>（−49.50） | −1.002***<br>（−79.86） | −1.033***<br>（−46.10） | −0.048<br>（−0.68） | −1.08***<br>（−13.24） |
| lnreve | 0.007<br>（0.69） | 0.001<br>（0.11） | 0.007<br>（0.69） | 0.015<br>（0.43） | 0.023<br>（0.55） |
| $C$ | | 4.692***<br>（9.1） | | | |
| Wlncap | −0.005<br>（−0.22） | 0.005<br>（0.28） | | | |
| Wlnlab | 0.513***<br>（6.03） | 0.513***<br>（8.21） | | | |
| Wlnres | −0.021<br>（−1.41） | −0.008<br>（−0.62） | | | |
| Wlnhuma | 0.019<br>（0.57） | 0.011<br>（0.33） | | | |
| Wlntec | −0.547***<br>（−9.84） | −0.529***<br>（−10.61） | | | |
| Wlnind | 0.513***<br>（8.42） | 0.5***<br>（9.47） | | | |
| Wlnreve | 0.004<br>（0.21） | −0.003<br>（−0.19） | | | |
| rho | 0.521***<br>（10.89） | 0.514***<br>（10.65） | | | |
| 豪斯曼 | | 116.96 | | | |

*、**、***分别表示通过 10%、5%、1%的显著性检验；括号内的值为 t 统计量；C 代表常数项值

由实证分析结果可以看出，无论是固定效应还是随机效应，空间自相关系数均大于 0 且通过了显著性检验，说明我国林业经济发展水平的确存在较强的空间相关性。从豪斯曼检验结果可以看出，检验结果拒绝随机效应的原假设，应当选择 SDM 的固定效应进行分析，但是由于将变量的滞后因子纳入了该模型的分析过程，因此解释变量的系数值不能够直接反映其对被解释变量的影响，因此本书对变量的空间总效应进行分解，从而能够更加明确地说明我国林业经济发展水平影响因素的直接效应和间接效应及总效应。

从直接效应来看，资本投入、森林资源及国家政策扶持对我国林业经济发展的影响不显著，可能是由于我国目前对于林业经济的发展投资力度不够大，国家投资情况及林业固定资产投资不够多，相对于其他因素而言，其对林业经济的发展不够明显，森林资源用各省份的造林面积来衡量，说明我国目前的造林面积缺乏，对林业经济发展不显著；劳动力要素、人力资本及林业产业结构调整对我国林业经济发展呈现显著的负相关作用，即劳动力要素投入的越多、人力资本投入越大、营林产值占比越大，越不利于我国林业经济的发展，说明我国目前林业经济发展中劳动力要素投入较多、人力资本投入较大，营林面积较大，使其对我国林业经济发展呈现负相关作用，而技术进步显著促进我国林业经济发展，技术创新能够实现使用新技术发展林业，促进其产值的提升。从间接效应来看，每个要素投入均不能够显著影响相邻省份的林业经济发展，说明各个省份要素投入不存在空间溢出效应。从总效应来看，劳动力要素投入、人力资本投入及林业产业结构调整均对我国林业经济发展呈现显著负相关作用，技术进步的影响显著为正，而资本要素投入、森林资源及国家政策扶持对我国林业经济发展影响不显著。

## 6.2　林业生产要素配置效率分析

林业生产要素配置效率可以用来描述对林业投入要素的利用效率，从而用最少的投入获得最大的收益。就目前我国的林业生产情况来看，总体上在进步，但仍有很大的进步空间。林业产值方面在 2006～2015 年不断上升，截至 2015 年已翻了近 14 倍。林业的发展主要是木材的供给，但我国在木材供给方面并不乐观，目前我国可供砍伐的林地面积较少，主要是中幼龄树木。林地每公顷蓄积量较少，在世界的平均水平之下，且蓄积的林木年均枯损也在增加，这导致我国林木在量和质上的供给匮乏。但我国对木材的需求较高，在国内供给无法满足的情况下就需要通过进口来满足需求，2006～2015 年，我国对木材的进口总额均远高于出口总额，就原木的进出口情况来说，2015 年原木的进口是出口的近 2000 倍。为了更好地利用林业生产要素，首先要从林业生产要素配置方面进行考察。本节主要通过对林业生产要素配置现状和时间动态分析及要素集约度的比较来进行林业生产要素配置效率的一般性描述，再运用 Frontier4.1 软件进行林业生产要素配置效率的测度分析。

### 6.2.1　林业生产要素配置情况

根据 6.1 节的分析，林业生产要素主要包括土地要素、劳动力要素和资本要素。在林业土地总量方面，我国林地面积虽在增长，但仍在世界平均水平之下。在扩大林地面积的过程中难度也越来越大，可造林的土地越来越少，且土地质量大部分较差。因此再增加林地的投入需要更高的资金和技术来维持。

在林业劳动力投入总量方面，2015 年林业系统年末在职人数比 2014 年降低了 4.18 个百分点。这一方面是因为林业单位数也降低了 1.38 个百分点，另一方面是因为年末实有离退人员也增加了 0.41 个百分点，且离开林业单位仍保留劳动关系的人员降低了 12.84%，所以林业劳动力的投入量在急剧减少。在林业劳动力分布方面，其与土地分布存在一定差异。林业人员最多的是东北地区，而不是林业土地资源较丰富的西北地区和西南地区。在林业劳动力教育水平方面，将林业劳动力教育水平分为初中及以下、高中、中专和大专及以上四类。通过调查发现中国 31 个省（自治区、直辖市）的林业劳动力均以大专及以上教育水平人数居多；但按初、中、高等级划分林业专业技术人员，大多数省份均以初级水平的专业技术人员居多，高级水平的专业技术人员较少。在林业劳动力年龄结构方面，调查发现 36~50 岁的中年人居多，35 岁及以下的青年和 50 岁以上的老年人数相差不大，说明青年人在林业方面的投入还存在一定空间。

在林业资本投入方面，2015 年各省份大部分都完成了计划投资，但西北地区、西南地区和东北地区完成情况并不理想，而这些地区的国家资本投入所占的比重均超过 50%，远高于全国 16%的平均水平。按投资性质分，我国在林业方面的投资仍主要用于新建，扩建次之，改建和技术改造的投资最少，这说明我国在林业技术方面的投资还有很大的增长空间。

## 6.2.2　林业生产动态变化分析

林业作为资源性产业，受自然因素的影响很大，我国 31 个省（自治区、直辖市）的林业发展在时间和空间上都存在显著的差异，为了单独研究林业的动态变化，本书首先要将我国各林区在空间上进行分类，再分别讨论各类林区的动态变化，以找出相应的规律特征。在林区划分上主要依据自然因素的差异：将我国最北部的内蒙古、辽宁、吉林和黑龙江归为东北林区，该区域冬季较长且气候寒冷，但自然资源丰富，耕地面积广，以针叶林和阔叶林为主，是我国第一大木材供应区；将我国重庆、四川、云南和西藏归为西南林区，该区域海拔较高，昼夜温差大、雨水充沛，主要种植高山针叶林和针阔叶林混交林，是我国第二大木材供应区；将我国东南部的江苏、浙江、上海、安徽、福建、江西、湖北、湖南、广东、广西、海南和贵州归为东南林区，该区域气候温暖、水资源丰富、气候条件好，主要种植杉木和马尾松，是我国三大林区之一；其余的省（自治区、直辖市）大多数属于"三北"防护林范围，包括北京、天津、河北、山西、山东、河南、陕西、甘肃、青海、宁夏和新疆，将其设为北方林区。根据《中国林业统计年鉴》，本书对这四个林区进行生产要素配置和产出数据分析。这里以林业总产值作为林业产出指标、以林业系统年末人数作为劳动力投入指标、以林业投资完成额作为资本投入指标、以林业面积作为土地指标。下面以这四个指标为研究对象，进行林业生产动态变化分析。

　　图 6-7 展示的是东北林区、西南林区、东南林区和北方林区的林业总产值动态变化趋势，由图 6-7 可知我国林业总产值在总体上是上升的。其中，东南林区上升最快，年均增长率达到 13.13%，且林业总产值也是最多的。在 2011 年之前东南林区内林业总产值位列前三的是福建、江西和湖南，但广西在其较高增速的条件下在 2011 年之后其林业总产值超越江西，跃居前三。而增速最快的贵州、广东和湖北的林业总产值却一直落后，这可能是当地的自然条件和林业生产要素配置导致了较小的林业总产值基数。因此东南林区的总产值在总量上主要依靠福建、江西、湖南和广西四个省区，在增速上主要依靠贵州、广东和湖北这三个省的拉动，而上海、江苏、浙江和海南不论在林业总产值还是在增速上都比较弱，对东南林区的贡献率较小。

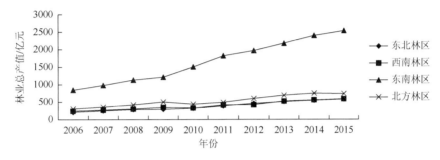

图 6-7　四大林区林业总产值动态变化趋势图

　　东北林区、西南林区和北方林区的林业总产值动态变化相类似，尤其是东北林区和西南林区，其动态变化折线几乎重合。这三个区域的林业总产值年均增长率也相差不大，东北林区为 11.89%，西南林区为 10.61%，北方林区为 10.77%。西南林区与北方林区的林业总产值年均增长率仅差 0.16%，这并不是巧合。从这三个林区的林业总产值年均增长率动态变化折线图可以看出东北林区的林业总产值年均增长率一直在零刻度线以上，年均增长率变化呈较平缓的 W 形，增长较为稳定。而西南林区和北方林区林业总产值年均增长率变化极不稳定，西南林区林业总产值年均增长率变化幅度虽然没有北方林区大，但多了一个折点，可以与北方林区一同被近似看作一个较大的 W 形，这造就了这两个林区如此相近的林业总产值年均增长率。

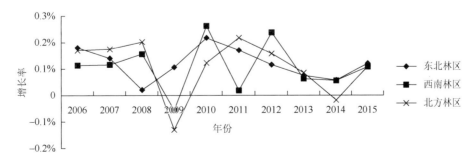

图 6-8　东北林区、西南林区、北方林区林业总产值年均增长率动态变化折线图

　　将东北林区、西南林区和北方林区的各省（自治区、直辖市）林业总产值年均增长率相比较，北方林区各省（自治区、直辖市）间的林业总产值年均增长率差异最大。在这三大林区包含的所有省（自治区、直辖市）中，林业总产值年均增长率最快的山西和最小的河南均属于北方林区，其 2006～2015 年林业总产值年均增长率分别为 33.28%和 4.46%，而林业总产值年均增长率最慢的山西却是北方林区中林业总产值最高的省份，截至 2014 年已上升至 152.4 亿元，在 2015 年又有所下滑。与之相对应的西南林区的四个省区虽然在林业总产值年均增长率上差异不大，但在林业总产值总量上存在较大的差异，西藏在林业总产值总量上是所有林区中最小的，除了 2009 年有一个较高的上升，其余年份均不到 3 亿元，其林业总产值年均增长率也是西南林区中最小的，其 2006～2015 年林业总产值年均增长率为 8.21%；而云南和四川的 2006～2015 年林业总产值年均增长率分别为 10.11%和 11.94%，在这较高的林业总产值年均增长率下，两省的林业总产值总量也一直位居前列，截至 2015 年分别达到 317.12 亿元和 205.52 亿元。相比较而言，东北林区的四个省区在林业总产值和林业总产值年均增长率上均无如此明显的差异，发展较为均衡。

　　图 6-9 展示的是东北林区、西南林区、东南林区和北方林区林业劳动力投入动态变化，从图 6-9 中可以看出，我国林业劳动力投入总体处于减少趋势。单从图 6-9 看这四大林区 2006～2015 年减少幅度分别为东北林区减少了 125 253 位林业劳动力投入，西南林区减少了 36 751 位林业劳动力投入，东南林区减少了 66 740 位林业劳动力投入，北方林区减少了 26 759 位林业劳动力投入。由此可见东北林区减少的林业劳动力投入最多，北方林区减少的林业劳动力投入最少。当剔除量纲后，各林区林业劳动力投入 2015 年与 2006 年相比的减少率的排序变为西南林区（28.27%）>东北林区（19.68%）>东南林区（17.71%）>北方林区（10.60%）。因此林业劳动力投入减少率最大的是西南林区，东北林区林业劳动力投入的减少率位列第二，且与西南林区有较大的差异。这四大林区林业劳动力投入的年均减少率的排序与以上剔除量纲后的排序一致：西南林区（3.578%）>东北林区（2.345%）>东南林区（2.134%）>北方林区（1.214%），进一步证实了西南林区林业劳动力投入锐减的现状。而林业劳动力投入的减少，一方面可能是因为生产要素的优化配置流动，使其到效用更高的部门，所以林业劳动力的供给量减少；另一方面可能是因为林业技术的进步和劳动力素质的提高，所以林业劳动力的需求量减少。

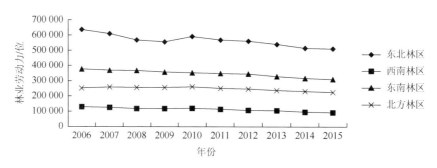

图 6-9　四大林区林业劳动力投入动态变化折线图

　　图 6-10 展示了我国东北林区、西南林区、东南林区和北方林区的资本投入动态变化。关于资本投入的总量，东南林区上升最快，北方林区次之，东北林区和西南林区增长较缓，且东北林区在 2012 年之后有缓慢下降的趋势。四大林区资本投入 2015 年与 2006 年相比的增长率排序如下：东南林区（15.25%）>北方林区（6.55%）>东北林区（4.33%）>西南林区（3.68%）；四大林区资本投入年均增长率排序如下：东南林区（39.93%）>北方林区（27.46%）>东北林区（23.75%）>西南林区（19.87%）。这两个排序均与图 6-10 显示的各林区资本投入的情况相一致。值得注意的是，虽然西南林区的资本投入的年均增长率是最小的，但就未来趋势来看其仍有缓慢增长的趋势，还有很大的增长空间；而东北林区资本投入近年来减少的趋势不容乐观；年均增长较快的东南林区和北方林区也在 2014 年后增速放缓，甚至有下降的趋势。林业的投资属于长期投资，这四大林区 2006~2008 年的资本投入相差较小，而后差距逐渐拉大，造成这种现象的可能原因是东南林区和北方林区扩大需要较高的资本投入，或者是东南林区和北方林区的政策方向明确，前期需要投入大量的资金，而东北林区和西南林区仍然延续前期的政策进行稳步的投资建林。

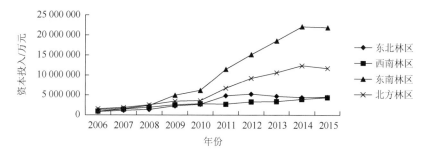

图 6-10　四大林区资本投入动态变化折线图

　　图 6-11 展示的是四大林区林地面积动态变化，由图 6-11 可以明显地看出林地面积的增加需要较长时间的投入。在本书研究的 10 年里，只有国家林业局在 2009 年进行过一次林地的统计。四大林区林地扩张面积的排序为北方林区（1 531.13 公顷）>东南林区（638.7 公顷）>西南林区（303.71 公顷）>东北林区（292.3 公顷）；四大林区的林地面积 2009 年统计与 2005 年统计相比的增长率的排序为北方林区（29.08%）>东南林区

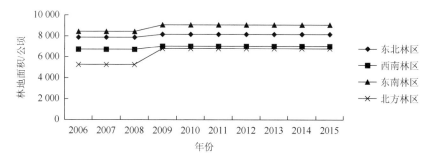

图 6-11　四大林区林地面积动态变化折线图

（7.58%）>西南林区（4.52%）>东北林区（3.71%）。两类排序相一致，不论在林地扩张面积上还是在林地同比增长率上，北方林区的增加值都远高于东北林区、东南林区和西南林区，这说明我国"三北"防护林工程在林地的营建上取得了显著的成绩。

通过以上对林业总产值、林业劳动力投入、资本投入和林地面积的动态分析可以发现，作为林业总产值最高的东南林区在林业劳动力投入数量上较多且降幅较小，在资本投入方面也为四大林区之首，在林地面积上也是最多的且 2009 年统计的林地面积也较高。而西南林区作为林业总产值最小的地区，从林业劳动力投入、资本投入和林地面积上也可得到解释。首先西南林区的林业劳动力投入总量是最小的，且降幅是最大的，其次资本投入也是最少的，最后其林地面积是我国四大林区中最小的，且在 2009 年的林地扩张面积也较小。东北林区与北方林区相比较，其林业劳动力投入减少量虽比北方林区多，但林业劳动力投入总量仍比北方林区多；东北林区资本投入在总量和增量上均比北方林区小，但北方林区在 2009 年的林地扩张面积上远大于东北林区，土地的扩张需要大量的资本配套，与 2010 年北方林区资本投入的急速提高相一致，而东北林区虽然林地扩张不多，但其林地总面积仍远大于北方林区的林地面积。因此劳动力投入、资本投入和林地面积能在一定程度上解释林业总产值的高低。

### 6.2.3　生产资源要素集约度分析

生产资源要素集约度可以用要素经济密度计算公式来表示，即林业劳动力要素集约度为林业生产总值与林业系统年末在职人数之比；资本要素集约度为林业生产总值与林业投资完成额之比；土地要素集约度为林业生产总值与林地面积之比。在林业生产的研究中，要素集约度可以近似表示林业各要素投入的效率大小。本书通过对林业劳动力要素集约度、资本要素集约度和林地要素集约度的计算分析，可以得到林业生产过程中劳动力投入、资本投入和土地投入对林业生产的相对作用大小。下面根据《中国林业统计年鉴》2006～2015 年的数据计算。

图 6-12 所示即为东北林区、西南林区、东南林区和北方林区的林业劳动力要素集约度的时间变化。图 6-12 中四大林区林业劳动力集约度的水平差异较大，东北林区的林业劳动力要素集约度最低，东南林区的林业劳动力要素集约度最高，西南林区的林业劳动力要素集约度排名第二。因其水平基数相差较大，在统计四大林区林业劳动力要素集约度年均增长率时，所得排序如下：东南林区（15.59%）>西南林区（14.84%）>东北林区（14.74%）>北方林区（12.22%）。由此可见东南林区的林业劳动力要素集约度在水平值和年均增长率上均最高，其林业劳动力对产出的贡献率较高。而东北林区虽在林业劳动力要素集约度的水平值上与西南林区有一定差异，但在年均增长率上差异不大，而北方林区的林业劳动力要素集约度还有待提高。

从四大林区整体上无法很好地得出我国林业劳动力要素集约度具体情况，因而本书从省级出发，对林业劳动力要素集约度进一步研究。图 6-13 与图 6-14 分别展示了我国 31 个省（自治区、直辖市）2015 年林业劳动力要素集约度的水平值和各省（自治区、直辖市）林业劳动力要素集约度年均增长率。

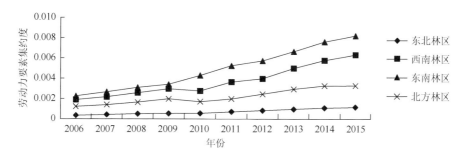

图 6-12　四大林区林业劳动力要素集约度年均变化折线图

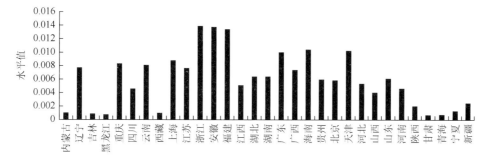

图 6-13　2015 年各省（自治区、直辖市）林业劳动力要素集约度水平值柱状图

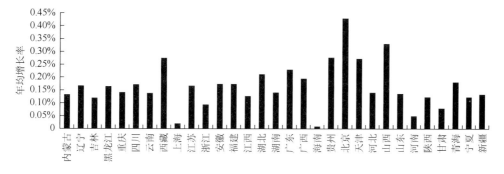

图 6-14　2015 年各省（自治区、直辖市）林业劳动力要素集约度年均增长率柱状图

图 6-13 和图 6-14 虽然都表现的是各省（自治区、直辖市）林业劳动力要素集约度的情况，但可以看出林业劳动力要素集约度在水平值与年均增长率间的差异还是很明显的。在林业劳动力要素集约度的水平值方面，2015 年浙江、安徽和福建这三个省份是最高的，分别为 0.013 929、0.013 843、0.013 458，均属于东南林区；黑龙江、甘肃和青海这三个省份的林业劳动力要素集约度最低，分别为 0.000 761、0.000 719、0.000 757，与最高的三个省份相比，相差近 20 倍。整体上东南林区各省份的林业劳动力要素集约度在 2015 年是最高的；东北林区除了辽宁的林业劳动力要素集约度靠近0.008，其余三个省区均未达到 0.002 的水平；而西南林区除了西藏林业劳动力要素集约度较低，其余三个省区均超过 0.004 的水平；北方林区存在明显的界限，在北方林区范围内东部的北京、天津、河北、山西、山东、河南均拥有 0.004 以上的林业劳动

力要素集约度，而位于西部的陕西、甘肃、青海、宁夏和新疆均只有达到 0.002 左右的林业劳动力要素集约度。

　　各省（自治区、直辖市）的林业劳动力要素集约度年均增长率中，东北林区的四个省区和西南林区的四个省区的林业劳动力要素集约度年均增长率差异不大，基本都在 15% 左右。东南林区内除了上海和海南的林业劳动力要素集约度年均增长率低，其他基本都在15%左右，但上海和海南 2015 年的林业劳动力要素集约度水平值较高，均超过了 0.008。北方林区内各省市的林业劳动力要素集约度年均增长率差异较大，北京、天津和山西的林业劳动力要素集约度年均增长率均超过 25%，其中北京达到了 42.85%，而其余省市的林业劳动力要素集约度年均增长率均不超过 20%。因此从整体上看，除了个别省（自治区、直辖市）的林业劳动力要素集约度年均增长率过高或过低，其他省（自治区、直辖市）均在 15%左右，增长较为稳定。

　　资本要素集约度经统计计算如图 6-15 所示。

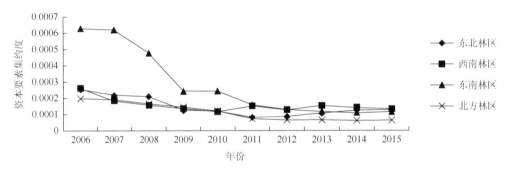

图 6-15　四大林区资本要素集约度变化折线图

　　由图 6-15 可以看出我国林业资本要素集约度整体是下降的。其中，林业劳动力要素集约度最高的东南林区初始的资本要素集约度最高，但下降幅度也是最大的；其余三个林区的资本要素集约度非常相近，下降幅度不明显，最终四大林区的资本要素集约度逐渐趋同。这四大林区资本要素集约度年均减少率的排序如下：东南林区（15.21%）>北方林区（11.05%）>西南林区（5.64%）>东北林区（5.03%）。由此可见东南林区的资本要素集约度下降最快，即东南林区的资本要素投入对林业产出的影响力下降最快。但 2013～2015 年各林区资本要素集约度下降速度明显放缓，截至 2015 年，除了西南林区有 5%的微小降幅，其余三个林区均实现一定的增长。

　　为进一步分析各省（自治区、直辖市）资本要素集约度情况，本书通过汇总计算得到图 6-16与图 6-17，分别表示各省（自治区、直辖市）资本要素集约度水平均值和年均减少率。

　　根据图 6-16 所示，截至 2015 年资本要素集约度前五的省份均属于东南林区。这五个省份按其 2015 年资本要素集约度水平值大小排序为海南（0.000 69）>江西（0.000 404）>广东（0.000 307）>贵州（0.000 305）>安徽（0.000 28）。这五个省份中江西、安徽和海南的资本要素集约度年均减少率均超 10%，这三个省份主要依靠以往较高的资本要素集约度才得以位居前五，若不采取相应的措施，很可能会被其他省份超越。而贵州的资本要

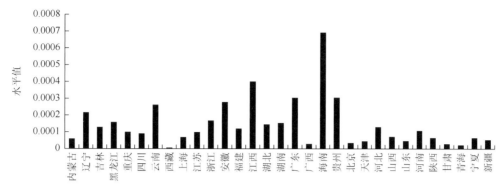

图 6-16　2015 年各省（自治区、直辖市）资本要素集约度水平值柱状图

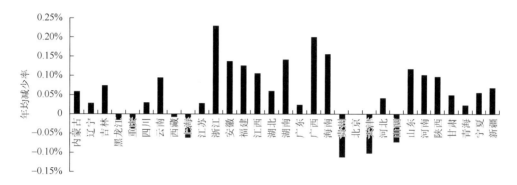

图 6-17　2015 年各省（自治区、直辖市）资本要素集约度年均减少率柱状图

素集约度情况较为乐观，其资本要素集约度年均增长率是所有省份中最高的，相比于其他四个省份被超越的可能性较小。广东主要依靠其较高的资本要素集约度水平值和较低的资本要素集约度年均减少率得以位居前五。东北林区的四个省区在资本要素集约度水平值上基本在 0.0001 左右；而西南林区云南的资本要素集约度水平值已超 0.0002 刻度线，而西藏还不到 0.000 01，重庆和四川均不到 0.0001 刻度线；北方林区的省（自治区、直辖市）除了河北与河南略超 0.0001 刻度线，其余的 9 个省市均没达到 0.0001，资本要素集约度较小。

　　在整体资本要素集约度下降的趋势下，也有少数省（自治区、直辖市）是上升的，包括黑龙江、重庆、西藏、上海、贵州、天津和山西，除了黑龙江和贵州，其余的六个省（自治区、直辖市）资本要素集约度虽有所增长，但截至 2015 年仍未达到 0.0001 刻度线，未来还有很大的提升空间。以 10%为界限，东北林区和西南林区的资本要素集约度年均减少率均未超过这个界限，相对而言这两个林区的资本要素集约度年均减少率较小；而东南地区 12 个省（自治区、直辖市）中去除两个正增长的省份，只有江苏、湖北和广东三个省份的资本要素集约度年均减少率在 10%以下，其余 7 个省（自治区、直辖市）均有较高的资本要素集约度年均减少率，其中浙江和广西已超 20%的刻度线；北方林区存在资本要素集约度年均减少率为负的九个省（自治区、直辖市）中只有 3 个省（自治区、直辖市）的资本要素集约度年均减少率略超 10%的刻度线，大多数在 5%左右，北京的资本要素集约度年均减少率接近零。与四个林区总体的资本要素集约度年均减少率相呼应，东北林区和西南林区的资本要素集约度年均减少率相近，均比较小；东南林区的资本要素集约度年均减少率最高；北方林区的资本要素集约度年均减少率较高。

林地面积作为较固定的生产投入要素对林业生产也有一定的影响，四大林区的林地土地要素集约度变化如图 6-18 所示。

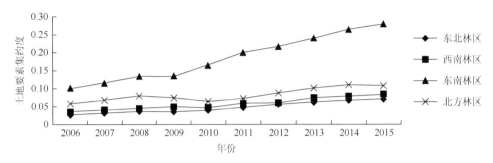

图 6-18　四大林区土地要素集约度变化折线图

由图 6-18 可以看出我国林地土地要素集约度在总体上呈上升趋势，东南林区在土地要素集约度上一直大于其余的三个林区，且增长幅度也高于其余的三个林区，截至 2015 年已增长到近 0.3；而西南林区、东北林区和北方林区土地要素集约度增长较为平缓，截至 2015 年仍只在 0.1 左右。由此可见东南林区的土地集约化程度较高，土地要素相对于其他三个林区的投入效用更大。计算四大林区的土地要素集约度年均增长率得到的排序如下：东南林区（12.29%）>东北林区（11.48%）>西南林区（10.05%）>北方林区（7.76%）。东南林区的土地要素集约度年均增长率明显高于其他三个林区，在较高的土地集约度水平值和年均增长率下，其余三个林区的土地要素集约度与东南林区的差距逐渐拉大；相比之下北方林区土地要素集约度年均增长率较小，但其土地要素集约度水平值一直在东北林区和西南林区之上；西南林区虽然在土地要素集约度年均增长率上小于东北林区，但其土地要素集约度水平值上一直高于东北林区。综上所述，在所统计的 10 年里四大林区的土地要素集约度大小排序不变：东南林区>北方林区>西南林区>东北林区。

比较完四大林区总体的土地要素集约度情况后，图 6-19 与图 6-20 又分别展示了各省（自治区、直辖市）2015 年土地要素集约度水平值和各省（自治区、直辖市）土地要素集约度年均增长率。

在土地要素集约度总体增长的趋势下，截至 2015 年属于东南林区的上海土地要素集约度最高，而其土地要素集约度年均增长率却是所有省（自治区、直辖市）中唯一一个负的，说明上海的土地集约化程度是相当高的。由图 6-19 还可以明显看出东南林区的各省（自治区、直辖市）及北方林区靠东部的北京、天津、河北、山西、山东、河南的土地要素集约度较高，而这些地区经济都较发达，也是林业劳动力要素集约度较高的地区。而经济较落后的东北林区、西南林区和北方林区的西部林区土地要素集约度较小，尤其是内蒙

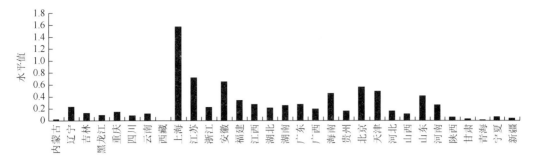

图 6-19　2015 年各省（自治区、直辖市）土地要素集约度水平值柱状图

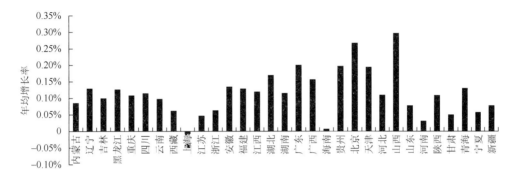

图 6-20　2015 年各省（自治区、直辖市）土地要素集约度年均增长率柱状图

古、西藏、甘肃和青海，这四个省区的土地要素集约度接近于零。但从图 6-20 的土地要素集约度年均增长率中可看出，东北林区和西南林区的土地要素集约度年均增长率并不落后，均在 10%左右；东南林区只有江苏、浙江、上海和海南土地要素集约度年均增长率较低，其余 8 个省（自治区、直辖市）土地要素集约度年均增长率均超过 10%；北方林区的省（自治区、直辖市）中北京和山西的土地要素集约度年均增长率较高，均超过 25%，而同属北方林区的河南土地要素集约度年均增长率不到 5%，差距较大，且山东、河南、甘肃、宁夏、新疆的土地要素集约度年均增长率均未超过 10%，拉低了整个北方林区的土地要素集约度年均增长率。

综上所述，东南林区的林业劳动力要素集约度与土地要素集约度在水平值和年均增长率上远高于其余三个林区，而其资本要素集约度起初高出其余三个林区很多，后因较大的资本要素集约度年均减少率导致 2015 年其已在东北林区和西南林区之下，但最高的前五个省份仍属于东南林区；东北林区和西南林区在林业劳动力要素集约度、资本要素集约度和土地要素集约度上均相差不大，在这三个集约度上东北林区一直略小于西南林区；北方林区在林业劳动力要素集约度年均增长率和土地要素集约度年均增长率方面都是最低的，且其西部地区的省（自治区、直辖市）在这两个集约度上明显低于东部地区的省份，而在资本要素集约度上由于该林区较高的资本要素集约度年均减少率和较低的资本要素集约度水平值，2015 年该林区资本要素集约度明显低于其余三个林区。

### 6.2.4　测度方法及模型选择

林业要素配置效率是一个无量纲的指标，可用来表示各种要素投入是否达到了最优的投入配比，即现有要素投入配置与最优要素投入配置之间的差距指标。林业要素配置效率可以从两个方面进行计算：一是投入主导型，即保证产出不变的情况下尽可能使投入最小化；二是产出导向型，即保证投入一定的情况下尽可能使产出最大化。为更好地分析林业投入要素的优化方向，本节采用投入主导型的研究方向。在估计前沿效率的各种方法中，有两个最具代表性的方法：随机前沿法和 DEA。DEA 在计算时生产函数是未知的，只需要知道投入和产出的数据，属于非参数估计，假设约束较少，容易进行扩展，且可以计算多种产出的效率模型。而随机前沿法在计算时需要先假设生产函数和技术无效率项的分布形式，若假设与实际情况不符就会无法估计要素配置效率，很难进行扩展，若要进行多产出的效率计算非常困难。但因为随机前沿法的计算方法将随机扰动项分成了随机因素和技术无效率，而 DEA 将实际投入高于最优投入的原因全部归因于技术无效率，这显然没有随机前沿法精确。在研究林业要素配置效率问题时，不需要考虑多产出的问题，加上随机前沿法的测算结果较为稳定，因此本节利用随机前沿法进行林业要素配置效率的估计。

随机前沿法的模型构建如下。

假设生产函数为应用较广泛的 C-D 生产函数，投入为劳动力要素投入、资本要素投入和土地要素投入，产出为林业总产值，则各省（自治区、直辖市）的林业要素配置效率测度模型可表示为

$$\ln Y_{it} = \beta_0 + \beta_1 \ln L_{it} + \beta_2 \ln K_{it} + \beta_3 \ln A_{it} + v_{it} - u_{it} \tag{6-6}$$

式中，$Y_{it}$ 为 $i$ 省（自治区、直辖市）在第 $t$ 年所获得的林业总产值；$L_{it}$ 为 $i$ 省（自治区、直辖市）第 $t$ 年所投入的劳动力总量；$K_{it}$ 为 $i$ 省（自治区、直辖市）在第 $t$ 年所投入的资本总量；$A_{it}$ 为 $i$ 省（自治区、直辖市）在第 $t$ 年的土地投入总量；$v_{it}$ 为生产过程中不可控的随机因素，服从正态分布；$u_{it}$ 为生产技术无效率部分，也服从正态分布，但与 $v_{it}$ 相互独立；$\beta_0$ 为截距项；$\beta_1$、$\beta_2$、$\beta_3$ 分别为劳动力投入、资本投入和土地投入对林业产出的作用弹性。

为研究各投入指标在时间上的配置效率变化，特加入了时间变量 $T$，模型变为

$$\ln Y_{it} = \beta_0 + \beta_1 \ln L_{it} + \beta_2 \ln K_{it} + \beta_3 \ln A_{it} + \beta_4 T + v_{it} - u_{it} \tag{6-7}$$

根据所得到的回归结果可利用最大似然估计得到生产要素配置效率：

$$\mathrm{TE}_{it} = \frac{Y_{it}}{f(L_{it}, K_{it}, A_{it}) \exp(v_{it})} = \exp(-u_{it}) \tag{6-8}$$

式中，$\mathrm{TE}_{it}$ 为 $i$ 省（自治区、直辖市）在第 $t$ 年的林业要素配置效率；$f(L_{it}, K_{it}, A_{it})$ 为根据计量回归结果，仅由劳动力要素、资本要素和土地要素所决定的林业产出。

上述模型可以利用 Frontier4.1 软件进行计算。该软件在运行中为确保模型在统计上

的可靠性会首先进行极大似然检验，若极大似然检验拒绝原假设，即检验通过，该模型成立；再进行参数的回归，得到随机前沿生产函数。

## 6.2.5　指标选取和数据来源

6.2.4 节在分析中得出在该模型在建立中需要一个产出指标和劳动力、资本、土地三个投入指标。在产出指标的选取上本节选取林业总产值来表示，原因一是基于数据的可获得性，相比于产量指标，产值指标较容易获得；二是林业总产值包含了林业生产的全部产品和全部服务性活动，更为全面地反映出林业的生产成果。

在 6.2.2 节的动态分析中，不论是时间上还是分类上林业系统年末在职人数、林业投资完成额和林地面积对林业总产值均具有显著的影响。这里的投入指标就以林业系统年末在职人数、林业投资完成额和林地面积作为劳动力、资本与土地的三个投入指标。一般的效率模型中均会被加入劳动力要素投入和资本要素投入。在劳动力要素投入方面，林业系统年末在职人数指标将与林业相关的各类从业人员都包含了在内，更为全面。在资本要素投入方面，林业生产投资期较长，有些资本的投入在当年对林业产出的作用可能并不明显，因此使用林业投资完成额更能反映历年在林业产出方面的资本要素投入，更具有针对性。将土地要素加入投入指标，主要原因是林业属于自愿性产业，对自然环境的依赖性较大，土地投入不容忽视，而以林地面积来代表土地投入较准确和全面。

以上数据依据国家统计局统计数据和《中国林业统计年鉴》，所选取的时间为 2006～2015 年的数据。

## 6.2.6　变量说明和模型构建

利用 Frontier4.1 软件以全国 31 个省（自治区、直辖市）2006～2015 年的数据，对模型 1［式（6-6）］与模型 2［式（6-7）］进行回归，得到随机前沿估计结果见表 6-9。

表 6-9　中国所有林区随机前沿生产函数估计结果

| 项目 | | 模型 1 | | 模型 2 | |
|---|---|---|---|---|---|
| 解释变量 | 待估参数 | 系数 | $t$ 统计量值 | 系数 | $t$ 统计量值 |
| 常数 | $\beta_0$ | 3.635 0*** | 1.070 0 | 7.029 0*** | 8.927 8 |
| $\ln L$ | $\beta_1$ | −0.337 1*** | 0.105 1 | −0.264 3*** | −4.274 9 |
| $\ln K$ | $\beta_2$ | 0.222 2*** | 0.018 4 | 0.010 4 | 0.471 9 |
| $\ln A$ | $\beta_3$ | 0.361 3** | 0.116 6 | 0.059 2 | 0.767 3 |
| $\ln T$ | $\beta_4$ | | | 0.117 6*** | 13.160 1 |
| 残差平方和 | | 9.573 500 2 | 0.582 6 | 18.576 9** | 1.844 7 |
| gamma 值 | | 0.992 862 2*** | 80.008 8 | 0.997 6*** | 752.779 2 |
| 似然估计值 | | −98.635 247*** | | −43.708 3*** | |

**、***分别表示在 5%、1%的显著性水平下显著

　　这两个模型的极大似然估计值均在 1%的显著性水平上显著，验证了这两个模型的有效性。根据两个模型的参数对比，各投入要素对产出的作用弹性方向一致。劳动力要素投入对产出的弹性均为负，且在两个模型中均较为显著，说明劳动力的投入对产出有负向效应，也就是越少的人员投入对林业产出的效用越高。通过 6.2.2 节对产出和劳动力的分析中可知，我国的劳动力要素投入总体是呈下降趋势，而林业产出一直呈上升趋势。对于劳动力要素投入的负向作用有两种可能性解释，一是劳动力要素投入量减少了，但质上增加，随着科技的进步和教育水平的提高，单位劳动力的生产力在提高，于是一定产量下劳动力要素投入应相应减少；二是林业生产具有规模效应，由较少的人统一管理更为有效，如我国现行的土地流转正是利用了这一特点。资本要素投入和林地面积在模型 1 中较为显著，且弹性系数较模型 2更大，说明时间因素的加入导致资本和土地对林业产出的影响作用变小了。说明我国的林业要素配置效率随时间的推移有一定的提高。而资本要素投入在两个模型中弹性系数均小于林地面积，说明林业产出主要依赖自然因素，土地的增加对林业产出有较大的影响。在两个模型中 gamma 值均超过 99%，说明林业实际产出的低效主要是由于生产技术无效率，实际产出与最优产出之间的差距有 99%以上的原因是生产技术无效率。对林业要素的重新配置，可以进一步提升林业的产出，即应当相应地减少劳动力、增加资本投入和土地投入。

　　通过极大似然估计得到各省（自治区、直辖市）2006～2015 年的林业要素配置效率，见表 6-10。

表 6-10　各省（自治区、直辖市）2006～2015 年的林业要素配置效率

| 地区 | 2006 年 | 2007 年 | 2008 年 | 2009 年 | 2010 年 | 2011 年 | 2012 年 | 2013 年 | 2014 年 | 2015 年 |
|---|---|---|---|---|---|---|---|---|---|---|
| 北京 | 0.1941 | 0.1977 | 0.2014 | 0.2051 | 0.2088 | 0.2125 | 0.2163 | 0.2201 | 0.2239 | 0.2277 |
| 天津 | 0.0209 | 0.0219 | 0.0229 | 0.0239 | 0.0249 | 0.0260 | 0.0271 | 0.0282 | 0.0293 | 0.0305 |
| 河北 | 0.2851 | 0.2892 | 0.2933 | 0.2974 | 0.3015 | 0.3056 | 0.3097 | 0.3138 | 0.3180 | 0.3221 |
| 山西 | 0.1705 | 0.1740 | 0.1774 | 0.1810 | 0.1845 | 0.1881 | 0.1917 | 0.1953 | 0.1989 | 0.2026 |
| 内蒙古 | 0.2323 | 0.2362 | 0.2401 | 0.2440 | 0.2479 | 0.2519 | 0.2558 | 0.2598 | 0.2638 | 0.2678 |
| 辽宁 | 0.3808 | 0.3850 | 0.3892 | 0.3933 | 0.3975 | 0.4017 | 0.4058 | 0.4100 | 0.4142 | 0.4183 |
| 吉林 | 0.4677 | 0.4718 | 0.4758 | 0.4798 | 0.4838 | 0.4878 | 0.4917 | 0.4957 | 0.4996 | 0.5036 |
| 黑龙江 | 0.6388 | 0.6420 | 0.6452 | 0.6484 | 0.6516 | 0.6547 | 0.6579 | 0.6610 | 0.6641 | 0.6671 |
| 上海 | 0.1215 | 0.1245 | 0.1274 | 0.1304 | 0.1335 | 0.1366 | 0.1397 | 0.1428 | 0.1460 | 0.1492 |
| 江苏 | 0.4833 | 0.4873 | 0.4913 | 0.4952 | 0.4992 | 0.5031 | 0.5070 | 0.5109 | 0.5148 | 0.5187 |
| 浙江 | 0.5202 | 0.5241 | 0.5279 | 0.5317 | 0.5355 | 0.5393 | 0.5431 | 0.5469 | 0.5506 | 0.5543 |
| 安徽 | 0.8735 | 0.8748 | 0.8761 | 0.8774 | 0.8787 | 0.8800 | 0.8812 | 0.8825 | 0.8837 | 0.8849 |
| 福建 | 0.8508 | 0.8523 | 0.8538 | 0.8553 | 0.8568 | 0.8583 | 0.8598 | 0.8612 | 0.8627 | 0.8641 |
| 江西 | 0.9262 | 0.9270 | 0.9278 | 0.9286 | 0.9293 | 0.9301 | 0.9308 | 0.9316 | 0.9323 | 0.9330 |
| 山东 | 0.5083 | 0.5122 | 0.5161 | 0.5200 | 0.5238 | 0.5276 | 0.5315 | 0.5353 | 0.5391 | 0.5428 |
| 河南 | 0.6301 | 0.6333 | 0.6366 | 0.6399 | 0.6431 | 0.6463 | 0.6495 | 0.6526 | 0.6558 | 0.6589 |
| 湖北 | 0.3238 | 0.3279 | 0.3321 | 0.3363 | 0.3404 | 0.3446 | 0.3488 | 0.3530 | 0.3572 | 0.3614 |
| 湖南 | 0.8434 | 0.8450 | 0.8466 | 0.8482 | 0.8497 | 0.8513 | 0.8528 | 0.8543 | 0.8558 | 0.8573 |

续表

| 地区 | 2006 年 | 2007 年 | 2008 年 | 2009 年 | 2010 年 | 2011 年 | 2012 年 | 2013 年 | 2014 年 | 2015 年 |
|---|---|---|---|---|---|---|---|---|---|---|
| 广东 | 0.6957 | 0.6985 | 0.7014 | 0.7042 | 0.7069 | 0.7097 | 0.7124 | 0.7152 | 0.7179 | 0.7205 |
| 广西 | 0.4619 | 0.4659 | 0.4699 | 0.4740 | 0.4780 | 0.4820 | 0.4860 | 0.4900 | 0.4939 | 0.4979 |
| 海南 | 0.6983 | 0.7012 | 0.7040 | 0.7067 | 0.7095 | 0.7122 | 0.7150 | 0.7177 | 0.7203 | 0.7230 |
| 重庆 | 0.1186 | 0.1215 | 0.1244 | 0.1274 | 0.1304 | 0.1334 | 0.1365 | 0.1396 | 0.1428 | 0.1460 |
| 四川 | 0.3240 | 0.3281 | 0.3323 | 0.3365 | 0.3406 | 0.3448 | 0.3490 | 0.3532 | 0.3573 | 0.3615 |
| 贵州 | 0.2052 | 0.2089 | 0.2126 | 0.2164 | 0.2202 | 0.2240 | 0.2278 | 0.2317 | 0.2355 | 0.2394 |
| 云南 | 0.6683 | 0.6714 | 0.6744 | 0.6774 | 0.6804 | 0.6833 | 0.6862 | 0.6892 | 0.6921 | 0.6949 |
| 西藏 | 0.0053 | 0.0057 | 0.0060 | 0.0064 | 0.0067 | 0.0071 | 0.0075 | 0.0080 | 0.0084 | 0.0089 |
| 陕西 | 0.1718 | 0.1752 | 0.1787 | 0.1823 | 0.1858 | 0.1894 | 0.1930 | 0.1966 | 0.2003 | 0.2039 |
| 甘肃 | 0.0785 | 0.0808 | 0.0832 | 0.0856 | 0.0880 | 0.0904 | 0.0929 | 0.0955 | 0.0980 | 0.1007 |
| 青海 | 0.0110 | 0.0116 | 0.0122 | 0.0129 | 0.0135 | 0.0142 | 0.0149 | 0.0156 | 0.0164 | 0.0171 |
| 宁夏 | 0.0517 | 0.0534 | 0.0552 | 0.0571 | 0.0590 | 0.0609 | 0.0628 | 0.0649 | 0.0669 | 0.0690 |
| 新疆 | 0.1138 | 0.1166 | 0.1195 | 0.1224 | 0.1254 | 0.1284 | 0.1314 | 0.1344 | 0.1375 | 0.1407 |

注：利用 Frontier4.1 软件计算得到

据表 6-10 所示，2006～2015 年我国没有一个省（自治区、直辖市）的林业要素配置效率为 1，即我国各省（自治区、直辖市）均需要进行林业要素配置的调整，来提高林业产出。根据同一地区不同年份的数据比较，表 6-10 中进一步验证了随时间的推移，林业要素配置效率会有所上升。根据不同地区同一年份的数据比较，我国林业要素配置效率在地域上存在明显的差异，其大小排序并不会因为时间的推移而改变，按从大到小的顺序排为：江西、安徽、福建、湖南、海南、广东、云南、黑龙江、河南、浙江、山东、江苏、吉林、广西、辽宁、四川、湖北、河北、内蒙古、贵州、北京、陕西、山西、上海、重庆、新疆、甘肃、宁夏、天津、青海、西藏。根据上述排序林业要素配置效率水平最高的六个省（自治区、直辖市）均属于东南林区，截至 2015 年均已超过 0.7，而林业要素配置效率最低的六个省（自治区、直辖市）中除了西藏，其余五个省（自治区、直辖市）均属于北方林区，而这五个省（自治区、直辖市）除了天津，均位于西北部地区，截至 2015 年林业要素配置效率仍不到 0.15。因此我国林业要素配置效率在东南部较高，而在西北部较低，差距较大，需要有针对性地进行调整。

# 6.3　林业投入产出效率分析

与林业要素配置效率测算相类似，林业投入产出效率的测算也需要确定产出指标和投入指标，所不同的是林业投入产出效率可以研究在多种投入下获得多种产出的生产效率。6.2 节将林业产出归总为林业总产值，但产出不仅包括林业总产值，还包括林业投入直接产生的木材产量、造林面积及间接产生的林业副产品和森林娱乐。本节主要通过梳理国内外学者关于林业投入产出效率的研究，来进行林业投入产出指标的选取和模型的选择，进而算出我国的林业投入产出效率，并对其做影响因素分析。

### 6.3.1　文献回顾

国外对林业投入产出效率的研究较早，其研究方法也有一个时间的演变。对林业投入产出效率最原始的是通过投入产出表来进行分析，即 input-output 法，具有代表性的是 Hussain（1997），利用投入产出表对林业投入和林业增加值进行了比较研究，但其并没有在真正意义上得到林业投入产出的效率。为更精确地计算林业投入产出效率，Kao 和 Wang（1991）将 DEA 引入到林业投入产出研究中，计算分析了中国台湾的林业投入产出效率。之后的林业投入产出效率的研究更为细化，主要从不同林业类型进行研究。例如，1998 年 Viitala 和 Hanninen 根据 DEA 研究了芬兰公共林区的投入产出效率；2010 年 C. Kao 利用 DEA 中的 Malmquist 指数分析了中国台湾森林产业的投入产出效率；2000 年 S.I. Fotiou 从林业第二产业出发，研究了木材厂的投入产出效率。

国内在林业投入产出效率的研究上起步较晚，在国外学者研究的基础上，国内学者主要运用 DEA 来进行林业投入产出效率的测算研究。国内相关研究并不多，主要从国家和省级层面进行研究。在国家层面的研究具有代表性的是李春华等（2011）采用林业用地面积和政府林业预算为投入指标，以林业增加值、林业总产值、林地改造面积为产出指标进行 DEA 分析，采用的是全国 31 个省（自治区、直辖市）2006 年的截面数据，最终结论是只有天津、山西、广东和贵州林业投入产出是有效的。田淑英和许文立（2012）选取营林固定资产投资和林业系统年末在职人数作为投入指标，以林业第一产业产值、造林面积和农民人均林业收入作为产出指标，采用我国 1993～2010 年总体林业时间序列数据，在时间上我国在 1995 年、2000 年、2003～2005 年、2008 年和 2009 年林业投入产出均是有效的。近年来从省份角度对林业投入产出的分析较多，张颖等（2016）对北京 1993～2013 年的林业投入产出效率进行测算，以投资完成额、林业产业结构比重和林业系统年末在职人数作为投入指标，以造林面积、林业总产值和林业绿化率作为产出指标，得出 1993 年、1995～2001 年、2003～2005 年、2010～2013 年其林业投入产出均是有效率的，除了 2006 年和 2007 年其余无效率的年份均存在规模报酬递增。韦敬楠和张立中（2016）以广西 2000～2013 年的时间序列数据为样本，采用林业固定资产投资、林业劳动力投资和造林面积为投入指标，以农民人均林业收入和林业总产值为产出指标进行分析，结论是 2000 年、2005～2007 年和 2013 年林业投入产出是有效率的。

综上所述，如今国内在对林业投入产出效率研究中广泛使用 DEA，在不同的研究目的下，所选取的林业投入产出指标大相径庭。但鉴于国外林业私有制与我国林业政策差距较大，因此本书主要参考国内学者的研究，并进行对比分析。国内学者对林业投入产出效率的分析大多采用截面数据和时间序列数据，本节主要研究全国的林业投入产出效率，因此采用时间序列数据，并对其效率的影响因素进行分析。

### 6.3.2　模型设定及指标选取

基于前人的分析，本节对中国林业的投入产出效率采用 DEA 进行分析。为了更好地研究林业投入要素对产出的影响，本节采取投入主导型的 DEA 模型。鉴于 CRS（constant returns to scale）模型（规模报酬不变模型）的假设仅在所有的决策单元（decision-making unit，DMU）都在最优的规模上运作的时候才适合，本节采取 VRS（variable return to scale，规模报酬可变）模型，该方法的模型构建如下。

　　假设有 $n$ 个决策单元，$m$ 种投入要素和 $s$ 种产出，则判断第 $j$ 个决策单元是否有效的 DEA 模型为

$$
\text{VRS} = \begin{cases}
\min \theta = V_D \\
X_j = (x_{1j}, x_{2j}, \cdots, x_{mj})^{\mathrm{T}} \\
Y_j = (y_{1j}, y_{2j}, \cdots, y_{sj})^{\mathrm{T}} \\
\sum_{j=1}^{n} \lambda_j X_j + s^- = \theta X_0 \\
\sum_{j=1}^{n} \lambda_j Y_j + s^+ = Y_0 \\
\sum_{j=1}^{n} \lambda_j = 1 \\
s^- \geq 0, s^+ \geq 0, \lambda_j \geq 0, j = 1, 2, \cdots, n
\end{cases}
\tag{6-9}
$$

式中，$V_D$、$X_0$、$Y_0$ 均为常数；$\theta$ 为投入产出效率的判断指标，$\theta < 1$ 则该决策单元无效，$\theta = 1$ 则该决策单元弱有效；$X_j$ 为投入要素矩阵；$x_{ij}$ 为第 $j$ 个决策单元第 $i$ 种要素的输出量；$Y_j$ 为产出矩阵；$y_{rj}$ 为第 $j$ 个决策单元第 $r$ 种产出的量；$\lambda_j$ 为组合系数；$s^-$ 和 $s^+$ 为松弛变量，若 $\theta = 1$ 且 $s^- = 0$，$s^+ = 0$ 则决策单元有效。

　　在各学者的研究基础上，我国对林业的投入主要是劳动力和资本的投入。依据 6.3.1 节分析劳动力投入选取林业系统年末在职人数，资本投入选取林业投资完成额。在林业投入产出效率的分析中，土地要素可作为产出要素，即由人工形成的造林面积来代表林业在人力、物力投入之后所产生的生态贡献值（田淑英和许文立，2012）；同时林业的产出包括经济上的贡献，即林业总产值。因此本节选取林业系统年末在职人数和林业投资完成额作为投入指标，选取造林面积和林业总产值作为产出指标。

　　本节所用的各指标数据均来自 2006～2015 年的《中国林业统计年鉴》。

## 6.3.3　林业投入产出效率测算及结果分析

　　本节利用 Deap2.1 软件，输入我国 2006～2015 年的林业产出和投入指标加以运算，所得结果见表 6-11。

表 6-11　2006～2015 年中国林业投入产出效率值

| 年份 | 综合效率（TE） | 纯技术效率（PTE） | 规模效率（SE） | 规模收益 |
|---|---|---|---|---|
| 2006 | 1 | 1 | 1 | — |
| 2007 | 1 | 1 | 1 | — |
| 2008 | 1 | 1 | 1 | — |

续表

| 年份 | 综合效率（TE） | 纯技术效率（PTE） | 规模效率（SE） | 规模收益 |
|---|---|---|---|---|
| 2009 | 1 | 1 | 1 | — |
| 2010 | 0.996 | 1 | 0.996 | drs |
| 2011 | 0.968 | 0.969 | 0.999 | irs |
| 2012 | 0.929 | 0.956 | 0.972 | irs |
| 2013 | 1 | 1 | 1 | — |
| 2014 | 1 | 1 | 1 | — |
| 2015 | 1 | 1 | 1 | — |
| 平均值 | 0.989 | 0.993 | 0.997 | |

注：—表示规模报酬不变，irs 表示规模报酬递增，drs 表示规模报酬递减；综合效率 = 纯技术效率 × 规模效率

由表 6-11 可得我国林业在 2006~2015 年总体情况较好，大多数时期林业投入产出均是有效的，只有在 2010~2012 年存在无效生产。而在无效生产的三个年份中，2010 年的纯技术效率是有效的，规模效率是无效的，说明该时期技术是有效的，只是没有达到最优的产出规模，在规模报酬递减的情况下，适当减小规模可以实现林业投入产出效率的增加。但这个度很难把控，在 2011 年和 2012 年林业依旧没有达到最优的产出规模，且纯技术效率也变得无效，而规模报酬变为递增，说明可以适当扩大林业投入产出规模并改善林业投入产出结构来达到最优的林业投入产出状态。在 2006~2009 年和 2013~2015 年的林业投入产出效率为 1，说明这七个年份均达到了林业投入产出的最优组合。该模型只能计算出林业投入产出效率值，而该效率是由何因素影响及该因素影响程度的大小均无法体现，下面对该效率的影响因素进行分析。

### 6.3.4　林业投入产出效率影响因素分析

1. 从林业投入产出效率计算原理分析其影响因素

继续对 6.3.3 进行分析可知，林业投入产出效率是由林业系统年末在职人数、林业投资完成额、林业总产值和造林面积共同作用而得到的，其反映了林业投入产出的配置情况。因此分析该效率的影响因素首先从这四个指标出发。而这四个指标对林业投入产出效率的影响情况可通过分别剔除某一个指标重新求得 DEA 模型来判断。在分别剔除林业系统年末在职人数、林业投资完成额、林业总产值和造林面积后的四个 DEA 模型计算结果见表 6-12。

表 6-12　不同林业投入产出下中国 2006~2015 年 DEA 模型效率平均值

| 模型编号 | 剔除的指标 | 总和效率均值 | 纯技术效率均值 | 规模效率均值 |
|---|---|---|---|---|
| 模型 3 | 林业系统年末在职人数 | 0.591 | 0.982 | 0.597 |
| 模型 4 | 林业投资完成额 | 0.839 | 0.929 | 0.893 |
| 模型 5 | 林业总产值 | 0.934 | 0.989 | 0.944 |
| 模型 6 | 造林面积 | 0.962 | 0.983 | 0.978 |

模型 3 表示剔除林业系统年末在职人数指标后的效率平均值结果,模型 4 表示剔除林业投资完成额指标后的效率平均值结果,模型 5 表示剔除林业总产值指标后的效率平均值结果,模型 6 表示剔除造林面积指标后的效率平均值结果。通过表 6-12 所显示的计算结果,比较剔除投入指标后的两个模型中,剔除林业系统年末在职人数指标后模型的效率平均值下降较多,说明林业生产系统中劳动力投入的影响较大。从林业产出方面来看,剔除林业总产值后的效率平均值较小,说明林业投入主要贡献在林业总产值上,林业总产值指标对林业投入产出效率影响比造林面积指标的影响大。

这四个指标对林业投入产出效率具体影响力的情况可用如下公式计算得到

$$S_i = \frac{V(D) - V(D^i)}{V(D)}, i = 1, 2, \cdots, m \tag{6-10}$$

式中,$S_i$ 为 $i$ 指标对林业投入产出效率的影响度,当 $i = 1$ 时,$S_1$ 为劳动力对林业投入产出效率的影响度;当 $i = 2$ 时,$S_2$ 为资本对林业投入产出效率的影响度;当 $i = 3$ 时,$S_3$ 为林业总产值对林业投入产出效率的影响度;当 $i = 4$ 时,$S_4$ 为林地面积对林业投入产出效率的影响度;$V(D)$ 为总体模型中林业投入产出效率均值,$V(D^i)$ 为剔除 $i$ 指标后的林业投入产出效率均值。

经计算得 $S_1 = 0.4024, S_2 = 0.1517, S_3 = 0.0556, S_4 = 0.0273$。在投入方面,劳动力投入对林业投入产出效率的影响较大,一方面可能是我国劳动力人才的短缺使对劳动力的利用率较高;另一方面可能是资本投入过多或资本的不合理利用导致资本利用率低下。在产出方面,林业总产值对林业投入产出效率的影响较大,说明提高林业产值比扩大林业面积更能提高林业投入产出效率,即林业综合效率主要体现在经济效益方面。该结果与田淑英和许文立(2012)及米锋等(2013)的研究相一致。

**2. 从林业投入产出效率外在影响因素分析**

除了以上四个指标影响林业投入产出效率,还可以从经济资源、社会资源、自然资源三方面考虑林业投入产出效率的影响因素(谢宝,2017)。本节在经济方面选取代表经济发展水平的实际地区生产总值,以 2000 年为基期进行平减得到;在社会方面考虑社会的人力资本和资金,林业专业技术人员和林业从业人员的教育水平均可以反映出一个地区人力资本的高低,因此选取各地历年林业从业人员中林业专业技术人员的数量和林业从业人员平均受教育年限来表示人力资本;社会资源以林业投入中的国家投入金额来表示;自然资源方面主要是林地面积和环境状况,环境状况并没有相关统计指标来加以描述,很难量化,因此以林地面积大小来表示自然资源。这里主要从经济资源和社会资源两个角度进行林业投入产出效率影响因素的分析。需要指出的是,林业从业人员平均受教育年限的计算公式参照教育年限法:$x = \sum p_i e_i / p$,其中,$i$ 为小学、初中、高中、中专和大学;$p_i$ 为教育程度是 $i$ 的林业从业人口数量;$e_i$ 为教育程度是 $i$ 的林业从业人员平均受教育年限,根据我国不同的教育程度,一般小学为 6 年,初中为 9 年,高中和中专为 12 年,大专及以上为 16 年;$p$ 为林业从业的总人口数。

为避免伪回归,本节采用面板数据进行回归,鉴于数据的可获得性,这里选取了 2006～2015 年我国除西藏的其余 30 个省(自治区、直辖市)的林业相关数据作为研究样本。首先对各市历年的林业投入产出效率进行计算，与全国分析相同，以林业系统年末在职人数、林业投资完成额作为投入要素，造林面积和林业总产值作为产出要素，再利用 Deap2.1 软件进行运算得到。

综上，被解释变量以 DEA 计算得到的林业投入产出效率来表示，记为 $T$；解释变量包括国内生产总值（GDP）、林业专业技术人员（$H$）、林业从业人员平均受教育年限（ED）、国家林业投资总额（GOV）和造林面积（RES）。根据上述分析建立如下模型：

$$T_{it} = \beta_1 + \beta_2 GDP_{it} + \beta_3 ED_{it} + \beta_4 H_{it} + \beta_5 GOV_{it} + \beta_6 RES_{it} + \varepsilon_{it} \qquad (6\text{-}11)$$

根据林业投入产出效率的定义可以看出被解释变量的取值存在一定的约束，只能在0～1 取值，当被解释变量存在大量为 1 的情况时会出现截断分布，这在一定程度上掩盖了解释变量的作用效果。在这种情况下 Tobit 模型可以很好地弥补 OLS 回归的不足。模型变为如下式子：

$$T_{it} = \begin{cases} \beta_1 + \beta_2 GDP_{it} + \beta_3 ED_{it} + \beta_4 H_{it} \\ + \beta_5 GOV_{it} + \beta_6 RES_{it} + \varepsilon_{it} & \ln T_{it} \neq 1 \\ 1 & \ln T_{it} = 1 \end{cases} \qquad (6\text{-}12)$$

将被解释变量分类，区分出值为 0 的被解释变量，以更好地研究各指标对林业投入产出效率的影响情况。Tobit 模型对参数的估计采用的是极大似然估计法，可利用软件stata13.0 回归得到。回归结果见表 6-13。

表 6-13　Tobit 模型回归结果

| 变量 | 参数 | 标准差 | $Z$ 统计量 | $p$ 值 | 置信区间 |
|---|---|---|---|---|---|
| GDP | 0.000 008 43 | 0.000 001 53 | 5.5 | 0 | [0.000 005 4，0.000 011 4] |
| ED | 0.063 163 9 | 0.013 624 2 | 4.64 | 0 | [0.036 460 9，0.089 866 9] |
| $H$ | −0.000 002 2 | 0.000 000 552 | −3.99 | 0 | [−0.000 003，−0.000 001] |
| GOV | $7.19 \times 10^{-8}$ | $3.13 \times 10^{-8}$ | 2.3 | 0.022 | [$1.05 \times 10^{-8}$，0.000 000 13] |
| RES | 0.000 000 674 | $6.86 \times 10^{-8}$ | 9.82 | 0 | [0.000 000 5，0.000 000 8] |
| 常数 | −0.683 110 2 | 0.185 146 1 | −3.69 | 0 | [−1.045 99，−0.320 230 5] |

根据上述回归结果可以看出各影响因素的系数估计结果均比较显著，均小于 0.05，标准差也较小，因此回归结果中各影响因素对林业投入产出效率有一定的解释力度。通过极大似然估计，在这五个影响因素中只有林业专业技术人数对林业投入产出效率存在显著的负向影响，即林业专业技术人员越多林业投入产出效率越小，这似乎不太符合常理，但也有一定的根据，首先在林业专业技术人员的界定上可能较为宽松，有些林业专业技术人员可能并不能熟练掌握林业生产的专业知识，这些人员的增加反而会导致林业生产的无效；其次林业专业技术人员在数量上可能已经达到足够的规模，再继续增加林业专业技术人员只是在分担原有林业专业技术人员的工作量，这将导致无效率生产，使林业投入产出效率下降。GDP、ED、GOV、RES 对林业投入产出效率的影响均为正，但这四个指标均存在不同的量纲，比较起来较为困难，只能逐一分析。各地的实际 GDP 代表着这个地区的经济发展水平，经济发展水平好的地区在资金上和人才上一般都较为充足，资金和人才的共同作

用能够较好地推动林业技术发展，从而加快林业投入产出效率的提高。各地林业从业人员平均受教育年限能够很好地弥补林业从业人员在数量上的缺陷，这在一定程度上代表着林业从业人员的质量，对林业投入产出效率的正向促进作用更直接、有力地说明了受高等教育的林业从业人员更能提高林业投入产出效率，一方面在增加林业从业人员时要严把林业从业人员的教育水平和技术水平；另一方面对林业在职员工培训方面要加大培训力度，提高林业从业人员的总体科学文化水平和专业技术水平。正向的政府投入也在一定程度上说明了政府在林业方面的重要作用，林业作为极其受自然条件约束的产业，政府较好的基础设施建设在提高林业投入产出效率的同时可以很大程度上提高林业生产者的积极性；林业还具有外部经济效应，政府的介入能够更好地利用这一效应，并充分发挥政府职能提高林业生产力；林业需要长期投资才能获得较高的效益，政府投入的增加可以引导和激励人们进行更高效林业的投入生产活动。林地面积的多少在一定程度上反映了该地区自然环境和气候的好坏，林地面积多的地区更适合林业的发展，即使有较少的劳动力投入和资金投入，该地区也能利用自然条件获得较高的林业产值；同时林地面积增加带来的外部效应和规模效应很大程度上带动着林业的发展，因此林地面积的增加能够很好地提高林业投入产出效率。

为检验上述回归结果是否稳健，本节对上述模型进行稳健性检验。将线性模型更改为指数模型后，利用 stata13.0 进行 Tobit 模型回归得到表 6-14。

表 6-14　稳健性回归结果

| 变量 | 参数 | 标准差 | Z 统计量 | p 值 | 置信区间 |
| --- | --- | --- | --- | --- | --- |
| lnGDP | 0.385 956 9 | 0.083 849 | 4.6 | 0 | [0.221 616，0.550 297 9] |
| lnED | 0.071 463 7 | 0.597 643 7 | 0.12 | 0.905 | [−1.099 896，1.242 824] |
| ln$H$ | −0.203 451 | 0.103 134 2 | −1.97 | 0.049 | [−0.405 59，−0.001 312] |
| lnGOV | 0.076 582 4 | 0.023 402 1 | 3.27 | 0.001 | [0.030 715 2，0.122 449 6] |
| lnRES | 0.450 222 4 | 0.025 919 6 | 17.37 | 0 | [0.399 421，0.501 023 8] |
| 常数 | −8.870 821 | 1.908 33 | −4.65 | 0 | [−12.611 08，−5.130 563] |

根据回归结果各影响因素的弹性系数方向和上文一致，仍是林业专业技术人员数量对林业投入产出效率的影响为负，其余均为正向影响。但值得注意的是林业从业人员平均受教育年限的弹性系数在指数模型中的显著性并不高，甚至接近于 1，这可能是由于模型设定导致的偏差。总体来说关于林业投入产出效率影响因素的回归模型是稳健的，不存在明显的符号变化，可以说明地区实际 GDP、林业从业人员平均受教育年限、国家林业投资、林地面积对林业投入产出效率有较明显的推动作用，而林业从业人员中林业专业技术人员对林业投入产出效率有明显的抑制作用。

基于上述分析，在林业投入产出效率的计算过程中，投入方面林业系统年末在职人数对林业投入产出效率影响更大，林业投资完成额的影响较小，产出方面林业总产值的增加对林业投入产出效率的影响较大，造林面积的影响较小。在对林业投入产出效率的外部影响因素分析中可以得到代表经济资源和自然资源的地区实际 GDP 和林地面积对林业投入产出效率有显著的正向影响；代表社会资源的林业专业技术人员和林业从业人员平均受教育年限对林业投入产出效率的影响却相反，林业专业技术人员对林业投入产出效率的影响为负，林业从业人员平均受教育年限对林业投入产出效率的影响为正。结合两种林业投入产出效率影响因素的分析，鉴于林业投资回报周期较长，在计划投入时应着重把控林业从业人数，聘用高学历、高技术水平的林业工人，并加大林业从业人员的专业培训力度；适当加大对林业国有资本的投入，同时加强对林业资本的监督力度，提高林业资本的使用效率；在计划产出方面地区林业总产值在一定程度上反映了当地实际 GDP，林业总产值增加当地 GDP 也会增加，不论是地区实际 GDP 还是林业总产值均对林业投入产出效率有较大的影响，在设定产出目标时可把重点放在产值增加上面；林地面积能在一定程度上反映当地的林业发展，根据回归结果林地面积对林业投入产出有显著的促进作用，在实现林业总产值增加的目标上还要兼顾林地面积的扩张。

# 6.4　林业生产技术效率测算

6.3 节主要讨论了我国 2006～2015 年林业投入产出效率及其综合效率，本节在 6.3 节的基础上着重分析林业生产技术效率，为了更深入地研究我国的林业生产技术效率情况，本节选取了我国 2006～2015 年 31 个省（自治区、直辖市）的面板数据进行研究分析，并进一步研究各区域纯技术效率的收敛性。

## 6.4.1　引言

对任何生产来说技术的提升不仅能使投入成本减少还能使产出增加，是经济实现长期增长的必要条件。林业生产在技术方面的情况，可以利用林业生产技术效率来描述。在对林业生产技术效率的研究中一般采用两种方法，即 6.2 节与 6.3 节提到的随机前沿法和 DEA。近年来使用随机前沿法的较多，如石将色和赖青霞（2016）以土地、劳动力和资本作为投入变量，以林业总产值作为产出变量分析了林业生产效率，还有董晓丽（2016）和常洪玮（2017）均采用相类似的方法，但使用该种方法测出的林业生产效率并不是纯技术效率，还包含了规模效率。徐伟等（2015）使用了省级面板数据进行林业生产技术效率测算，但分析的也是总效率，而没讨论纯技术效率。林业作为极依赖自然资源的产业，比其他产业所受到的约束性更强，不仅受到劳动力和资金的约束，还受到各种气候和环境的约束，技术水平的提升能在一定程度上降低该产业对劳动力、物力和自然的依赖，从而得到更好的发展。

## 6.4.2　变量说明和模型构建

为了对林业生产技术效率更好地分解出纯技术效率，这里采用与 6.3 节相类似的 DEA 模型，指标选取与 6.1 节类似，以林业总产值和林地面积为产出指标，以林业系统年末在职人数和林业投资完成额为投入指标，所不同的是这里数据选取 2006～2015 年的省级面板数据，模型的构建也参照上节所述的投入主导型 VRS 的 DEA 模型。

这里主要进行林业生产技术效率收敛性方法的介绍。计算区域的收敛性主要分析该区

域是否存在 $\sigma$ 收敛、$\beta$ 收敛和"俱乐部收敛"。若存在 $\sigma$ 收敛，则 $\sigma_t > \sigma_{t+1}$，其中 $\sigma_t$ 是指第 $t$ 年 31 个省（自治区、直辖市）林业生产技术效率的标准差，表示第 $t$ 年的收敛指数。若存在 $\beta$ 收敛，则需要回归如下模型：

$$1/T \cdot \log(\text{PTE}_{i,t}/\text{PTE}_{i,t-1}) = \alpha - (1 - e^{-\beta T})/T \cdot \log \text{PTE}_{i,t-T} + u \qquad (6\text{-}13)$$

式中，$T$ 为样本之间的时间跨度，这里考察的是 2006～2015 年的样本数据，依据不同观察期和基期，$T$ 可取 1～9；$\text{PTE}_{i,t}$ 为纯技术效率；$u$ 为残差项。该回归方程可以得到常数项 $\alpha$ 和系数 $-(1 - e^{-\beta T})/T$，最终得到的 $\beta$ 值，即收敛指数，若系数为负且回归模型显著则说明从基期 $t-T$ 时期至观察期 $t$ 时期的林业产出效率年均增长率与初始时期的林业产出效率负相关，即同一时间段内林业产出效率较小的省份其产出效率增长更快，存在 $\beta$ 收敛。

"俱乐部收敛"是 $\beta$ 收敛的衍生，即先将样本分类再进行 $\beta$ 收敛的操作步骤。

### 6.4.3　纯技术效率测算

利用 Deap2.1 软件对 2006～2015 年我国 31 个省（自治区、直辖市）林业生产系统进行纯技术效率测算，通过效率分解，即综合效率＝纯技术效率×规模效率，得到纯技术效率值，见表 6-15。

表 6-15　2006～2015 年我国 31 个省（自治区、直辖市）的纯技术效率值

| 地区 | 2006 年 | 2007 年 | 2008 年 | 2009 年 | 2010 年 | 2011 年 | 2012 年 | 2013 年 | 2014 年 | 2015 年 | 平均值 |
|---|---|---|---|---|---|---|---|---|---|---|---|
| 北京 | 0.05 | 0.05 | 0.06 | 0.06 | 0.05 | 0.11 | 0.27 | 0.40 | 0.42 | 0.30 | 0.18 |
| 天津 | 0.62 | 0.63 | 0.69 | 0.77 | 0.69 | 0.90 | 1.00 | 0.90 | 0.99 | 1.00 | 0.82 |
| 河北 | 0.32 | 0.42 | 0.57 | 0.50 | 0.37 | 0.44 | 0.53 | 0.67 | 0.82 | 0.74 | 0.54 |
| 山西 | 0.48 | 0.37 | 0.45 | 0.63 | 0.51 | 0.58 | 0.59 | 0.62 | 0.68 | 0.48 | 0.54 |
| 内蒙古 | 0.07 | 0.27 | 0.42 | 1.00 | 0.39 | 0.53 | 0.74 | 0.86 | 0.34 | 0.20 | 0.48 |
| 辽宁 | 0.16 | 0.19 | 0.20 | 0.23 | 0.33 | 0.52 | 0.64 | 0.64 | 0.71 | 0.52 | 0.41 |
| 吉林 | 0.02 | 0.02 | 0.03 | 0.03 | 0.04 | 0.04 | 0.05 | 0.07 | 0.07 | 0.06 | 0.04 |
| 黑龙江 | 0.01 | 0.02 | 0.02 | 0.03 | 0.04 | 0.03 | 0.04 | 0.04 | 0.05 | 0.04 | 0.03 |
| 上海 | 0.90 | 0.55 | 0.66 | 0.39 | 0.38 | 0.37 | 0.41 | 0.40 | 0.58 | 0.69 | 0.53 |
| 江苏 | 0.17 | 0.24 | 0.19 | 0.22 | 0.35 | 0.35 | 0.29 | 0.35 | 0.40 | 0.41 | 0.30 |
| 浙江 | 0.31 | 0.36 | 0.40 | 0.48 | 0.45 | 0.56 | 0.63 | 0.65 | 0.69 | 0.68 | 0.52 |
| 安徽 | 0.16 | 0.21 | 0.24 | 0.30 | 0.31 | 0.41 | 0.52 | 0.81 | 0.99 | 1.00 | 0.49 |
| 福建 | 0.17 | 0.21 | 0.26 | 0.30 | 0.37 | 0.75 | 0.67 | 0.86 | 1.00 | 0.98 | 0.56 |
| 江西 | 0.11 | 0.16 | 0.29 | 0.26 | 0.28 | 0.24 | 0.25 | 0.31 | 0.34 | 0.38 | 0.26 |
| 山东 | 0.20 | 0.24 | 0.36 | 0.37 | 0.36 | 0.42 | 0.41 | 0.54 | 0.60 | 0.60 | 0.41 |
| 河南 | 0.30 | 0.20 | 0.66 | 0.87 | 0.43 | 0.48 | 0.49 | 0.56 | 0.58 | 0.38 | 0.49 |
| 湖北 | 0.11 | 0.16 | 0.19 | 0.20 | 0.25 | 0.32 | 0.35 | 0.50 | 0.60 | 0.55 | 0.32 |
| 湖南 | 0.16 | 0.18 | 0.20 | 0.27 | 0.37 | 0.61 | 0.63 | 0.65 | 0.77 | 0.65 | 0.45 |
| 广东 | 0.09 | 0.10 | 0.11 | 0.13 | 0.32 | 0.46 | 0.48 | 0.58 | 0.69 | 0.73 | 0.37 |

续表

| 地区 | 2006 年 | 2007 年 | 2008 年 | 2009 年 | 2010 年 | 2011 年 | 2012 年 | 2013 年 | 2014 年 | 2015 年 | 平均值 |
|---|---|---|---|---|---|---|---|---|---|---|---|
| 广西 | 0.13 | 0.16 | 0.20 | 0.21 | 0.28 | 0.34 | 0.40 | 0.48 | 0.57 | 0.58 | 0.34 |
| 海南 | 0.67 | 0.59 | 0.59 | 0.53 | 0.74 | 1.00 | 0.78 | 0.70 | 0.59 | 0.51 | 0.67 |
| 重庆 | 0.20 | 0.46 | 0.48 | 0.46 | 1.00 | 0.99 | 0.91 | 1.00 | 0.99 | 0.92 | 0.74 |
| 四川 | 0.09 | 0.27 | 0.63 | 0.51 | 0.40 | 0.27 | 0.22 | 0.27 | 0.28 | 0.48 | 0.34 |
| 贵州 | 0.09 | 0.16 | 0.18 | 0.24 | 0.22 | 0.26 | 0.24 | 0.64 | 0.67 | 0.90 | 0.36 |
| 云南 | 0.22 | 0.41 | 0.79 | 1.00 | 0.91 | 1.00 | 0.92 | 1.00 | 0.94 | 1.00 | 0.82 |
| 西藏 | 0.42 | 0.50 | 0.51 | 0.57 | 0.26 | 0.46 | 0.27 | 0.27 | 1.00 | 0.58 | 0.48 |
| 陕西 | 0.18 | 0.23 | 0.31 | 0.74 | 0.52 | 0.38 | 0.38 | 0.44 | 0.45 | 0.26 | 0.39 |
| 甘肃 | 0.12 | 0.13 | 0.14 | 0.18 | 0.20 | 0.16 | 0.15 | 0.15 | 0.18 | 0.22 | 0.16 |
| 青海 | 0.07 | 0.15 | 0.19 | 0.46 | 0.37 | 0.47 | 0.42 | 0.51 | 0.42 | 0.19 | 0.32 |
| 宁夏 | 0.17 | 0.22 | 0.32 | 0.29 | 0.29 | 0.30 | 0.31 | 0.33 | 0.29 | 0.19 | 0.27 |
| 新疆 | 0.16 | 0.22 | 0.34 | 0.52 | 0.29 | 0.27 | 0.29 | 0.26 | 0.28 | 0.29 | 0.29 |
| 平均值 | 0.22 | 0.26 | 0.34 | 0.41 | 0.38 | 0.45 | 0.46 | 0.53 | 0.58 | 0.53 | 0.42 |

根据表 6-15 横向数据来看，各省（自治区、直辖市）的纯技术效率相差较大，从各省（自治区、直辖市）10 年的纯技术效率平均值来看，最低的吉林和黑龙江纯技术效率平均值均没有超过 0.05，而最高的天津和云南纯技术效率平均值均达到 0.8 以上，是吉林和黑龙江的 16 倍之多。而黑龙江和吉林均属于我国东北林区范畴，东北林区的其他两个省区辽宁和内蒙古的纯技术效率平均值均在 0.4 以上，差距较大。西南林区的四个省（自治区、直辖市）的纯技术效率平均值均在 0.3 以上，技术水平较高。所含省（自治区、直辖市）较多的东南林区和北方林区内部省（自治区、直辖市）的纯技术效率平均值差距更大，东南林区中纯技术效率平均值最高的海南与纯技术效率平均值最低的江西之间相差近 0.5。而北方林区纯技术效率平均值存在明显的东西部差异，以陕西为界限的以西包括陕西的五个省（自治区、直辖市）纯技术效率平均值均不到 0.4，东部的省（自治区、直辖市）除了北京，其他省（自治区、直辖市）纯技术效率平均值均超过 0.4，因此在技术方面的投入我国还需要加以平衡。

从表 6-15 纵向数据来看，根据所示省（自治区、直辖市）历年纯技术效率平均值，我国林业纯技术效率基本成一个上升趋势，在 2015 年有所下滑。但该项平均值并不是很大，截至 2015 年也只有 0.53，因此对于省（自治区、直辖市）的纯技术效率需要加大提升力度。

### 6.4.4　纯技术效率收敛性分析

基于 6.4.3 节的测算结果，省（自治区、直辖市）之间纯技术效率的差异很大，在这种差异背后是否存在收敛性还需要进一步讨论，这里先就全国所有省（自治区、直辖市）进行收敛性分析，再分东北林区、西南林区、东南林区和北方林区进行"俱乐部收敛"分析。通过计算每年各省（自治区、直辖市）纯技术效率对数值的标准差来判断是否存在 $\sigma$ 收敛，见表 6-16。

表 6-16 纯技术效率 $\sigma$ 收敛指数

| 参数 | 2006 年 | 2007 年 | 2008 年 | 2009 年 | 2010 年 | 2011 年 | 2012 年 | 2013 年 | 2014 年 | 2015 年 |
|---|---|---|---|---|---|---|---|---|---|---|
| 收敛指数 | 0.9030 | 0.8136 | 0.8508 | 0.8516 | 0.7455 | 0.8032 | 0.7449 | 0.7124 | 0.7144 | 0.7486 |

由表 6-16 可以看出我国 31 个省（自治区、直辖市）纯技术效率 $\sigma$ 收敛指数在 2006～2015 年并不存在绝对的递减趋势，说明在这个时间段，我国各省（自治区、直辖市）并不存在绝对的 $\sigma$ 收敛，只有在 2006 年至 2007 年、2009 年至 2010 年和 2011 年至 2012 年这三个时间段存在收敛。

判断是否存在 $\beta$ 收敛需要回归方程式（6-12），利用 stata13.0 进行回归可以得到模型 7 的结果情况。"俱乐部收敛"是 $\beta$ 收敛的衍生，因此用同样的方法分林区进行回归，得到模型 8、模型 9、模型 10 和模型 11，分别代表东北林区、西南林区、东南林区和北方林区的"俱乐部收敛"回归结果，具体结果见表 6-17。

表 6-17 纯技术效率 $\beta$ 收敛回归结果

| 变量 | 模型 7 | 模型 8 | 模型 9 | 模型 10 | 模型 11 |
|---|---|---|---|---|---|
| $PTE_{i,\,t-T}$ | $-0.3327^{***}$ | $-0.4628^{***}$ | $-0.6555^{***}$ | $-0.1470^{***}$ | $-0.3751^{***}$ |
| 常数 | $-0.2807^{***}$ | $-0.8900^{***}$ | $-0.3257^{***}$ | $-0.0192$ | $-0.3449^{***}$ |
| $\beta$ | 0.4045 | 0.6214 | 1.0657 | 0.1590 | 0.4702 |
| $R^2$ | 0.2572 | 0.3927 | 0.5248 | 0.1263 | 0.2502 |
| $F$ | $85.51^{***}$ | $20.5^{***}$ | $34.24^{***}$ | $13.74^{***}$ | $29.03^{***}$ |

\*\*\*表示在 1%的显著性水平下显著

根据表 6-17 的回归结果，五个模型的 $F$ 统计量均在 1%的显著性水平下显著，说明这五个模型成立。模型 7，$PTE_{i,\,t-T}$ 和常数项均显著，说明我国各省（自治区、直辖市）在总体上存在 $\beta$ 收敛，且 $\beta$ 值为 0.4045，即收敛速度为 0.4045，收敛速度中等。模型 8～模型 11 体现的是"俱乐部收敛"，即东北林区、西南林区、东南林区和北方林区的 $\beta$ 收敛情况。其中，东南林区、西南林区和北方林区的 $PTE_{i,\,t-T}$ 与常数项均在 1%的显著性水平下显著，因此这三个林区存在较明显的 $\beta$ 收敛。这三个林区收敛速度排序如下：西南林区（1.0657）>东北林区（0.6214）>北方林区（0.4702）。由此可见西南林区和东北林区的"俱乐部收敛"明显且收敛速度较快，北方林区"俱乐部收敛"适中，东南林区"俱乐部收敛"不太明显，且收敛速度也较低。

## 6.5 结论与政策建议

### 6.5.1 主要结论

通过以上分析可以得到以下结论。

1）我国林业产出要素及林业投入要素均存在显著的空间自相关性，且大多数省（自治区、直辖市）的林业产出要素及林业投入要素均呈现出高高集聚态势。

2）由林业经济投入产出情况的 SDM 的实证结果的分解效应可知，资本要素和技术进步对于我国的林业产出具有显著的促进作用，土地要素对我国的林业产出在 10%的显著性水平上存在显著的抑制作用，而劳动力要素对我国林业产出的影响作用不够显著。

3）通过测算各个生产要素的林业产出贡献率可知，我国资本要素的林业产出贡献率最大，技术进步的林业产出贡献率次之，要素之间的贡献率大小为：资本要素>技术进步>劳动力要素>土地要素。

4）由我国林业经济发展影响因素的空间计量分析可知，劳动力要素投入、劳动力受教育年限投入及林业产业结构调整均对我国林业经济发展呈现显著负相关，技术进步的影响显著为正，而资本要素投入、森林资源及国家扶持对我国林业经济发展影响不显著。

5）林业生产要素主要包括劳动力、资本和土地。以 2006～2015 年的省级数据作为研究样本，根据随机前沿分析法进行的林业要素配置效率测算，劳动力要素投入对林业产出有负向作用。说明随着科技水平和教育水平的提高，在林业生产中对劳动力数量的需求并不大，需要减少林业劳动力使其得到充分的利用，不能盲目投入劳动力要素。资本要素投入和土地要素投入对林业产出有较大的促进作用，其中土地要素的促进作用稍大一些，说明还需要加大资本和土地的投入来实现林业要素的有效配置。加入时间要素后，时间有较为显著的促进作用，随时间的推移，我国的林业要素配置效率在不断提高。将林业产出也加入到林业要素配置中进行林业投入产出效率计算，把土地视为劳动力和资本投入的成果放入林业投入产出模型中计算，我国总体上林业投入产出是有效的，在林业投入方面劳动力要素投入对效率的影响较大，在林业产出方面林业总产值对效率的影响较大，应着重考虑劳动力要素投入和对林业总产值的规划。从效率中分解出纯技术效率，根据纯技术效率测算结果可知我国总体纯技术效率还很低，但有一定的增长趋势，省、自治区、直辖市之间纯技术效率差异较大；整体上存在 $\beta$ 收敛，其中东北林区和西南林区收敛速度较快，东南林区收敛速度较慢。

6）从全国总体上来看，林业总产值在不断上升，劳动力要素投入呈下降趋势，土地要素和资本要素均有一定的上升；劳动力要素投入集约度在不断上升，资本要素投入集约度在不断下降，2012 年起降速变缓，土地要素集约度有所上升。这说明劳动力要素和土地要素的使用效率在提高，而对资本要素的使用效率是下降的，因而需要更谨慎地进行资本要素的投入以提高其投资效率。

7）从省级情况来看，东北林区在劳动力要素投入上投入最多，但其劳动力集约度是最低的，说明该区域对劳动力的投入过多；在资本要素投入上较少，但林地面积较多，林业要素配置效率和纯技术效率均较低，说明东北林区主要依靠简单劳动力要素投入来进行生产，需要加大投资力度来提高技术和产能。而西南林区劳动力要素投入和资本要素投入均是最少的，且土地要素投入也不多，但在劳动力要素、土地要素、资本要素集约度上均高于东北林区，纯技术效率也处于中等，其林业要素配置效率较低，说明西南林区的改进可以主要放在增加投入量上，稳步提升技术水平。东南林区发展在四个林区中是最好的，在劳动力要素投入上，虽不是最多的，但劳动力要素投入集约度是最高的且增长较快，说明该区域劳动力要素对生产力作用较大，对劳动力的利用率较高；在资本要素投入上，近年来增长较快，但其集约度不断下降至低于东北林区和西南林区，其资本增速需要相应减缓；而东南林区对土地要素投入虽然是最高的但其集约度也是最高的，说明还可以进一步增加土地的投入。东南林区在林业要素配置效率和纯技术效率上均较高,在林地扩张的同时可以适当增加劳动力和资本投入。北方林区在劳动力要素投入和土地要素投入上均较少而资本要素投入较多,但其资本要素集约度是四个林区中最低的,劳动力要素集约度也较低,土地要素集约度较高,需要相应加大土地要素投入,减缓资本要素投入增速,并相应减少劳动力要素投入来提高林业要素配置效率;在林业要素配置效率的计算中北方林区西部的陕西、甘肃、青海、宁夏五个省(自治区)明显低于东部的省(自治区、直辖市),其劳动力要素集约度和土地要素集约度均比东部的省(自治区、直辖市)低很多,因此需要分开讨论。在纯技术效率上北方林区的西部地区也稍小于东部地区,需要更侧重西部地区的技术投入。

### 6.5.2　政策建议

针对以上结论,并结合我国目前林业发展现状及趋势,本书提出如下政策建议。

1)加大资本要素投入,增强技术创新力度。资本要素对我国林业产出的影响最大,且资本要素的林业产出贡献率居于首位,加大林业资本要素投入是发展林业的明智之举,而技术进步对于我国林业产出的影响也较大,因此应当加大创新力度,逐步实现机械化和规模化。

2)全国层面,需要继续加强人才培养,提高林业劳动力质量;稳步增加资本投入,大力加强技术资本投入,并加强对林业资金运作的监管,提高资金利用率;在逐步提高林业产值目标的同时稳步增加林地面积,努力促进经济和生态协调发展。

3)东北林区,需要着重加强林区林业劳动力的职业教育,提高林区林业劳动力专业水平,有计划地减少林业劳动力投入;大力加强技术资本投入,提高林业纯技术效率和土地生产力;统筹发展林业第一产业、第二产业、第三产业,增加林业产值;适当增加林地面积,以促进劳动力和资本的配置。

4)西南林区,需要综合增加劳动力、资本和土地的投入。可稳步增加中、高技术林业劳动力人才的投入,着力加强资本投入,但需要加强资金的审批和监管;加强土地改造,增加林地面积,挖掘林业经济效益,逐步提高林业产值。

5)东南林区,需要加大对林业资金使用的审批和监管,放缓资金的投入速度,提高资金利用率;在扩大林地面积的同时可适当增加林业劳动力的投入;进一步提高林业生产技术,利用区位优势大力发展第三产业,在保证生态平衡的前提下提高林业产值。

6)北方林区,需要减缓资本的投入速度,提高资本使用效率;大力加强北方林区西部地区技术资本投入,以提高林业人员操作水平和土地的生产力;稳步增加东部地区的林地面积,配合以适量的资本投入和劳动力投入,加强对林业的第二产业、第三产业的发展,提高林业总产值。

## 6.6　案例:森林资源产业结构协调与优化分析

森林资源是林地及其所生长的森林有机体的总称,林业产业的发展则建立在森林资源的基础之上,而对森林资源的开发利用,必须根据森林资源所处的地域来确定经营目标。林业产业结构主要包括三大产业,以林业的培育和种植为代表的林业第一产业、以木材加工及木竹藤等制品制造为代表的林业第二产业，以林业旅游和休闲服务为代表的林业第三产业。

### 6.6.1　我国林业产业结构现状

我国的林业产业原先以林业采运业为主，而目前则是以发展经济林、森林旅游业等新兴产业为主的，但是，我国的林业产业结构目前还存在一些问题，林业产业结构还不尽合理，低级化的现象仍存在，我国目前林业三大产业产值及产值占比见表 6-18，在此基础上对我国林业三大产业产值（图 6-21）及林业三大产业产值占比（图 6-22）做出相应的趋势图。

**表 6-18　我国林业三大产业产值及产值占比**

| 年份 | 林业三大产业产值/万元 | | | 林业三大产业产值占比 | | |
| --- | --- | --- | --- | --- | --- | --- |
| | 林业第一产业产值 | 林业第二产业产值 | 林业第三产业产值 | 林业第一产业产值占比 | 林业第二产业产值占比 | 林业第三产业产值占比 |
| 2006 | 47 088 160 | 51 983 970 | 7 450 032 | 0.442 1 | 0.488 0 | 0.069 9 |
| 2007 | 55 462 139 | 60 339 163 | 9 532 909 | 0.442 5 | 0.481 4 | 0.076 1 |
| 2008 | 63 588 230 | 68 382 467 | 12 093 432 | 0.441 4 | 0.474 7 | 0.083 9 |
| 2009 | 72 252 565 | 87 179 183 | 15 505 588 | 0.413 1 | 0.498 3 | 0.088 6 |
| 2010 | 88 952 112 | 118 769 494 | 20 068 626 | 0.390 5 | 0.521 4 | 0.088 1 |
| 2011 | 110 561 944 | 166 883 963 | 28 521 401 | 0.361 4 | 0.545 4 | 0.093 2 |
| 2012 | 137 485 185 | 208 983 022 | 48 040 868 | 0.348 5 | 0.529 7 | 0.121 8 |
| 2013 | 163 737 921 | 249 761 641 | 59 654 834 | 0.346 1 | 0.527 9 | 0.126 0 |
| 2014 | 185 594 583 | 280 880 407 | 73 854 433 | 0.343 5 | 0.519 8 | 0.136 7 |
| 2015 | 202 073 172 | 298 933 386 | 92 620 577 | 0.340 4 | 0.503 6 | 0.156 0 |

资料来源：2007～2016 年《中国林业统计年鉴》

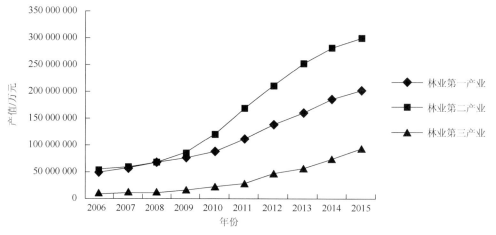

图 6-21　我国林业三大产业产值趋势图

资料来源：2007～2016 年《中国林业统计年鉴》

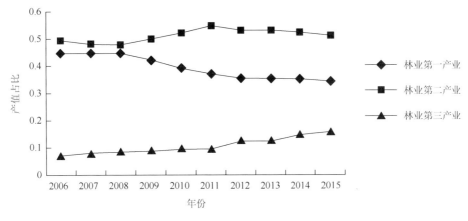

图 6-22　我国林业三大产业产值占比趋势图

资料来源：2007～2016 年《中国林业统计年鉴》

由我国的林业三大产业产值趋势图可以看出，我国林业三大产业的产值均呈现逐步上升的趋势，且林业第二产业产值的增长速度最快，说明我国林业产出在逐步增多，同时，由我国林业三大产业产值占比趋势图可知，我国林业第二产业占比最大，是我国林业的首要产业，且随着时间的推移，其占比变动不大，我国林业第一产业产值占比次之，且其趋势呈现出下降状态，而我国林业第三产业产值占比呈现出逐步上升趋势，且在林业三大产业中占比最小，说明其产出不如林业第一产业和林业第二产业，我国应当重视发展森林的旅游业，推动相关森林旅游产业的发展。

### 6.6.2　国内外林业产业结构发展趋势

近年来，各国的环保意识逐步加强，世界各国在调整林业产业结构时均为了发挥森林的各种效益，实现森林产业的持续经营，逐步优化林业产业结构。

林业第一产业目前依然占比较大，因此也要加强其发展，主要趋势为：要以加速发展用材林来满足整个社会对木材的需求，要以生态效益和社会效益为主导，发展社会林业。同时，要发展城市的林业，增加城市绿地面积，如建立城市公园或绿化带，从而改善人民的居住环境。林业第二产业是三大产业中的主导产业，想要发展林业第二产业，不仅要拓宽林业的加工范围，调整其产业结构，还要增加第二产业产品的附加值，增加其加工的深度，提高其加工的精度。林业第二产业的发展要加大研发力度，大力推广新技术，力所能及地解决所带来的一系列环境问题。同时，注意发展规模经济和范围经济，以该领域的龙头企业为目标，使其形成规模化、高效化的经营模式。林业第三产业中的森林旅游业是一种绿色产业，其发展集中了生态、经济及社会的特点，是一种具有高附加值的产业，我国在大力发展林业第三产业的同时应当使其加强全方位的服务，为发展林业第一产业、林业第二产业保驾护航。

### 6.6.3　林业产业结构动态关联分析

随着我国经济的快速发展，林业产业结构也随之发生变化，由过去的单一产业向涉及国民经济体系中的三个产业的复合产业转移。所以，目前我国的林业产业结构具有明显的模糊性和信息的不完全性，是一个多层次、多因素的复杂系统。我国目前林业产业结构的特点，说明我国林业产业结构是一个灰色系统。本节在前面分析林业产业结构的现状及发展趋势的基础上，运用灰色关联度模型对我国林业三大产业之间及林业三大产业内部进行灰色关联度分析，为调整和优化我国林业产业结构提供科学的决策依据。

（1）灰色关联度模型构建

1）确定参考序列和比较序列。

设 $X_0 = \{X_o(k)|k=1,2,\cdots,n\}$ 为参考序列，$X_i = X_i(k)|k=1,2,\cdots,n\}$ $(i=1,2,\cdots,m)$ 为比较序列。

2）无量纲化处理。

3）求 $X_0(k)$ 与 $X_i(k)$ 的关联系数 $L_i(k)$。

4）计算关联度：$r_i = \dfrac{1}{n}\sum_{i=1}^{n} L_i(k)$。

（2）模型所需的基础数据

根据 2007～2016 年《中国林业统计年鉴》，筛选出我国 2006～2015 年林业三大产业产值和各个产业内部的各亚产业产值，并且运用灰色关联度模型对其进行分析，通过计算不同时段各个因素之间的灰色关联度，进行灰色关联度分析，可以看出我国林业产业内部结构的动态发展趋势，为了保证数据计算口径纵向可比，本书对数据进行如下处理：《中国林业统计年鉴》中的林业第二产业组成部分存在其他产业的项目，由于其不明确，在做灰色关联度分析时将其剔除；在 2008 年之前，林业第三产业中将自然保护管理服务、森林公园管理服务、林业公共管理服务分开进行统计，而在 2008 年后则将其合并为林业公共管理及其他组织服务，本书进行灰色关联度分析时则将林业公共管理及其他组织服务作为分析对象；此外，为了统一口径便于进行数据分析，本书将 2013 年新增的林业第一产业中造林和更新、森林经营和管护，2014 年新增的林业第三产业中的林业生产服务去除。对于数据进行处理后，得到表 6-19～表 6-22 中的数据。

表 6-19　2006～2015 年我国林业总产值及林业三大产业产值　　　单位：亿元

| 年份 | 总产值 | 林业第一产业 | 林业第二产业 | 林业第三产业 |
|---|---|---|---|---|
| 2006 | 10 536.596 0 | 4 708.816 0 | 5 082.776 8 | 745.003 2 |
| 2007 | 12 379.084 8 | 5 546.213 9 | 5 879.580 0 | 953.290 9 |
| 2008 | 14 188.466 8 | 6 358.823 0 | 6 620.300 6 | 1 209.343 2 |
| 2009 | 17 201.066 8 | 7 225.256 5 | 8 425.251 5 | 1 550.558 8 |
| 2010 | 22 261.265 2 | 8 895.211 2 | 11 359.191 4 | 2 006.862 6 |
| 2011 | 29 860.810 4 | 11 056.194 4 | 15 952.475 9 | 2 852.140 1 |
| 2012 | 38 347.785 8 | 13 748.518 5 | 19 795.180 5 | 4 804.086 8 |
| 2013 | 44 658.152 9 | 14 583.232 6 | 24 109.436 9 | 5 965.483 4 |
| 2014 | 50 844.595 2 | 16 976.458 3 | 26 731.751 7 | 7 136.385 2 |
| 2015 | 56 303.623 3 | 18 644.317 2 | 28 759.909 3 | 8 899.396 8 |

资料来源：2007～2016 年《中国林业统计年鉴》

表 6-20　2006～2015 年我国林业第一产业内部各亚产业产值　　　单位：亿元

| 年份 | 林业第一产业 | 林业的培育和种植 | 木材和竹材的采运 | 经济林产品的种植与采集 | 花卉的种植 | 陆生野生动物的繁殖与利用 | 林业服务业 | 非林产业 |
|---|---|---|---|---|---|---|---|---|
| 2006 | 4 708.82 | 741.79 | 622.77 | 2 550.70 | 420.75 | 80.22 | 66.46 | 226.12 |
| 2007 | 5 546.21 | 823.56 | 710.90 | 3 069.05 | 509.77 | 95.77 | 77.78 | 259.40 |
| 2008 | 6 358.82 | 1 064.09 | 814.36 | 3 456.34 | 530.78 | 130.77 | 81.64 | 280.85 |
| 2009 | 7 225.26 | 1 302.50 | 763.70 | 3 903.20 | 643.79 | 173.60 | 113.19 | 325.28 |
| 2010 | 8 895.21 | 1 478.57 | 881.52 | 5 158.19 | 703.12 | 226.11 | 117.47 | 330.24 |
| 2011 | 11 056.19 | 1 915.27 | 948.47 | 6 319.87 | 939.91 | 281.53 | 191.63 | 459.52 |
| 2012 | 13 748.52 | 2 539.95 | 963.41 | 7 751.88 | 1 265.21 | 392.43 | 220.78 | 614.86 |
| 2013 | 14 583.23 | 1 277.50 | 1 010.30 | 9 240.37 | 1 626.84 | 507.38 | 199.42 | 721.42 |
| 2014 | 16 976.46 | 1 564.93 | 1 085.74 | 10 728.04 | 1 854.63 | 535.20 | 287.62 | 920.29 |
| 2015 | 18 644.32 | 1 711.35 | 999.83 | 11 948.81 | 2 106.27 | 551.08 | 284.01 | 1 042.97 |

资料来源：2007～2016 年《中国林业统计年鉴》

表 6-21　2006～2015 年我国林业第二产业内部各亚产业产值　　　单位：亿元

| 年份 | 林业第二产业 | 木材加工及木、竹、藤、棕、苇制品制造 | 木、竹、藤家具制造 | 木、竹、苇浆造纸 | 林产化学产品制造 | 木质工艺品和木质文教体育用品制造 | 非木质林产品加工制造业 | 林业系统非林产业 |
|---|---|---|---|---|---|---|---|---|
| 2006 | 5 082.78 | 2 719.18 | 881.87 | 656.31 | 147.77 | 171.63 | 388.06 | 117.96 |
| 2007 | 5 879.58 | 2 990.94 | 846.82 | 1 051.23 | 201.55 | 176.55 | 439.23 | 173.27 |
| 2008 | 6 620.30 | 3 232.33 | 1 058.06 | 1 179.37 | 202.45 | 203.13 | 574.82 | 170.14 |
| 2009 | 8 425.25 | 3 929.28 | 1 481.45 | 1 663.61 | 219.76 | 202.63 | 678.14 | 250.39 |
| 2010 | 11 359.19 | 4 994.43 | 1 635.46 | 2 918.75 | 328.68 | 253.95 | 912.32 | 315.59 |
| 2011 | 15 952.48 | 6 789.16 | 2 323.16 | 3 959.19 | 575.43 | 324.38 | 1 528.69 | 452.47 |
| 2012 | 19 795.18 | 8 233.95 | 2 794.39 | 4 751.52 | 634.09 | 477.48 | 2 257.41 | 646.34 |
| 2013 | 24 109.44 | 9 973.33 | 3 736.13 | 5 197.43 | 599.08 | 524.42 | 3 422.40 | 656.66 |
| 2014 | 26 731.75 | 11 028.95 | 4 480.57 | 5 346.88 | 612.51 | 558.77 | 4 034.02 | 670.05 |
| 2015 | 28 759.91 | 11 495.30 | 5 041.73 | 5 452.18 | 604.01 | 588.60 | 4 781.05 | 797.05 |

资料来源：2007～2016 年《中国林业统计年鉴》

表 6-22　2006～2015 年我国林业第三产业内部各亚产业产值　　　单位：亿元

| 年份 | 林业第三产业 | 林业旅游与休闲服务 | 林业专业技术服务 | 林业系统非林产业 | 林业生态服务 | 林业公共管理及其他组织服务 |
|---|---|---|---|---|---|---|
| 2006 | 745.0032 | 418.9285 | 21.3890 | 200.9812 | 9.5795 | 94.1250 |
| 2007 | 953.2909 | 559.3986 | 26.3631 | 248.7198 | 12.1948 | 106.6146 |
| 2008 | 1209.3432 | 689.6400 | 37.1158 | 280.0833 | 96.0960 | 106.4081 |
| 2009 | 1550.5588 | 965.2306 | 46.6240 | 249.0919 | 128.8150 | 160.7973 |
| 2010 | 2006.8626 | 1310.3652 | 48.1646 | 278.4638 | 196.9235 | 172.9455 |
| 2011 | 2852.1401 | 1863.0740 | 80.2077 | 380.1463 | 276.7685 | 251.9436 |
| 2012 | 4804.0868 | 3522.5496 | 105.6291 | 478.6942 | 365.7572 | 331.4567 |
| 2013 | 5965.4834 | 4249.6485 | 153.2224 | 639.4785 | 457.7331 | 465.4009 |
| 2014 | 7136.3852 | 5321.2379 | 171.5545 | 655.7716 | 509.5105 | 478.3107 |
| 2015 | 8899.3968 | 6758.9463 | 202.2142 | 813.7370 | 615.3179 | 509.1814 |

资料来源：2007～2016 年《中国林业统计年鉴》

（3）我国林业产业总产出与林业三大产业之间动态关联分析

以 2006～2015 年我国林业总产值为参考序列 $X_0$，以林业三大产业的产值为比较序列 $X_i$，并对其进行初始化处理，得到表 6-23 中数据。

**表 6-23　关联分析初始化序列**

| 参数 | 2006 年 | 2007 年 | 2008 年 | 2009 年 | 2010 年 | 2011 年 | 2012 年 | 2013 年 | 2014 年 | 2015 年 |
|---|---|---|---|---|---|---|---|---|---|---|
| $X_0$ | 1.000 | 1.175 | 1.347 | 1.633 | 2.113 | 2.834 | 3.639 | 4.238 | 4.826 | 5.344 |
| $X_1$ | 1.000 | 1.178 | 1.350 | 1.534 | 1.889 | 2.348 | 2.920 | 3.097 | 3.605 | 3.959 |
| $X_2$ | 1.000 | 1.157 | 1.302 | 1.657 | 2.233 | 3.135 | 3.890 | 4.737 | 5.251 | 5.648 |
| $X_3$ | 1.000 | 1.280 | 1.623 | 2.081 | 2.694 | 3.828 | 6.448 | 8.007 | 9.579 | 11.945 |

计算参考序列同比较序列之间的绝对差，见表 6-24。

**表 6-24　参考序列与比较序列之间的绝对差表**

| 参数 | 2006 年 | 2007 年 | 2008 年 | 2009 年 | 2010 年 | 2011 年 | 2012 年 | 2013 年 | 2014 年 | 2015 年 |
|---|---|---|---|---|---|---|---|---|---|---|
| $\rho_{01}$ | 0.000 | 0.003 | 0.003 | 0.099 | 0.224 | 0.486 | 0.719 | 1.141 | 1.221 | 1.385 |
| $\rho_{02}$ | 0.000 | 0.018 | 0.045 | 0.024 | 0.12 | 0.301 | 0.251 | 0.499 | 0.425 | 0.304 |
| $\rho_{03}$ | 0.000 | 0.105 | 0.276 | 0.448 | 0.581 | 0.994 | 2.809 | 3.769 | 4.753 | 6.601 |

在表 6-24 中 $\rho_{0i}$ 表示第 $i$ 行比较序列与参考序列之差，由此便可根据计算关联系数的公式：$\xi_i(k) = \dfrac{\min\limits_i \min\limits_k |X_0(k) - X_i(k)| + \sigma \max\limits_k |X_0(k) - X_i(k)|}{|X_0(k) - X_i(k)| + \sigma \max\limits_k |X_0(k) - X_i(k)|}$，计算出关联度，在这里取 $\sigma = 0.5$，根据表 6-24 可得第三行参考序列与比较序列之差在 2006 年为 0，在 2015 年为 6.601，经过计算可得

$$\xi_1(k) = (1.000, 0.999, 0.999, 0.971, 0.936, 0.872, 0.821, 0.743, 0.730, 0.704)$$
$$\xi_2(k) = (1.000, 0.995, 0.987, 0.993, 0.965, 0.916, 0.929, 0.869, 0.886, 0.916)$$
$$\xi_3(k) = (1.000, 0.969, 0.923, 0.880, 0.850, 0.769, 0.540, 0.467, 0.410, 0.333)$$

由此便可计算出：

$r_1 = (1.000 + 0.999 + 0.999 + 0.971 + 0.936 + 0.872 + 0.821 + 0.743 + 0.730 + 0.704) / 10 = 0.878$
$r_2 = (1.000 + 0.995 + 0.987 + 0.993 + 0.965 + 0.916 + 0.929 + 0.869 + 0.886 + 0.916) / 10 = 0.946$
$r_3 = (1.000 + 0.969 + 0.923 + 0.880 + 0.850 + 0.769 + 0.540 + 0.467 + 0.410 + 0.333) / 10 = 0.714$

根据以上计算灰色关联度的方法可分别计算出：2007～2015 年，2008～2015 年，2009～2015 年，2010～2015 年，2011～2015 年，2012～2015 年，2013～2015 年，

2014～2015 年我国林业三大产业总产值与林业三大产业之间的灰色关联度,计算结果见表 6-25。

表 6-25　2006～2015 年我国林业产业灰色关联度矩阵

| 项目 | 2006～ 2015 年 | 2007～ 2015 年 | 2008～ 2015 年 | 2009～ 2015 年 | 2010～ 2015 年 | 2011～ 2015 年 | 2012～ 2015 年 | 2013～ 2015 年 | 2014～ 2015 年 | 平均值 |
|---|---|---|---|---|---|---|---|---|---|---|
| 林业第一产业 | 0.878 | 0.846 | 0.798 | 0.799 | 0.813 | 0.852 | 0.740 | 0.895 | 0.942 | 0.840 |
| 林业第二产业 | 0.946 | 0.917 | 0.871 | 0.904 | 0.956 | 0.950 | 0.900 | 0.808 | 0.845 | 0.900 |
| 林业第三产业 | 0.714 | 0.703 | 0.700 | 0.681 | 0.628 | 0.577 | 0.648 | 0.667 | 0.667 | 0.665 |

从表 6-25 可以看出,林业第二产业与总产出的平均关联度最大,其次是林业第一产业,林业第三产业与总产出关联度最小,这说明林业第二产业对我国林业的影响最大,在 2006～2015 年,林业第二产业呈现出下降后上升,再下降后又上升的趋势,但其对总产出的关联度相比原来有所下降,这是由于一方面,木材加工及家具制造仍然在我国林业产业中占有重要的地位,由其带动的林业第二产业对我国林业的影响程度大;另一方面,近些年来随着林业第一、第三产业的逐渐发展,特别是林业第一产业中的经济林产品增长速度较快,相对而言林业第二产业对总产出的关联度有所下降。

林业第一产业与总产出的平均关联度居中,林业第一产业与总产出的关联度与林业第二产业与总产出的关联度较为接近,甚至在 2013～2015 年超过了林业第二产业与总产出的关联度,这是由于一方面,近些年来我国将林业建设的重点放在改善生态环境上,造林、更新面积逐渐加大;另一方面,随着近些年来我国对农业产业结构进行调整,林业产业也进行调整,大力发展经济林产业、花卉产业,使林业第一产业逐渐成为我国林业产业的重要组成部分。

林业第三产业与总产出的关联度最小,这说明林业第三产业对我国林业的影响最小,相较林业第一产业和林业第二产业差距大,虽然近些年来森林旅游业逐渐兴起,在冬季以滑雪和滑冰为主要内容,在夏季则以观光和林间漂流为主要内容,但是林业第三产业近些年来没有形成强势产业,来推动整个林业产业的发展,所以,林业第三产业发展潜力很大,而如何加速林业第三产业的发展已俨然成为目前急需解决的问题。

根据对我国林业产业结构进行灰色关联度分析可以发现我国林业产业结构存在的主要问题如下。

1)林业产业结构单一化。通过前面的分析,可以看出我国林业总产出主要集中在经济林产品的种植、采集和木材加工及家具制造这两个行业中,而如林业旅游和陆生野生动物的繁殖及利用等行业与林业总产出之间关联较小。

2)林业三大产业间结构不合理。通过表 6-25,可以看出林业第二产业在林业总产值中所占的比重较大,林业第一产业和林业第三产业所占的比重则相对较小。从目前来看,林业第一产业的基础还不够牢固,而林业第二产业的效率相对偏低,林业第三产业的基础则比较薄弱,没有发挥出其所具有的巨大潜力。林业三大产业间的结构不合理也是我国林业产业结构所存在的重要问题,需要在今后进行解决。

（4）我国林业产业第一产业内部关联分析

将林业第一产业的总产值作为参考序列，而将林业的培育和种植、木材采运、经济林产品的种植与采集、花卉业、陆生野生动物的繁殖与利用、林业服务业及非林产业作为比较序列，分别计算不同时间段的灰色关联度，列出我国林业产业第一产业灰色关联度矩阵，见表 6-26。

**表 6-26　2006～2015 年我国林业第一产业灰色关联度矩阵**

| 项目 | 2006～2015 年 | 2007～2015 年 | 2008～2015 年 | 2009～2015 年 | 2010～2015 年 | 2011～2015 年 | 2012～2015 年 | 2013～2015 年 | 2014～2015 年 | 平均值 |
|---|---|---|---|---|---|---|---|---|---|---|
| 林业的培育和种植 | 0.792 | 0.743 | 0.733 | 0.683 | 0.636 | 0.579 | 0.517 | 0.802 | 0.975 | 0.718 |
| 木材采运 | 0.716 | 0.694 | 0.597 | 0.614 | 0.602 | 0.627 | 0.811 | 0.650 | 0.667 | 0.664 |
| 经济林产品的种植与采集 | 0.893 | 0.897 | 0.835 | 0.781 | 0.856 | 0.813 | 0.766 | 0.962 | 0.925 | 0.858 |
| 花卉业 | 0.864 | 0.854 | 0.760 | 0.744 | 0.627 | 0.635 | 0.681 | 0.919 | 0.852 | 0.771 |
| 陆生野生动物的繁殖与利用 | 0.626 | 0.588 | 0.605 | 0.687 | 0.724 | 0.658 | 0.799 | 0.666 | 0.782 | 0.682 |
| 林业服务业 | 0.878 | 0.860 | 0.735 | 0.839 | 0.702 | 0.796 | 0.837 | 0.613 | 0.722 | 0.776 |
| 非林产业 | 0.881 | 0.867 | 0.811 | 0.772 | 0.602 | 0.657 | 0.705 | 0.676 | 0.858 | 0.759 |

从表 6-26 可以看出，我国林业第一产业和经济林产品的种植与采集关联度最大，其次是林业服务业、花卉业、非林产业、林业的培育和种植，而林业第一产业与陆生野生动物的繁殖及利用和木材采运的关联度则最小。

经济林产品的种植与采集和林业第一产业之间的关联度在 2006～2015 年，呈现出波动的状态，但始终对林业第一产业的影响较大；林业的培育和种植虽然在 2006～2015 年对林业第一产业的平均贡献度相对较小，但在 2013～2015 年与林业第一产业的关联度增长较快，在 2014～2015 年其关联度一度达到 0.975，成为该时间段与林业产业关联度最高的，这是由于国家实施的天保工程逐渐产生成效，国家加大森林资源的保护力度，大力开展营造林建设，森林的经营方式、方法得到改善，是营林经营中速生、丰产、高质造林树种选择的结果。花卉业在 2006～2007 年曾一度对我国林业产业贡献较大，可是在 2008～2012 年世界花卉消费市场进行转型升级，由传统花卉转向新优花卉，而我国花卉行业起步较晚，导致新优品种匮乏，并且我国花卉质量普遍偏低，技术水平有限、科技落后等劣势，导致我国花卉未能占领国外高端花卉产品市场，这使在这个时间段我国花卉行业发展较为缓慢，进而对林业产业的贡献度则相对较小。国家及时发现花卉行业所存在的问题，采取措施使花卉的产品结构不断向多样化、国际化发展，花卉生产也逐渐向专业化和规模化迈进，使其在 2013～2015 年对我国林业产业的贡献度逐渐加大。而木材采运业作为一个传统行业，在近些年间发展较为缓慢，对林业产业的贡献度较小，这是由于在更加重视对生态环境保护的大背景下，林业采运工作需要进行转型升级，由采伐天然林转变到采伐人工林。在前些年，我国对林业进行采运时往往只注意木材带来的经济效益，而忽略了森林资源的多元化生态效益，这给森林资源造成了不可复原的破坏，另外，国家当时对人工林和公益林划分界限模糊，而在公益林方面国家未给出开发限制条件，这导致公益林遭到了很大程度的破坏，而在近些年，国家加大了对森林资源的保护，这使传统的木材采运业不得不进行转型升级，学习西方先进的木材采运技术和引进低干扰的木材采运设备，以减少对林地生态环境的破坏，这便是近些年来木材采运业与林业产业的关联度较小的原因。

（5）我国林业第二产业内部关联度分析

将林业第二产业的总产值作为比较序列，而将表 6-27 所列出的行业产值作为比较序列，并通过计算不同时间段的灰色关联度，得出我国林业第二产业灰色关联度矩阵，见表 6-27。

表 6-27　2006～2015 年我国林业第二产业灰色关联度矩阵

| 项目 | 2006～2015 年 | 2007～2015 年 | 2008～2015 年 | 2009～2015 年 | 2010～2015 年 | 2011～2015 年 | 2012～2015 年 | 2013～2015 年 | 2014～2015 年 | 平均值 |
|---|---|---|---|---|---|---|---|---|---|---|
| 木材加工及木、竹、藤、棕、苇制品制造 | 0.861 | 0.876 | 0.854 | 0.889 | 0.929 | 0.937 | 0.951 | 0.896 | 0.814 | 0.890 |
| 木、竹、藤家具制造 | 0.929 | 0.920 | 0.912 | 0.898 | 0.891 | 0.837 | 0.698 | 0.641 | 0.767 | 0.833 |
| 木、竹、苇浆造纸 | 0.678 | 0.859 | 0.799 | 0.881 | 0.847 | 0.798 | 0.711 | 0.658 | 0.751 | 0.776 |
| 林产化学产品制造 | 0.884 | 0.851 | 0.828 | 0.843 | 0.815 | 0.680 | 0.603 | 0.632 | 0.694 | 0.759 |
| 木质工艺品和木质文教体育用品制造 | 0.798 | 0.825 | 0.749 | 0.896 | 0.924 | 0.904 | 0.746 | 0.764 | 0.858 | 0.829 |
| 非木质林产品加工制造业 | 0.750 | 0.718 | 0.707 | 0.666 | 0.611 | 0.591 | 0.573 | 0.642 | 0.671 | 0.659 |
| 林业系统非林产业 | 0.858 | 0.934 | 0.894 | 0.907 | 0.936 | 0.882 | 0.685 | 0.788 | 0.667 | 0.839 |

从表 6-27 可以看出，在 2006～2015 年，木材加工及木、竹、藤、棕、苇制品制造与我国林业产业第二产业关联度最大，关联度平均值为 0.890，其次是林业系统非林产业，然后是木、竹、藤家具制造，接下来分别是木质工艺品和木质文教体育用品制造，木、竹、苇浆造纸，林产化学产品制造，非木质林产品加工制造业与我国林业产业的关联度最小，关联度平均值为 0.659。

我国木材加工及木、竹、藤、棕、苇制品制造与我国林业第二产业的关联度在 2006～2015 年保持稳定，这是由于其一直是我国林业第二产业的支柱性产业，目前我国已经成为世界上最大的林业加工、木制品生产基地和木制品加工出口国。但是在 2013～2015 年由于原材料及人工成本的上涨，企业的利润缩水，资源供应紧张，我国木材加工及木、竹、藤、棕、苇制品制造在发展过程中受到了较大的阻碍，在近些年与林业第二产业的关联度相比从前有所下降。木、竹、藤家具制造在 2006～2015 年与我国林业第二产业的关联度呈现出先下降后上升的趋势，这是由于在 2008 年金融危机过后我国开始全面的经济转型升级，而我国家具业转型升级也是从 2008 年开始的，可是在金融危机过后的四、五年间，家具业转型升级步履蹒跚，家具业是一个规模型产业且与文化产业之间存在千丝万缕的联系，在产业转型过程中，家具业往往会落后于如服装、制鞋等劳动密集型产业，在 2008 年后四、五年中，木、竹、藤家具制造与我国林业第二产业的关联度呈现出下降的趋势。木、竹、苇浆造纸在 2006～2015 年与我国林业第二产业的关联度呈现出先上升后下降的趋势，这是因为消费量的大幅度增长，使我国造纸产量增长迅速，进而使其与林业第二产业的关联度上升，而在近些年间国家加大了对生态环境保护的力度，而造纸业因为其不合理的规模结构和原料结构，使造纸业对水和能源消耗量较大且成为我国的一个主要废水排放产业，这使木、竹、苇浆造纸在近些年间的行业发展面临巨大的挑战，使其对林业第二产业的关联度下降。而非木质林产品加工制造业产值在 2006～2015 年林业第二产业中所占的比重相对偏低，与林业第二产业的关联度也相对较小，因为人们通常把非木质林产品看成林副产品，在其利用方面一直被人们忽视，而非木质林产品经营分散，规模小，缺乏有效的流通渠道和资金，这些都使非木质林产品加工制造业发展较为缓慢，但是我国许多种食用菌产量和出口量都位居世界第一位，这说明非木质林产品资源的开发和利用方面具有巨大的潜力，拥有美好的前景。

（6）我国林业第三产业内部关联度分析

将林业第三产业的总产值作为参考序列，而将林业旅游与休闲服务业、林业专业技术服务业等表 6-28 所示的行业产值作为比较序列，并通过计算不同时间段的灰色关联度，得出我国林业第三产业灰色关联度矩阵，见表 6-28。

表 6-28　2006～2015 年我国林业第三产业灰色关联度矩阵

| 项目 | 2006～2015 年 | 2007～2015 年 | 2008～2015 年 | 2009～2015 年 | 2010～2015 年 | 2011～2015 年 | 2012～2015 年 | 2013～2015 年 | 2014～2015 年 | 平均值 |
|---|---|---|---|---|---|---|---|---|---|---|
| 林业旅游与休闲服务业 | 0.956 | 0.960 | 0.757 | 0.768 | 0.761 | 0.720 | 0.913 | 0.816 | 0.899 | 0.839 |
| 林业专业技术服务业 | 0.974 | 0.976 | 0.792 | 0.730 | 0.847 | 0.686 | 0.783 | 0.753 | 0.786 | 0.814 |
| 林业系统非林产业 | 0.912 | 0.905 | 0.623 | 0.635 | 0.618 | 0.582 | 0.794 | 0.671 | 0.968 | 0.745 |
| 林业生态服务业 | 0.611 | 0.568 | 0.873 | 0.791 | 0.651 | 0.599 | 0.849 | 0.760 | 0.849 | 0.728 |
| 林业公共管理及其他组织服务业 | 0.934 | 0.939 | 0.811 | 0.655 | 0.687 | 0.620 | 0.761 | 0.625 | 0.667 | 0.744 |

从表 6-28 可以看出，与我国林业第三产业关联度最大的是林业旅游与休闲服务业，紧随其后的是林业专业技术服务业和林业系统非林产业、林业公共管理及其他组织服务业，而林业生态服务业关联度最小。

林业旅游与休闲服务业虽然在 2008～2011 年与林业第三产业关联度偏小，但在 2006～2015 年来看，一直是林业第三产业中的支柱产业，随着近些年来我国居民的收入不断增加，人们的重心已由物质生活转向精神生活，而林业旅游则是人们在工作和学习之余的一个使身心放松的活动，所以在 2006～2015 年我国的林业旅游与休闲服务业一直保持着快速增长的态势，森林公园数量急剧增加，林业旅游投资不断增加，旅游人数持续增长，产业规模不断扩大，但在其快速发展背后，仍然有几点可能会制约其发展。首先，我国许多林业旅游景区基础设施还是相对落后，有部分景区路程远、路况差，这严重限制了我国林业旅游与休闲服务业的发展。其次，我国林业旅游景区的运营管理仍然较为粗放，林业旅游项目缺乏特色，林业旅游产品单一，不能满足游客的需求。最后，一些地区在对林业旅游资源进行开发时并未进行林业旅游规划，重开发，轻保护，这使我国的森林资源遭到了严重破坏，这几点影响因素都严重制约了我国林业旅游与休闲服务业的发展，需采取措施加以解决。总的来看，由于林业旅游与休闲服务业在近些年的不断发展，在节假日从事林业旅游与休闲服务的人数也在不断攀升，进而带动林业生态服务业等林业第三产业不断向前发展，随着林业产业的进一步优化升级，林业第三产业仍然具有巨大的潜力。

## 参 考 文 献

常洪玮. 2017. 林业生产的技术效率测算与分析. 黑龙江科学, 8（19）：60, 61.

陈交. 2016. 林业生产要素配置效率研究. 乡村科技, （8）：71, 72.

陈思杭, 金志农, 滕玉华. 2013. 林业全要素生产率分析——基于九个主要林业省份的数据. 生态经济, （10）：81-84.

董晓莉. 2016. 林业生产的技术效率测算与分析探讨. 绿色科技, （3）：169, 170.

高兵. 2007. 内蒙古林业经济增长的影响因素分析. 内蒙古农业大学硕士学位论文.

黄安胜, 林群, 苏时鹏, 等. 2014. 多重目标下的中国林业技术效率及其收敛性分析. 世界林业研究, 27（5）：55-60.

黄安胜, 刘振滨, 许佳贤, 等. 2015. 多重目标下的中国林业全要素生产率及其时空差异. 林业科学, 51（9）：117-125.

赖作卿, 张忠海. 2008. 基于 DEA 方法的广东林业投入产出效率分析. 林业经济问题, 28（4）：323-326.

李春华, 李宁, 骆华莹, 等. 2011. 基于 DEA 方法的中国林业生产效率分析及优化路径. 中国农学通报, 27（19）：55-59.

李京轩, 陈秉谱, 杨璐嘉. 2017. 基于 DEA 模型的甘肃省林业投入产出效率研究. 西北林学院学报, 32（2）：315-320.

廖葱葱, 周景喜. 2003. 国内外林业产业结构研究评述. 林业建设, （3）：30-33.

刘清泉, 江华. 2014. 可持续发展视角下林业全要素生产率及影响因素——来自广东的证据. 农村经济, （1）：39-43.

陆霁. 2014. 林业碳汇产权界定与配置研究. 北京林业大学博士学位论文.

米锋, 刘智丹, 李卓蔚, 等. 2013. 甘肃省林业投入产出效率及其各指标影响力分析——基于 DEA 模型的实证研究. 林业经济, （12）：100-104.

石将色, 赖青霞. 2016. 林业生产的技术效率测算与分析. 农业科技与信息, （17）：118, 120.

石文平. 2015. 我国林业生产要素配置效率分析. 农业与技术, 35（11）：88, 89.

宋长鸣, 向玉林. 2012. 林业技术效率及其影响因素研究——基于随机前沿生产函数. 林业经济, （2）：66-70.

田宝强. 1995. 中国林业经济增长与发展研究. 哈尔滨：黑龙江人民出版社.

田杰. 2014. 中国林业生产要素配置效率研究. 西北农林科技大学博士学位论文.

田杰, 石春娜. 2017. 不同林地经营规模农户的林业生产要素配置效率及其影响因素研究. 林业经济问题, 37（5）：73-78.

田杰, 姚顺波. 2013a. 林业生产要素配置效率研究综述及展望. 林业经济问题, 33（4）：379-384.

田杰, 姚顺波. 2013b. 中国林业生产的技术效率测算与分析. 中国人口·资源与环境, 23（11）：66-72.

田淑英, 许文立. 2012. 基于 DEA 模型的中国林业投入产出效率评价. 资源科学, 34（10）：1944-1950.

韦敬楠, 张立中. 2016. 基于 DEA 方法的广西林业投入产出效率分析. 中南林业科技大学学报（社会科学版）, 10（3）：55-60.

谢宝. 2017. 试探讨我国林业生产要素配置效率. 科技展望, （7）：70.

徐玮, 冯彦, 包庆丰. 2015. 中国林业生产效率测算及区域差异分析——基于 Malmquist-DEA 模型的省际面板数据. 林业经济. （5）：85-88.

臧良震, 支玲, 郭小年. 2014. 中国西部地区林业生产技术效率的测算和动态演进分析. 统计与信息论坛, 29（1）：13-20.

臧良震, 支玲, 齐新民. 2011. 天保工程区农户林业生产技术效率的影响因素——以重庆武隆县为例. 北京林业大学学报（社会科学版）, 10（4）：59-64.

张颖, 杨桂红, 李卓蔚. 2016. 基于 DEA 模型的北京林业投入产出效率分析. 北京林业大学学报, 38（2）：105-112.

张忠海, 罗晖. 2008. 基于 DEA 方法的广东林业投入产出效率优化路径分析. 广东科技, （20）：10-12.

赵君, 武云亮. 2017. 我国雾霾集聚的空间特征及其影响因素——基于环境模型的实证分析. 宿州学院学报, 32（6）：108-114.

周洁敏, 寇文正. 2011. 区域森林生产力评价的分析. 南京林业大学学报（自然科学版）, 35（1）：1-5.

Bjärstig T, Sténs A. 2018. Social values of forests and production of new goods and services: the views of Swedish family forest owners. Small-scale Forestry, 17（1）：125-146.

Hussain A. 1997. Inter industry Linkages, Resource Use and Structura Change: An Input / Output Analysis of Minnesota's

Forest-Based Industries. Twin Cities：University of Minnesota.

Kao C，Yang Y C. 1991. Measuring the efficiency of forest management. Forest Science，37（5）：1239-1252.

Landsberg J J. 1986. Physiological Ecology of Forest Production. Cambridge：Academic Press.

Landsberg J J，Sands P. 2011. Physiological ecology of forest production：principles，processes andmodels. Tree Physiology，31（6）：680，681.

Lesage J P，Fischer M M. 2008. Spatial growth regressions：modespecification，estimation and interpretation. Spatial Economic Analysis，3（3）：275-304.

# 第7章　中国森林生态安全评价与时空分析

本章的研究重点主要包含我国森林生态安全评价及时空分析两个方面。首先，以森林生态安全评价的必要性为背景，阐述建立一个有效评估指标体系来监测森林生态系统的安全程度，具有重大意义。其次，根据森林生态安全评价与森林生态安全评价领域大量的相关文献研究分析，详细阐述采用何种指标来构建我国森林生态安全评价的指标体系，并且具体说明我国森林生态安全评价的方法。另外，针对中国森林生态安全评价进行实证研究后可以发现，从全国整体来看我国各地区森林生态安全水平存在较大的差别。本章的最后，根据因地制宜和对症下药的双重原则，为促进我国各省（自治区、直辖市）森林生态系统的可持续发展，提出总体与结构化对策、建议。

## 7.1　森林生态安全评价的必要性

我国是一个有着 13.9 亿人口的大国，改革开放四十年来粗放型的经济增长模式给我国带来了比较严峻的生态环境问题。目前，我国生态安全问题已在土地资源、水资源、生物资源、物质资源等方面凸显出来，如 1998 年我国南北方大部分省（自治区、直辖市），均遭受持续三个月之久的特大洪涝灾害，造成直接经济损失高达 2551 亿元，充分表明我国长江流域地区，森林资源在涵养水分、防止水土流失等方面的生态功能受到破坏，生态系统的安全遭到威胁。在我国的西北部地区，降水量严重不足、植被覆盖稀少，生态环境极度脆弱，导致沙尘暴的频繁发生和严重的水土流失。2017 年，我国暴雨洪涝灾害比较突出，暴雨发生频繁、极端性强，汛期共出现 36 次暴雨过程。据数据统计，2017 年全国气象灾害共造成死亡、失踪 913 人，直接经济损失为 2849 亿元。森林生态系统对于维护森林生态安全发挥着至关重要的作用。然而近些年来，随着我国经济与社会的飞速发展，人们对树木的砍伐、利用日益增多，对林地的侵占也不断增加，加上森林经营的粗放式管理、管理水平不能满足现代林业管理的要求，多重因素致使目前我国森林面积急剧减少，这使森林的发展面临较大压力，森林生态系统越来越脆弱。森林覆盖率日益下降，森林质量逐渐下降，森林资源的生态服务功能渐渐削弱，这必然导致温室效应、水土流失、水资源匮乏和污染、气候异常、物种多样性面临威胁、区域生态系统失衡等严重后果。

森林生态安全不仅包含森林生态系统的健康，而且包含森林承受生态破坏和环境污染的能力，即其完整性。衡量森林生态是否安全的重要标尺在于看它能否满足人类的生存与发展需要，森林生态安全指数高，说明森林生态系统完整程度高，人类可持续发展能力强，反之人类的发展则是不可持续的。由于人类活动是不断变化的，森林生态安全也是动态变化的。森林生态安全也是区域性的，不同地区自身资源特点不相同，森林生态系统面临的威胁有所不同。森林作为陆地生态系统中一个重要的主体，遭受破坏与不合理利用直接影响生态系统的良性循环，森林的可持续发展与我们面临的一系列生态难题息息相关。现如今生态环境的日趋恶化，迫使人们开始意识到生态环境保护的现实性和紧迫性，而建设良好生态环境的根本要求在于发展森林资源，在此大背景下，建立一个有效评估指标体系来监测森林生态系统的安全程度，具有重大意义。

# 7.2　森林生态安全评价指标体系构建

## 7.2.1　生态安全及生态安全评价

### 1. 生态安全

习近平同志在党的十九大报告中指出，加快生态文明体制改革，建设美丽中国，以实现人民对美好生活的向往作为奋斗的目标。现如今人民所向往的美好生活中，美丽生态分量越来越重，党的十九大工作报告中将生态文明建设提升到了前所未有的高度。自 1998 年的长江特大洪涝灾害后，国内关于生态安全领域的研究，逐渐得到重视。2012 年，《中华人民共和国可持续发展国家报告》将生态安全同社会建设、经济建设，提到了同样的高度，该报告强调建立健全我国社会经济的可持续发展体制，并且保持资源的可持续利用。2000 年11 月，我国的《全国生态环境保护纲要》，第一次将国家生态环境安全作为重要的测量指标，纳入国家安全体系中。

从此以后，国内外许多学者从不同的角度阐述了生态安全的概念和内涵。狭义上，生态安全的关注重点在于非人类生物和生态系统安全问题两个方面，生态系统的完整性和健康性可以通过生态安全反映出来，当生态系统的服务功能可以正常发挥出来则说明其处于生态安全状态，生存和发展不受威胁或者风险极小。广义上，生态安全是在狭义的基础上，加入人类社会安全这一因素。2000 年 K. Losev 提出生态安全是由生态威胁、生态风险等演变形成的，是维持人类生存发展的必要条件，同时人类的活动也可以威胁生态环境。生态安全是国家安全和公共安全的一部分，也是维持人类、社会、政权和全球共同体的生态安全的必要条件。尹希成（1999）提出生态安全包含生物安全、环境安全和生态系统安全等，是人类生活的生态系统处在一种平衡的状态，人与自然界共生、共荣、共进化，人类社会不理性的生产和经济活动致使生态危机现象频繁发生。曲格平（2002）对生态安全的理解最具代表性，他认为生态安全是军事、政治、经济安全的重要基础，一方面它能预防生态环境退化威胁经济发展的情况；另一方面，它也能够防止资源的短缺及生态环境破坏，严重影响广大群众，从而致使环境难民层出不穷，引发国家动荡。郭中伟和甘雅玲（2003）认为生态系统服务功能遭受威胁能直接影响生态安全，致使其处于不安全的状态。因此他们认为生态安全不仅包括生态系统自身结构是否安全，而且包括生态系统服务功能是否可以为维持人类生存发展提供可靠的生态保障。

总的来看，生态安全的内涵包含以下几个特点。

1）生态安全作为生态系统的两种状态之一，区别于生态威胁。生态系统有安全和威胁两种状态。

2）生态安全建立在经济可持续发展与生态环境相互作用的基础上，自然资源可持续利用、维护生态系统的平衡，是保障生态安全的关键。

3）生态安全是相对的。影响生态安全的因素有很多，不同生态因子对生态安全的影响程度有所差异，只有相对安全，没有绝对安全，所以需要建立一个有效评估指标体系来监测森林生态系统的安全程度。

4）生态安全是可调控的。生态安全程度低的国家，可以采取积极、有效的措施，从而逐步缓解甚至消除不安全因子。但是值得注意的是，生态破坏程度一旦超过环境自我修复的阈值时，生态安全将是不可逆的，如物种灭绝。

5）生态安全是动态的、可变的。某一国家或地区的生态安全状况并非固定不变，当外界的影响因素发生变化时，安全程度会朝着好转或者恶化两方向发展。

6）生态安全是区域性的。研究生态安全必须从某个具体的区域出发，地区差异使测量结果不尽相同，一个区域不安全不意味着另一个区域也不安全。

## 2. 生态安全评价

生态安全评价是指从生态环境是否能保障人类生存和发展的角度，对生态安全情况做出的定性或者定量评价，是一种价值关系的反映，需要在分析生态环境对社会经济持续发展的影响与制约的基础上，通过一系列具体的安全评价指标，构建评估体系，以此来衡量生态安全程度。生态安全评价不仅涵盖狭义的生态系统安全，而且涵盖广义的人类社会生态安全。国外的生态安全评价是在生态风险评价和生态系统健康评价两者的基础上发展而来的，前者是指对不确定因素如生态入侵、突发性灾难等，引起不利生态后果的一种评估；后者是生态安全的重要标志，主要评估生态系统管理方面的预防性、诊断性等问题。

在生态安全评价指标体系构建方面，国外进行了大量的研究探讨，目前较常用的、较能反映生态安全状态和发展水平的指标体系框架有：著名环境机构构建的指标体系，如美国国家环境保护局（Environmental Protection Agency，EPA）提出的生态风险评价大纲；欧洲国家环境压力指标清单；联合国可持续发展委员会（United Nations Commission on Sustainable Development，UNCSD）提出"压力-状态-响应"（pressure-status-response，PSR）模型，且以此为基础发展指标体系。其中，pressure 是指人类活动导致的资源环境压力，如废弃物排放，森林开采；status 是指社会活动、资源环境的状态和发展趋势，是对于压力的表现及响应的有效性，如污染物浓度、森林覆盖率；response 是指可以量化的环境政策措施部分，是一种主观能动性的反映，如新技术应用、生态建设投资率，该评价方法凭借全面、清晰、逻辑性的特点，运用最为广泛。在此基础上，UNCSD 又建立"驱动-状态-响应"（driving force-status-response，DSR）模型，欧洲环境署综合两者建立"驱动-压力-状态-影响-响应"（driving force-pressure-status-influences-respones，DPSIR）概念框架。

目前，我国针对生态安全评价领域的研究侧重点主要集中在评价模型方法和指标的构造上，通常使用的是定性研究，定量化评价尚不多见，并且主要依据构建的指标体系运用数理模型进行探究，主要采用以下方法。

1）数学模型法。其代表有综合指数法、层次分析法、灰色关联度法、物元评判法、主成分投影法、模糊综合评价法及其他数学模型。

2）生态足迹模型法。通过简化评价因子，判断一个国家或者地区在维持可持续发展的前提下，资源环境能否满足生态方面的消费需求。

3）景观模型法。通过将生态安全评估、预测、预警三者有机结合，评估景观生态的稳定性，主要适用于城市土地规划、特大型项目环境评估等。

4）数字地面模型法。有效地将遥感技术（remote sensing technique，RST）的数据信息优势、地理信息系统（geographic information system，GIS）的数据管理和空间分析功能及全球定位系统（global positioning system，GPS）结合起来，建立系统化的分析体系进行综合评价，其代表有数字生态安全法。

李佩武等（2009）根据 PSR 模型构建了深圳城市生态安全评价指标体系，并采用灰色关联度法、模糊综合评价法、主成分投影法等多种方法评价了深圳和另 7 个城市的生态安全，最后根据评价结构进行了预测。赵爱华（2007）根据黑龙江农业生态安全相关自然资源条件、经济社会发展和生态环境建设等现状分析，通过专家咨询调查的方法建立了包含 48 个评价指标的农业生态安全评价体系，采用加权的方式构建综合评价模型，并设计了基于 GIS 的区域农业生态安全评价信息系统。张传华（2006）根据土地生态经济学理论，提出了耕地生态安全的内涵和意义，并且详细阐述耕地生态安全所面临的问题及其作用机理，构建了系统化的评价指标体系，以重庆三峡库区丰都县耕地资源为例，进行生态安全评价。龚直文（2006）从资源生态环境压力、质量和保护整治及建设几个层面建立评价指标体系，使用层次分析法和主观赋权法共同建立闽江流域自然保护区及周边社区的生态安全评价指标。

张扬（2016）借助 RST、GIS 技术及景观生态理论，研究城市热环境生态安全评价，发现武汉市生态安全危险从外向内逐渐增高。左伟等（2005）借助应用遥感和 GIS 技术手段，对常用的层次分析法、模糊分析、灰色关联度法、变权分析等方法进行优化，探究更有效的区域生态安全评价方法。欧定华等（2017）根据传统 PSR 模型构建生态安全评价指标体系，对 2000～2014 年成都市龙泉驿区生态安全空间状况进行评价，并且基于 GIS 空间分析方法、RBF（radial basis function，径向基函数）神经网络和克里格插值法，对 2015～2028 年成都市龙泉驿区生态安全进行预测。李晶等（2013）根据 30 年来鄂尔多斯市准格尔旗的自然地理情况、土地覆被、经济统计数据等，运用 GIS 技术，构建该区域土地利用生态安全格局，并对其可持续发展提出管理建议。

总的来看，我国关于生态安全评价的研究起步较晚，研究理论比较薄弱，目前对于生态安全的定义仍未达成共识，给以后的深入研究带来了一些困扰和不便。生态安全评价模型虽然众多，但是模型的准确度和准确性是否经得起信效度检验，值得更深入研究。众多文献关注点主要在于某一地区，或者农业、城市、水源、土地等资源的某一方面，而对生态系统整体安全评价的研究较少，在评价方法上建立的评价模型比较单一。

## 7.2.2　森林生态安全及森林生态安全评价

### 1. 森林生态安全

森林生态安全的定义，学术界并没有给出确定的范围，但其本质是指森林生态系统的安全。广义的森林生态安全是指在某个时空范围内，在现有的自然环境状态和人类社会经济活动等外界干扰下，森林生态系统内部结构和功能完整性、稳定性及通过自身调节满足人类生存和社会可持续发展的一种状态，强调了对人类社会经济活动干扰的调节能力。狭义的森林生态安全仅包含森林生态系统自身结构和功能的完整性、健康性。

关于森林生态安全的研究涉及生态学、林学、经济学等多个综合学科，研究起来较为复杂，但具有很重大的现实意义。随着经济的发展，生态环境问题日渐严峻。可持续发展理论要求我们，追求经济"量"的发展同时，需要保证"质"的问题，还需要注重森林生态系统的安全为经济社会可持续发展提供不竭动力的问题。

### 2. 森林生态安全评价

目前，与城市地区生态安全领域、农业地区生态安全领域的研究相比，国内外学者对森林生态安全的关注明显不足，研究尚处在探索阶段，研究文献并不多，且关注点侧重于森林生态安全评价、森林生态安全预警及与林业市场可持续发展间的关系。

森林生态安全领域的研究重点是建立有效的评价指标体系，普遍使用的是传统的 PSR 模型，或者由此衍生出来的框架体系，如运用多学科知识引入干扰因素。刘心竹等（2014）在森林生态安全和森林健康概念的理论基础上，引入有害干扰因子，根据模糊评价、主成分分析法等方法实证研究我国 31 个省（自治区、直辖市）2011 年的森林生态安全程度，研究发现，有害干扰因子对我国森林生态环境的影响较小。权重值表示指标重要性，在计算指标权重时，主要方法有：熵权法、层次分析法、最大离差法等。森林生态安全评价方法包括主成分分析法、层次分析法等。汤旭等（2018）使用 ArcGIS 软件、Geo DA 软件，使用模糊物元法和空间相关分析法两种方法研究湖南在 2000 年、2005 年、2010 年和 2015 年四年中，122 个地区的森林生态安全状况。

根据文献梳理，可以发现，我国森林生态安全领域的研究对象缺乏全国范围性、缺乏多年连续性，主要局限于静态研究，缺乏动态演变研究。本章在理清森林生态安全定义这一理论基础之上，立足于我国森林生态环境自身的发展特点，采用传统的 PSR 模型安全评价思路，同时引入人类活动对森林生态环境影响的指标，用森林生态环境承载力指标反映状态层，用人类活动影响指标反映压力层和响应层，构建我国森林系统安全评价指标体系，选取 2015 年我国 22 个省，5 个自治区及 4 个直辖市的数据，对中国森林生态安全进行评价并加以实证分析，根据因地制宜和对症下药的双重原则，为促进我国各省（自治区、直辖市）森林生态系统的可持续性发展，提出总体与结构化对策建议。

### 7.2.3　指标体系构建

1. 定义界定

本章的研究基础是广义森林生态安全，即某个时空范围内，在现有的自然环境状态和人类社会经济活动等外界干扰下，森林生态系统内部结构和功能完整性、稳定性，以及通过自身调节满足人类生存和社会可持续发展的一种状态，强调了对人类社会经济活动干扰的调节能力，包含森林生态系统自身安全及受干扰后自我调节恢复能力大小。

2. 中国森林生态安全评价指标体系

沿用传统的 PSR 模型思路，从影响森林生态系统的三个方面构建森林生态安全评价指标体系（表 7-1），结合指标权重和无量纲标准化的指标值计算森林生态安全综合评价指数，各指标数据来源于 2015 年《中国林业统计年鉴》。

**表 7-1　森林生态安全评价体系**

| 目标层 | 准则层 | 指标层 | 计算方法 |
|---|---|---|---|
| 森林生态安全评价 | 状态层 | 森林覆盖率（$C_1$） | 森林面积/研究区域总面积×100% |
| | | 活立木蓄积量（$C_2$） | 研究区域内所有树木的蓄积总量 |
| | | 林业产值（$C_3$） | 区域内当年林业产业的经济总值 |
| | | 造林面积（$C_4$） | 成活率达到85%及以上的造林面积 |
| | 压力层 | 病害发生率（$C_5$） | 森林病害面积/森林面积×100% |
| | | 虫害发生率（$C_6$） | 森林虫害面积/森林面积×100% |
| | | 森林火灾面积（$C_7$） | 森林火灾受害面积/森林面积×100% |
| | 响应层 | 林业投资（$C_8$） | 所研究地区各级政府对林业产业投入的资金总量 |
| | | 人工林面积（$C_9$） | 研究地区当年人工措施形成的森林面积 |

1）状态层因素主要涵盖：森林覆盖率、活立木蓄积量、林业产值及造林面积四个方面。森林覆盖率（$C_1$）反映森林资源总量大小，计算公式：森林覆盖率 = 森林面积/研究区域总面积×100%，它是森林生态系统可持续发展的重要保障，数值越大，生态环境质量越高。活立木蓄积量（$C_2$）反映研究区域林地质量及生产能力大小，活立木蓄积量数值越大，森林生态状况越好，森林生态安全程度越高。林业产值（$C_3$）反映研究区域林业产业经济总值，用来衡量森林资源对当地经济发展的支持能力，数值越大，森林生态安全程度越高。造林面积（$C_4$）反映一切可造林土地上，采用人工播种或者自然播种的方法种植，成活率达到 85%及以上的造林面积，其中不包括补植面积和治沙种草面积，数值越大表明森林生态安全状态越好。

2）压力层主要涵盖：病害发生率、虫害发生率及森林火灾面积三个方面。病害发生率（$C_5$）= 森林病害面积/森林总面积×100%，数值越大意味着森林生态安全面临的压力越大，森林生态安全程度越低。虫害发生率（$C_6$）= 森林虫害面积/森林面积×100%，数值越大意味着森林生态安全面临的压力越大,森林生态安全程度越低。森林火灾面积($C_7$) = 森林火灾受害面积/森林面积×100%,数值越大表示森林生态安全压力越大。

3)响应层主要涵盖:林业投资和人工林面积两个方面。林业投资($C_8$)反映各地区政府、企业、个人对林业产业投资金额的总量,数值越高意味着改善森林生态安全状况的能力越大,当森林大环境受到负向冲击时,能在广度与深度加以保护的力度越大。人工林面积($C_9$)则反映了利用人工方法形成的森林面积的大小,数值越大,森林生态安全状况的改善措施力度越大,生态环境质量越高。

## 7.3 中国森林生态安全评价方法

### 7.3.1 指标权重的确定方法

指标权重确定的准确与否直接关系着森林生态安全评价是否科学,因此给各个指标赋予合理的权重是该评价的基础性环节。指标权重,即所构建体系中的各层次指标对评价对象的冲击程度,冲击程度大时权重自然越高;相反的,权重自然越低。

在现有的研究中,确定指标权重的方法存在两大类别。

一类被称作主观赋权方法,其包括了经常使用的专家意见法、经验评估法及层次分析法等。这类主观性方法计算权重时较为简单,便于公众理解,但是由于在赋权时涉及诸多主观因素,要求既要有扎实的理论基础,又要能与客观事实相联系,多角度、全面地考虑问题,这在现实生活中往往很难做到。一旦遗漏了某个方面的考量,就会使确定的权重不具备科学性与有效性。例如,层次分析法是美国运筹学家匹茨堡大学教授萨蒂提出的一种层次权重决策分析方法,采用定性与定量相结合的方法,首先把研究对象划分为总目标、子目标,直到最终详细的选择方法,然后解出判断矩阵的特征向量;其次确定每个层次指标因子相对于上一层中某因子的权重;最后求出每项备择方案对总目标权重从而确定最佳方法。该方法缺点在于建立指标因子的常权值刚性太大,过于简单,不能准确反映森林生态安全评价的实际情况。

层次分析法算法步骤如下。

1)建立层次结构模型,将评价对象所包含的因素分为目标层、项目层、指标层等层次。

2)建立判断矩阵,常用 1~9 来反映各指标因子相对重要程度的大小,数字 9 反映前一层次某因子比后一层次某因子更为重要,如果指标因子 $i$ 与指标因子 $j$ 相比较得 $b_{ij}$,指标因子 $j$ 与指标因子 $i$ 比较得 $b_{ji}$,那么有 $b_{ji} = 1/b_{ij}$。

3)计算特征向量,进行层次排序,用一致性指标 $CI = \dfrac{\lambda_{max} - n}{n - 1}$,检验得到各层指标因子相对于上一层某指标因子的重要程度排序。RI 是平均随机一致性指标值,当 CR = CI/RI < 0.1 时,层次排序有满意的一致性。

4)进行总排序及一致性检验,以保证层次总排序权重的可靠性,根据最终权重的大小确定最佳方案。

另一类则被称作客观赋权法，如时常可见的熵权法、最大离差法及主成分分析法等。客观赋权法相对于主观赋权法而言，在计算权重时过程较为复杂，自然公众理解起来有一定的难度，但是它规避了主观因素所产生的弊端，使权重的计算结果更为科学、合理。因此基于以上的论述，为防止主观因素带来的偏颇，本书决定采取较为复杂但更为科学的客观赋权法。客观赋权法中的三种方法存在着些许差异，有的基于矩阵，有的利用相似度，还有的特点在于考虑到线性相关的影响。熵权法是一种客观的权重确定方法，它根据指标因子传递信息量大小测算权重，指标因子提供的信息越多，对应的权重越高。此方法规避了专家凭经验确定权重大小的弊端，解决了森林生态安全评价指标信息量大且难以准确量化的难题。此方法是基于信息论熵权原理，首先构建判断矩阵，然后对正向指标和逆向指标分别进行标准化，再计算各指标的信息效应价值，最后得出各个指标的权重。最大离差法是一个系列的对象间的相似程度，相似程度越高，计算出来的权重就越小；相反的，则计算出来的权重就越大。而主成分分析法的特点在于将线性相关的指标剔除，这是其他两种方法所缺少的，其很大程度上避免了相关性带来的权重设置不合理；加上其仍将权重量化，而不受主观因素的干扰，因此计算出来的各指标权重较为准确，其在众多方法中脱颖而出，成为本书选择的对象。

### 7.3.2 森林生态安全评价方法

现阶段，对于森林生态安全评价的方法大体上集中在层次分析法、模糊综合评价法及主成分分析法。这三种评价方法都存在着优点与缺点，具体选择何种方法，需要考察评价对象的自身特点，由于本书旨在评价我国森林生态安全，这不是一个安全与否的评价，而是一种相对的安全，其中模糊综合评价法可以较好地给予评价指标体系一个犹豫的区间，可以说是后起之秀，并在森林生态安全评价研究中得到了广泛应用。因此本书在对森林生态安全进行评价时，从众多方法中选择了模糊综合评价法，以使评价结果更为严谨科学。

模糊数学方法是美国控制论专家Zadeh首次提出的一种研究和处理模糊现象的数学方法。模糊综合评价法的基础是模糊数学方法，并基于此延伸出来，它将模糊的、难以定量化的指标因子定量化，结果清晰而且能够处理复杂问题。其原理是依次对单个因素做出评价，然后根据各个指标因子的权重构建模糊综合判断矩阵，以达到对原始数据的模糊性评价。该方法能解决在森林生态安全评价中指标确定标准的模糊性难题，已经获得广泛应用。

模糊综合评价法步骤如下。

1）确定评价对象，构建评估对象因素集：$X = (X_1, X_2, \cdots, X_n)$，其中 $n$ 为评价指标的个数。

2）建立评价集合，$A = (W_1, W_2, \cdots, W_n)$，不同等级对应不同模糊子集，逐个对每个等级中每个因素 $X_i = (i = 1, 2, \cdots, n)$赋值以便做出定量的评价。根据隶属函数（$R|X_i$）获得模糊判断矩阵：

$$R = \begin{bmatrix} R\,|\,X_1 \\ R\,|\,X_2 \\ \vdots \\ R\,|\,X_n \end{bmatrix} = \begin{bmatrix} r_{11} & r_{12} & \cdots & r_{1m} \\ r_{21} & r_{22} & \cdots & r_{2m} \\ \vdots & \vdots & & \vdots \\ r_{n1} & r_{n2} & \cdots & r_{nm} \end{bmatrix}_{nm}$$

矩阵中，第 $i$ 行第 $j$ 列元素为评价指标 $X_i$ 对于评价等级 $W_j$ 的隶属程度。

3）建立权重集，在模糊综合评价中，不同评级因子对于评价目标的影响有所不同，需要对每个指标赋予对应权重，权向量：$U = (u_1, u_2, \cdots, u_n)$，借助层次分析法确定每个指标的重要程度，其中 $u_1 + u_2 + \cdots + u_n = 1$。

4）计算模糊综合评价值。

$$U \bigcirc R = (u_1, u_2, \cdots, u_n) \begin{bmatrix} r_{11} & r_{12} & \cdots & r_{1m} \\ r_{21} & r_{22} & \cdots & r_{2m} \\ \vdots & \vdots & & \vdots \\ r_{n1} & r_{n2} & \cdots & r_{nm} \end{bmatrix}_{nm} = (b_1, b_2, \cdots, b_m) = B$$

矩阵中，$b_i$ 为评价对象相对于评价等级 $W_j$ 的整体隶属程度。

## 7.4　中国森林生态安全评价实证分析

### 7.4.1　数据来源与描述

基于以上森林生态安全各层次指标体系的构建及其评价方法的相关论述，对中国森林生态安全评价加以实证分析，选取 2015 年我国 22 个省（四川、云南、贵州、陕西、甘肃、山西、山东、湖南、湖北、江西、浙江、江苏、福建、广东、安徽、辽宁、河南、河北、吉林、黑龙江、海南、青海）、4 个直辖市（北京、天津、上海、重庆）及 5 个自治区（新疆、西藏、宁夏、广西、内蒙古）的数据，各指标数据来源于 2015 年《中国林业统计年鉴》，应用 Excel 工具，计算各原始数据的均值及标准差，从表 7-2 可以清晰看出，各指标数据统计特征无异常情况，数据的有效性保证了接下来实证研究的科学性，为进一步提高研究的科学性与准确性，本书对原始数据进行了标准化无量纲处理，主要是通过 SPSS18.0 软件实现的。具体地，无量纲处理方法原理如下：

$$y_{ij} = \frac{x_i - x_{\min}}{x_{\max} - x_{\min}} \tag{7-1}$$

式中，$y_{ij}$ 为第 $i$ 个指标值第 $j$ 地区的指标转换值；$x_i$ 为第 $i$ 个指标的该地区数值；$x_{\min}$ 为第 $i$ 个指标各地区的最小值；$x_{\max}$ 为第 $i$ 个指标各地区的最大值。

表 7-2　评价体系中各指标原始数据描述性统计

| 项目 | | 均值 | 标准差 |
| --- | --- | --- | --- |
| 状态层 | 森林覆盖率 | 32.38% | 18.15 |
| | 活立木蓄积量/亿立方米 | 5.19 | 6.34 |

续表

| | 项目 | 均值 | 标准差 |
|---|---|---|---|
| 状态层 | 林业产值/亿元 | 143.11 | 105.75 |
| | 造林面积/×10³ 公顷 | 247.23 | 177.80 |
| 压力层 | 病害发生率 | 0.72% | 0.67 |
| | 虫害发生率 | 4.45% | 3.55 |
| | 森林火灾面积/×10³ 公顷 | 0.42 | 0.70 |
| 响应层 | 林业投资/亿元 | 136.97 | 180.66 |
| | 人工林面积/×10³ 公顷 | 2236.57 | 1161.65 |

## 7.4.2 权重计算与因子分析

在计算权重之前，需要明确权重的两个基本条件：一是每个指标的权重均在 0～1；二是所有指标的权重之和为 1。基于 7.4.1 节对权重确定方法的分析，本书选用主成分分析法，具体的操作步骤如下：第一，应用 SPSS 18.0 软件分析导出解释的总方差及成分矩阵；第二，将主成分的方差贡献率作为权重，在此基础上，将各个指标在各主成分中的系数进行加权平均；第三，将权重之和换算为 1。最终得出各个指标的权重并对其进行三个层面的总体排序，见表 7-3。从而得到状态、压力及响应三个层次的主要影响因子：状态层，造林面积（$C_4$）是我国森林生态安全的主要影响因子；压力层，森林火灾面积（$C_7$）是我国森林生态安全的主要影响因子；而在响应层，人工林面积（$C_9$）则是我国森林生态安全的主要影响因子；综合整体排序情况来看，人工林面积（$C_9$）是对我国森林生态安全影响最大的因素。

表 7-3 评价体系中各指标对应权重及总体排序

| 准则层名称 | 权重 | 指标层名称 | 单位 | 权重 | 权重总排序 | 指标类型 |
|---|---|---|---|---|---|---|
| 状态层（S） | 0.217 | 森林覆盖率（$C_1$） | % | 0.028 | 9 | 正向 |
| | | 活立木蓄积量（$C_2$） | 亿立方米 | 0.033 | 7 | 正向 |
| | | 林业产值（$C_3$） | 亿元 | 0.074 | 5 | 正向 |
| | | 造林面积（$C_4$） | ×10³ 公顷 | 0.082 | 4 | 正向 |
| 压力层（P） | 0.224 | 病害发生率（$C_5$） | % | 0.031 | 8 | 负向 |
| | | 虫害发生率（$C_6$） | % | 0.034 | 6 | 负向 |
| | | 森林火灾面积（$C_7$） | ×10³ 公顷 | 0.159 | 3 | 负向 |
| 响应层（R） | 0.559 | 林业投资（$C_8$） | 亿元 | 0.179 | 2 | 正向 |
| | | 人工林面积（$C_9$） | ×10³ 公顷 | 0.380 | 1 | 正向 |

接着利用 Excel 软件的求和公式计算出各个层次指标层的权重和，由表 7-3 可知，响应层中的各指标所占权重最大，超过了 0.5；压力层指标权重位居其次，状态层指标权重最低，但与压力层差距并不明显。这说明人们对森林生态安全的积极响应，可以极大地

提升我国森林生态安全,而森林火灾与有害生物对森林生态安全的威胁也相对严重,虽然状态层指标的权重相对较小,但与压力层差别不大,也应注意到保护已有森林资源的重要性。

### 7.4.3　综合评价指数分析

基于 7.3 节对综合评价方法的概述,选择模糊综合评价法计算出我国 22 个省、4 个直辖市、5 个自治区的综合评价指数。由于 7.4.2 节已计算出各指标权重与标准化了的无量纲数据,森林生态安全综合评价指数公式为

$$U_j = \sum_{i=1}^{9} w_i y_{ij} \tag{7-2}$$

其中,$U_j$ 为第 $j$ 地区森林生态安全综合评价指数;$y_{ij}$ 为无量纲的指标值;$w_i$ 为对应指标的权重。

本书继续计算出这一评价体系的总体矩阵与各个单项矩阵,具体的见表 7-4。一方面,在进行评价时,考虑的并非是综合评价指数的绝对量大小,而是通过全国及各省、自治区、直辖市之间的比较,从而得出相对的评价;另一方面,本书不仅仅考虑各地区所有指标的综合评价对比,而是基于三个层次分别进行考量。下面就从总体及各准则层四个方面分别加以分析。

表 7-4　各准则层下综合评价结果

| 地区 | 综合评价指数 | 状态层评价指数 | 压力层评价指数 | 响应层评价指数 |
| --- | --- | --- | --- | --- |
| 北京 | −0.654 | −0.185 | −0.064 | −0.404 |
| 天津 | −0.756 | −0.266 | 0.116 | −0.607 |
| 河北 | −0.088 | 0.006 | −0.045 | −0.049 |
| 山西 | 0.068 | −0.058 | −0.090 | 0.216 |
| 内蒙古 | 1.103 | 0.213 | 0.620 | 0.270 |
| 辽宁 | 0.314 | −0.003 | 0.187 | 0.130 |
| 吉林 | −0.297 | −0.010 | −0.091 | −1.196 |
| 黑龙江 | 0.003 | 0.073 | −0.113 | 0.043 |
| 上海 | −0.991 | −0.264 | −0.113 | −0.614 |
| 江苏 | −0.418 | −0.151 | −0.103 | −0.154 |
| 浙江 | −0.094 | −0.048 | −0.078 | 0.032 |
| 安徽 | 0.004 | 0.075 | −0.041 | −0.030 |
| 福建 | 0.833 | 0.182 | 0.181 | 0.469 |
| 江西 | 0.286 | 0.139 | −0.053 | 0.199 |
| 山东 | 0.153 | −0.059 | 0.014 | 0.198 |
| 河南 | −0.035 | −0.052 | 0.022 | −0.005 |
| 湖北 | −0.146 | 0.044 | −0.111 | −0.079 |
| 湖南 | 0.869 | 0.282 | −0.054 | 0.641 |
| 广东 | 1.090 | 0.200 | 0.165 | 0.724 |
| 广西 | 2.242 | 0.136 | 0.273 | 1.832 |
| 海南 | −0.476 | −0.120 | −0.034 | −0.321 |
| 重庆 | −0.491 | −0.067 | −0.050 | −0.374 |

| 地区 | 综合评价指数 | 状态层评价指数 | 压力层评价指数 | 响应层评价指数 |
|------|------------|--------------|--------------|--------------|
| 四川 | 0.741 | 0.188 | −0.052 | 0.604 |
| 贵州 | 0.042 | 0.103 | −0.001 | −0.060 |
| 云南 | 0.840 | 0.374 | 0.046 | 0.420 |
| 西藏 | −0.851 | −0.114 | −0.132 | −0.605 |
| 陕西 | −0.081 | 0.023 | −0.112 | 0.008 |
| 甘肃 | −0.514 | −0.094 | −0.099 | −0.321 |
| 青海 | −0.890 | −0.223 | −0.081 | −0.596 |
| 宁夏 | −0.905 | −0.227 | −0.082 | −0.597 |
| 新疆 | −0.458 | −0.098 | −0.024 | −0.336 |

## 1. 综合评价指数

为了产生衡定标准，在评价时本书假定中国森林生态安全平均水平为 0，正值表示高于全国平均水平，负值则代表低于全国平均水平，由表 7-4 可看出，北京、天津、河北、吉林、上海、江苏、浙江、河南、湖北、海南、重庆、西藏、陕西、甘肃、青海、宁夏、新疆的森林生态安全水平低于全国平均水平，且天津、西藏、青海、宁夏等地区的森林生态安全综合评价指数的绝对值接近于 1，说明这些地区的森林生态系统所受威胁较为严重。内蒙古、广东、广西地区的森林生态安全综合评价指数的绝对值大于 1，福建、湖南、四川、云南地区的森林生态安全综合评价指数的绝对值接近于 1，说明了这些地区的森林生态体系呈现良性发展。

## 2. 状态层评价指数

状态层是指保有的森林资源量与生态环境的客观状态，可以折射出一国森林生态系统是否具备稳定、长远发展的能力，是否能顺应人类社会经济发展趋势，以及是否存有自我调节的能力。从表 7-4 中可以看到，各地区的森林生态系统环境和森林各项资源情况的分布是不均衡的，其中内蒙古、福建、江西、湖南、广东、广西、四川、云南、安徽、湖北等地区拥有较为充裕的森林资源；而北京、天津、山西、上海、山东、西藏、甘肃、青海、宁夏、新疆、海南等地区的森林资源则较为匮乏。

## 3. 压力层评价指数

压力层是指森林生态系统遭受自然灾害及人为的破坏时，所承受的压力。从表 7-4 可以看到，内蒙古森林生态安全受有害干扰的程度最为严重，其次为广西、辽宁等地区，这些地区多为森林资源较为丰富的地区；相反的、森林资源较为匮乏的北京、山西、上海、江苏、西藏等地区所受到的自然灾害与人为破坏程度相对较小，这从侧面映射出这些地区采取有力措施，积极投身于森林生态环境保护中。

## 4. 响应层评价指数

响应层是指人们为森林生态环境的健康发展所做的事前、事中与事后的应对措施，但各地区采取积极措施的力度存在差异。其中，山西、内蒙古、辽宁、黑龙江、浙江、福建、江西、山东、湖南、广东、广西等地区，积极采取各项措施的力度较大，其中不乏森林资源相对匮乏的山西、山东等地区。而在森林资源较为丰富的地区中，湖北、安徽等地区为维护森林生态安全采取的积极措施的力度却较小。

# 7.5　中国森林生态安全对策

基于对我国森林生态安全综合评价，放眼全国来看，我国各地区森林生态系统安全水平存在较大差异，为了促进我国各地区森林生态体系的可持续发展，根据各地区在各准则层面的差异，从我国总体情况与各地区结构化状况出发，提出差异化的对策建议。

## 7.5.1　提升中国森林生态安全水平的总体对策

### 1. 法制建设与时俱进，生态补偿落到实处

道德层面的约束往往体现在公众的自觉履行，法律的武器则具有强制性。为使我国森林生态系统健康可持续发展，必须利用法律提供一个准绳。只有立法是科学的、完备的，其对我国森林生态体系的维护才能更为行之有效。1998 年首部关于森林的法律《中华人民共和国森林法》修订完成，这一方面有利于推动森林资源的科学合理利用；另一方面有助于从源头扩大我国森林总体覆盖率，为空气质量的提高添砖加瓦，为我国居民的健康生活提供优良的栖息之地。但伴随社会的日新月异，森林遭受着越来越多样化的破坏，对森林的保护问题也变得越发棘手，森林的法制建设需要与时俱进，具体来说表现在：一是对保护森林生态的一系列活动应给予大力支持。鼓励积极参与其中的企业单位，以各项优惠政策减少其生产与营业成本。二是对破坏森林生态环境的企业单位给予严惩。可以以增收环境税的方式，提高这些企业单位的运营成本，并以公示的方式给予通报批评。三是定岗定责。政府各部门应严格履行保护森林生态可持续发展的职责，不断提升执法队伍的规范化、专业化，对破坏森林生态环境的个人与企业严惩不贷，绝不纵容或视而不见。四是利用高科技手段，实现实时监控。高科技的发展，尤其是互联网的普及，有效促进了对森林资源现实状态、所受冲击及突发事件的了解，从而可以对其做到及时有效的处理并使损失最小化。

建立生态补偿机制，要将其落到实处，不再简单参照 GDP 增长率作为经济发展指标，而是注重经济的又好又快发展。如何将生态补偿机制落到实处，具体地，由于林区中的植物进行光合作用，释放氧气并且吸收现实生活中排放的碳，因此可以设置一个碳排放量上限，超过这一上限的企业即需要向林区支付费用，作为向林区排放超出部分的补偿；但这只是一个初步设想，实施难点在于市场定价，这往往需要运用到市场价值法，还需要完善的市场与体制加以配合。

### 2. 增加科研教育投入，提升专业人员素质

在压力层面的实证分析中，发现各指标对森林生态安全的干扰尤为明显。这就需要指

引理论知识与技术水平齐头并进，无论是提升教育还是技术，一方面需要一定的资金投入，另一方面需要鼓励越来越多的学生学习森林生态安全专业知识，学者投身于该领域的研究，用先进的理论推动对森林生态环境的保护。同时以坚实理论基础指导实践，突破现实情况的约束，为森林生态安全保护形成创新性成果而不懈奋斗。

运用高新技术更为及时地发现森林生态环境的异常变动，实施多角度、全方位的监测，不能因为某个地区的森林覆盖率较低，就放松对其的监测，而且监测要覆盖全国范围内的每一棵树，不管是千年老树还是处于成长期的小树。具体地，由于在实证分析中看到森林火灾面积对森林生态安全的影响程度较大，因此需要高科技卫星遥感技术监测森林火灾及病虫害等情况，及时发现警情，对火灾及病虫害做到及时的预防，防止自然灾害与人为的破坏给森林环境带来的广泛影响，这是十分必要的。对森林的保护并不是原封不动，而是动态循环的利用，需要合理地采伐树木，这就出现了新的问题，何时进行采伐，每次采伐量为多少。因此一方面需要利用先进的技术手段监测每一棵树的生长变化；另一方面需要森林生态相关的专业人员给予指导，到了采伐期的树木，结合森林总体情况，对其进行采伐。专业人员的素养在很大程度上决定了森林生态的循环健康发展，我们不仅要提升林业从业人员爱岗敬业的精神，还要加强这些专业人员关于森林防护的技能训练，从而最大程度减少病虫害、火灾等干扰因素对森林生态环境的不利影响。

### 3. 推进森林保护区建设，防止旅游资源过度开发

从状态层面出发加以考量，从源头加以保护是重中之重，对森林生态环境的保护应系统化，这就需要建立、完善森林保护区，在全国范围内总体规划布局，根据不同地区森林生态情况，建立有地区生态特色的森林保护区。具体地，如果是森林覆盖面积广阔的地区，保护区的重点应放在自然灾害与人为破坏的防御上，因为这些灾害一旦形成，将会引起森林存量的大幅度缩减，这将十分危险。而在退耕还林的地区，应重点考虑民众的经济补偿，可以结合实际情况，在一定范围内允许民众种植经济林。放眼到城市的建设发展，其看似与森林生态的循环发展有些矛盾，但实则二者是可以协调统一的。城市森林生态公园等建立不仅不会缩减经济效益，反而会带来经济增长，这是因为城市森林生态环境的改善，减少了城市噪声、净化了城市空气、美化了人们的栖息地，使更多的人愿意来此居住、旅游。很多城市在发展中也看到了旅游市场的广阔前景，于是大肆开发森林资源，给森林资源的循环利用带来了隐患。因此政府应给予规范化指引，在开发的过程中考虑到对森林生态的保护，防止出现过度开发导致的生态的破坏。

### 4. 加强人工造林力度，提高森林覆盖率

在前述实证分析中可以看到人工林面积在响应层起着至关重要的作用。我们不仅要对原有森林资源加以保护，还要在已有基础上增加人工林的面积，以扩充森林资源的覆盖率，这是提升森林生态安全水平的关键。人工林可以建在城市也可以建在退耕还林的土地，尤其需要建在森林环境状况相对较差的地区，人工林可以有效地增加森林面积、改善林区生态情况。因此，应加强人工林的建设，这不仅需要政府的身体力行，也需要社会全体民众

的参与、响应。具体地，政府可在植树节发起"全民植树"等一系列活动，鼓励民众投身于植树的潮流中，并为种植的每一棵树挂上自己的名字，表彰种植数目较多的民众，同时配合专家指导，保证树木的茁壮成长；也可以开展林区志愿服务，引导民众参观林业地区的发展状况，鼓励他们参与林区志愿服务，自觉保护森林生态环境。

5. 转变经济增长方式，推进森林资源合理利用

经济的高速增长对森林资源的作用有利、有弊。一方面经济增长扩大了对森林生态环境保护的投入，主要表现在加大科研的投入及高科技开发的投入；而另一方面经济为了高速发展往往会以牺牲森林生态环境的循环利用为代价，具体表现为乱砍滥伐现象突出，对森林资源的可持续发展造成冲击。因此在推进经济发展的过程中应优先考虑对生态环境的影响。具体地，利用先进的技术手段监测每一棵树的生长变化，配备森林生态相关的专业人员给予指导，到了采伐期的树木，结合森林总体情况，对其进行采伐，使每一次的采伐是合理的、科学的。一方面，科学合理的采伐并不会破坏森林资源；另一方面，还会促进森林资源茁壮健康的成长。对于森林资源的合理利用所取得的经济效益，又可以加大对森林资源的保护投入，可谓是一举三得，事半功倍。

## 7.5.2　提升各省（自治区、直辖市）森林生态安全水平的具体对策

在分地区的状态层中，森林资源较为贫乏的天津、山西、山东、宁夏等地区，需要在政府的宣传与指引下，促使民众自觉投身于植树造林的队伍中，推进政府及社会各界在原有基础上增加人工林的投入。对地区耕地进行考察，达到退耕还林要求的地区对其进行一定补贴后，在原耕地种植经济林与非经济林。

在分地区的压力层中，内蒙古森林生态安全系统受有害干扰的程度最为严重，其次为广西、辽宁等地区，这些地区的森林生态安全系统往往更容易受外界不利因素的冲击，也缺少较为积极的应对措施，因此需要进一步转变经济发展方式，推进经济在发展的过程中优先考虑对生态环境的影响。引入其他地区优良的技术手段，用高科技实时监控森林生态中的异常情况，对火灾等灾害做到及时发现、防止扩散、有效控制；而对病虫害等灾害应注重预防与研发队伍的建设。建立自然保护区，发展生态旅游业，做到既保护又发展。在城市化和工业化的进程中要加大对森林资源的保护力度，培养专业化人才，提高森林保护过程中的理论基石，以提出更为科学、符合具体实际的创新性方案。加上这些地区多为森林资源较为丰富的地区，因此积极减少火灾、病害、虫害等干扰因素，可以有效维持这些地区丰富的森林资源。

在分地区的响应层中，吉林、湖北、安徽、西藏、青海、宁夏等地区为维护森林生态安全采取的积极措施的力度较小。其中，湖北、安徽等地区森林资源较为丰富，但维护森林生态安全的力度不足，而且这些地区的封山育林面积相对较少。因此针对这些地区，政府应加大对科研与技术开发的投入，适度建立森林自然保护区，实现地区经济增长与生态环境健康发展的双赢局面。在城市不断扩张的过程中，不能一味地

开发商品房建设用地，应腾出空间建设如城市森林公园等优良生态栖息地。对于西藏、青海、宁夏等森林资源相对匮乏的地区，就更需要加大号召力度，在前述基础上，应加大人工林建设，努力提高森林覆盖率，对植树造林活动加大表彰力度，让当地各方积极行动起来。

## 7.6　案例：林业产业结构与森林生态安全关系研究

### 7.6.1　研究背景

改革开放以来，我国经济取得了快速发展。2017 年，我国经济总量超过 80 万亿元，以 6.9%的经济增长速度在世界大经济体中一枝独秀，规模以上工业增加值与 2016 年相比增加 6.6%，高技术制造业投资增长 17.0%，装备制造业投资增长 8.6%；服务业生产指数与 2016 年相比增加 8.2%，服务业增加值在 GDP 的比重高达 51.6%，对经济增长贡献率高达 58.8%；粮食总产量为 61 791 万吨与 2016 年相比增加 0.3%，经济总量取得惊人突破的同时，我国经济发展质量也获得了有效提升。2017 年我国单位 GDP 能耗下降 3.7%，高于年初设定的 3.4%的发展目标，经济增长质量显著提升。生态环境保护力度明显增强，2017 年我国生态保护和环境治理行业投资与 2016 年相比增加 23.9%。

生态环境保护日益受到人们的普遍关注，森林作为陆地生态系统的主体，森林生态系统对维护生态安全发挥着至关重要的作用，对于陆地生态环境有决定性影响，具有多种多样的功能：它能够吸收二氧化碳，有效缓解地球温室效应；它能够生产并释放氧气，满足人类和各种动植物的生存需要；它能够提供动植物所需的多种营养物质和食物，维持生物多样性；此外，森林还能起到防风固沙、保持水土、净化大气等一系列作用。森林破坏与不合理利用直接影响森林生态系统的良性循环，森林的可持续发展与人类面临的一系列生态难题息息相关。衡量森林生态系统是否安全的重要标尺在于看它能否满足人类的生存与发展需要，森林生态安全指数高，说明森林生态系统完整程度高，人类可持续发展能力强，反之，人类的发展则是不可持续的。现如今生态环境的日趋恶化，迫使人们开始意识到生态环境保护的现实性和紧迫性，而建设良好生态环境的根本要求在于发展林业。

林业是我国一项较为重要的基础产业、绿色产业和公益产业，是我国现阶段建设生态文明的重要内容，是实现我国经济绿色发展的中坚力量。产业升级和产业结构调整是推动经济发展的内在动因，突破经济发展瓶颈的重要举措就是不断转变经济发展方式，不断调整产业结构。各个产业在经济总量中的比重随着所处经济发展阶段的不同而有所差异，即产业结构不同。林业产业结构是指一个国家或地区第一、第二和第三产业相对于总量所占的比重。林业产业的发展是以森林资源为重要载体，森林资源的配置形成林业产业时必然会对我国经济、生态、社会等各个方面产生巨大影响，且森林资源结构调整会直接导致林业产业结构变化。合理的林业产业结构意味着森林资源结构的合理性，要调整林业产业结构必定会调整森林资源结构，森林资源结构和林业产业结构是相辅相成的。合理的林业产业结构有利于自然资源和经济资源协调发展，转变我国粗放型、劳动密集型的林业经济发展方式，改变单一的经济发展状况，我国应在林业供给侧改革的大背景下科学合理调整、优化，延伸林业价值链，发展多元产业，促进林业产业取得更大的经济效益。林业产业作为国民经济体系中一个重要的组成部分，在经济发展所处的不同产业阶段，产业政策制定、产业发展目标、产业发展任务等方面有差异。

### 1. 国外产业结构研究

国外产业结构调整主要有三次重大变化：①20 世纪 60 年代，冷战格局形成，承接美国传统钢铁产业、纺织产业转移的日本、加拿大等国家和地区，第二次世界大战后经济迅速恢复和发展，工业化步伐不断加快，产业结构迅速调整；②60～80 年代，日本、联邦德国等国家发展电子集成电路、机械制造等具有高附加值的技术密集型产业，部分劳动密集型产业转移到东亚地区，如"亚洲四小龙"，这些国家和地区产业结构实现调整，由进口替代型产业转向出口加工型产业；③90 年代，信息技术产业、生物技术产业等技术和知识密集型产业取得了飞速发展。在发达国家，一些新兴工业化国家产业结构中，第一、第二产业在经济总量的比重逐渐下降，第三产业发展势头凸显，在经济总量的比重不断增加。

在整体的产业结构升级进程中，发达国家通过生产技术的提升来发展国民经济，摒弃牺牲林业换取经济暂时发展的道路，提高林业领域的技术利用水平，向生态社会逐渐转变。

我国从"一五"时期开始，就订立目标进行经济建设，至今经济发展已取得了显著成绩，但是我国目前产业结构表现出严重的不平衡。地区、城乡、部门之间差别过大，第一、第二、第三产业结构存在严重的不合理性，农业人口占全国人口的比重过高而第三产业人口占比较低，目前需要缩减第一产业的比重，增加第三产业比重，让农村剩余劳动力走出农村，走进城市融入第三产业，促进第三产业发展。

在整体的产业结构升级进程中，林业产业资金技术支持不断加大，发展面临着前所未有的机遇，农村剩余劳动力由传统产业慢慢转向第三产业部门。

### 2. 国外林业产业结构研究

国外林业产业经历了五个阶段：主要使用薪炭材的森林原始利用阶段、工业化时期林业产业形成阶段、工业化后期林业产业停滞及恢复阶段、20 世纪 50 年代后林业产业大发展阶段及全面发展阶段。森林资源的利用包括综合利用木材和非木材产品、发展森林旅游业、制造生物技术产品等。近年来，随着环境的逐步恶化，各国的环保意识逐步加强，在进行林业产业结构调整时，均为发挥林业的各种效益，实现林业产业的持续经营，逐步优化林业产业结构。

我国林业产业结构主要包括林业三大产业。我国林业第一产业主要以种植培育林产品（包括花卉）、采运木材、动物捕捉和林业服务业为主；林业第二产业主要包括加工木制品、制造木、竹、藤相关产品（如家具）及造纸业等；林业第三产业包括林业旅游和休闲服务、森林动物餐饮与租赁业、林业专业技术服务、林业科技推广与中介服务、自然保护管理服务、森林公园管理服务等。

我国的林业产业发展目前经历了三个阶段：20 世纪 50～70 年代末期的以木材利用为

主阶段，70～90 年代末期的培育和利用并重阶段，以及 90 年代末期开始建设和保护并重阶段。自此以后我国林业产业加速发展集约高效的用材林资源来满足整个社会对于木材的需求，以生态效益和社会效益为主导发展社会林业，同时发展城市的林业以改善人民的居住环境；不断发展林业第二产业，结合现有的技术拓宽林业的加工范围，调整其产业结构，增加林业第二产业产品的附加值，扩大其加工的深度和精度，大力推广新技术、研发新产品，解决产生的一系列环境问题，同时发展规模经济和范围经济，发展领域的龙头企业，形成规模化、高效化的经营模式，不断降低成本；不断发展林业第三产业中的森林旅游业，提升林业产业的附加值，为发展林业第一产业、林业第二产业保驾护航。我国的林业产业由原来的以林业采运业为主转变为目前以发展经济林、森林食品及森林旅游业等新兴产业为主，我国林业产业结构包括林业第一产业、林业第二产业和林业第三产业，但是目前为止，我国的林业产业结构还存在一些问题，如林业产业结构还不尽合理，低级化的现象依然普遍。我国林业三大产业的产值均呈现逐步上升的趋势，且林业第二产业产值的增长速度最快。而我国林业第一产业产值占比次于林业第二产业，且林业第一产业的趋势呈现出下降状态，而我国林业第三产业产值占比呈现出逐步上升趋势，且在林业三大产业中占比最小，说明其产出不如林业第一产业和林业第二产业，因此我国应当重视发展森林的旅游业，带动相应的森林旅游业相关产业的发展。

习近平同志在党的十九大报告中指出，加快生态文明体制改革，建设美丽中国。森林生态安全建设，作为生态文明建设的一项重要内容，国内外学者对于其关注明显不足，我国森林生态安全领域的研究尚处在探索阶段，研究文献并不多，且关注侧重于森林生态安全评价、预警及与林业市场可持续发展之间的关系。

林业产业是国民经济的一部分，直接影响一国国民经济的发展。如何在保证森林生态安全的前提下，促进林业产业结构调整，发挥两者间的协调互动作用，实现林业可持续健康发展是值得深入研究的课题。

本章的重点是研究林业产业结构与森林生态安全两者之间的关系，并以安徽省为例进行实证分析。本章首先根据林业产业结构与森林生态安全领域大量的相关文献，进行文献综述。然后以安徽省为例，利用向量自回归模型（vertor autoregression，VAR 模型）实证分析安徽省林业第一、第二、第三产业与安徽省森林生态安全的关系，基于脉冲响应函数分析出安徽省林业产业结构与其森林生态安全的响应关系，通过方差分解得出安徽省林业各产业对其森林生态安全的贡献率。本章的最后，为促进安徽省林业产业的可持续性发展，提出具有针对性的对策、建议。

## 7.6.2　实证分析

### 1. 指标选取与研究方法

为了进一步实证分析安徽省林业产业结构与森林生态安全的关系，首先需要选取适当指标。选取安徽省 2000～2015 年年度指标数据，在研究林业产业结构时，主要选取安徽省林业第一产业、林业第二产业与林业第三产业产值分别占林业总产值的比重（$I_1$、$I_2$、

$I_3$）加以衡量；基于本章 7.4 节对森林生态安全指标体系的构建，从状态层、压力层、响应层三个准则层面选取安徽省的九个指标：森林覆盖率（%）、活立木蓄积量（亿立方米）、林业产值（亿元）、造林面积（$\times 10^3$ 公顷）、病害发生率（%）、虫害发生率（%）、森林火灾面积（$\times 10^3$ 公顷）、林业投资（亿元）、人工林面积（$\times 10^3$ 公顷），数据来源于《中国林业统计年鉴》。利用主成分分析法确定各指标权重，再用模糊综合评价分析法得出 2000～2015 年安徽省森林生态安全综合评价指数。最后各变量取对数得到 $\ln I_1$、$\ln I_2$、$\ln I_3$、$\ln I_{ES}$，以消除异方差。

本节利用 VAR 模型实证分析安徽省林业第一、第二、第三产业与安徽省森林生态安全的关系，基于脉冲响应函数分析出安徽省林业产业结构与森林生态安全的响应关系，最后通过方差分解得出安徽省林业各产业对其森林生态安全的贡献率。

**2. 模型构建与结果分析**

（1）ADF 平稳性检验

借助 EVIEWS8.0 对各变量进行 ADF 平稳性检验，检验结果如表 7-5 所示，从中可以看出取对数后的各变量序列均不平稳，表 7-5 中用 $D(\ln)$ 表示一阶差分，也就是说各变量一阶单整，即存在长期稳定的关系。

表 7-5　各变量平稳性检验结果

| 变量 | ADF 统计量 | 临界值（显著性水平为 5%） | $p$ 值 | 结果 |
| :---: | :---: | :---: | :---: | :---: |
| $\ln I_1$ | $-1.703\ 244$ | $-3.081\ 002$ | $0.409\ 8$ | 非平稳 |
| $D(\ln I_1)$ | $-5.981\ 917$ | $-3.791\ 172$ | $0.001\ 6$ | 平稳 |
| $\ln I_2$ | $-2.468\ 833$ | $-3.081\ 002$ | $0.141\ 6$ | 非平稳 |
| $D(\ln I_2)$ | $-4.269\ 508$ | $-3.098\ 896$ | $0.006\ 2$ | 平稳 |
| $\ln I_3$ | $-1.492\ 341$ | $-3.081\ 002$ | $0.509\ 8$ | 非平稳 |
| $D(\ln I_3)$ | $-3.166\ 908$ | $-3.098\ 896$ | $0.044\ 4$ | 平稳 |
| $\ln I_{ES}$ | $-2.677\ 566$ | $-3.081\ 002$ | $0.100\ 6$ | 非平稳 |
| $D(\ln I_{ES})$ | $-7.765\ 756$ | $-3.791\ 172$ | $0.000\ 1$ | 平稳 |

（2）VAR 模型构建

考虑 VAR 模型的滞后阶数，根据 AIC、SC、HQ 及其他准则，经多次试验后确定模型的最佳滞后阶数是二阶。再对二阶 VAR 模型进行平稳性检验，检验结果如图 7-1 所示，结果表明所有的点均落于单位圆内，因此建立的二阶 VAR 模型稳定。

（3）脉冲响应分析

在建立 VAR 模型的基础之上，对脉冲响应函数结果图加以分析，从图 7-2 可以看出以下结果。

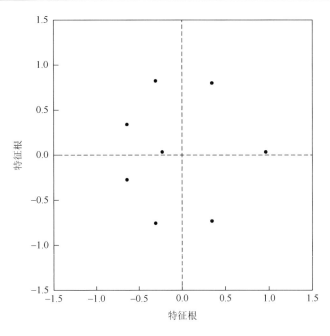

图 7-1　VAR 模型平稳性检验

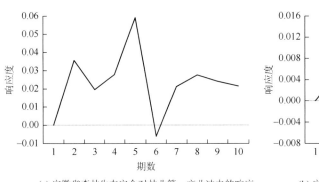

(a) 安徽省森林生态安全对林业第一产业冲击的响应

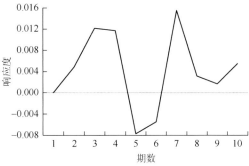

(b) 安徽省森林生态安全对林业第二产业冲击的响应

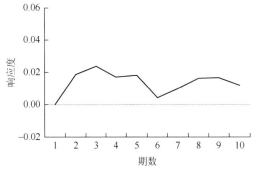

(c) 安徽省森林生态安全对林业第三产业冲击的响应

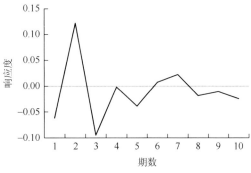

(d) 安徽省林业第一产业对森林生态安全冲击的响应

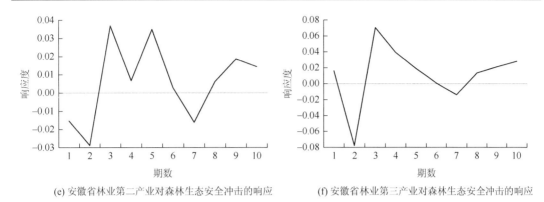

(e) 安徽省林业第二产业对森林生态安全冲击的响应　　　(f) 安徽省林业第三产业对森林生态安全冲击的响应

图 7-2　脉冲响应函数结果图

在安徽省林业第一产业一个单位正向冲击下,安徽省森林生态安全除第 6 期表现为负向波动以外,其余各期均表现为正向影响,在第 1 至第 2 期,正向影响程度不断加深,第 2~4 期在小幅正向波动后,在第 5 期达到了最大值 0.0592,在第 6 期降为负值后,又呈现正向波动,且波动幅度减小。从 10 期的累积效应来看,安徽省林业第一产业对安徽省森林生态安全的影响是正向的,即安徽省林业第一产业的提升会使其森林生态安全程度上升。

在安徽省林业第二产业一个单位正向冲击下, 安徽省森林生态安全除第 5 期与第 6 期呈现负向波动以外,其余各期均呈现正向波动,第 1 至第 2 期呈现快速的上升阶段,并在第 3 至第 4 期趋于稳定,在第 5 至第 6 期短暂的负向波动之后,迅速上升并在第 7 期达到最大值 0.0155,而后开始下降,但仍呈现正向的波动。从 10 期的累积效应来看,安徽省林业第二产业对安徽省森林生态安全的影响是正向的,即安徽省林业第二产业提升,其森林生态安全程度上升。但就安徽省林业第一产业而言,安徽省林业第二产业对其森林生态安全的冲击力度相对较弱。

在安徽省林业第三产业一个单位正向冲击下,安徽省森林生态安全在各期均表现为正向波动,在第 1~3 期呈现上升趋势,并在第 3 期达到最大值 0.0237,而后开始呈现下降趋势,并在第 6 期降至最小值 0.0041,接着又呈现上升趋势,由此可以看出安徽省林业第三产业对安徽省森林生态安全的影响是正向的,即安徽省林业第三产业提升,其森林生态安全程度随之上升。而且安徽省林业第三产业对其森林生态安全的冲击力度要高于安徽省林业第二产业,低于安徽省林业第一产业。

在安徽省森林生态安全一个单位正向冲击下,安徽省林业第一产业呈现正负波动,并在第 2 期达到最大值 0.1221,即安徽省森林生态安全程度的提高,在短期会促使安徽省林业第一产业的快速提升。而后开始下降并呈现负向影响,直到第 6 期上升为正值,并在第 6 期以后下降为负值,但负向波动幅度较小,这说明长期来看,安徽省森林生态安全程度的提高对其林业第一产业的作用程度明显减弱,并且会带来负向影响。

在安徽省森林生态安全一个单位正向冲击下,安徽省林业第二产业在第 1 期呈现负向波动,且在第 2 期降至最小值,而后才开始呈现上升态势,在第 3~6 期呈现正向波动,这说明安徽省森林生态安全程度的提高对其林业第二产业的影响存在滞后效应,且波动幅度较大,安徽省森林生态安全的每一单位的波动都会带来安徽省林业第二产业的高强度响应。但从 10 期的累积效应来看,安徽省森林生态安全对安徽省林业第二产业的影响是正向的,即安徽省森林生态安全程度的提升会使其林业第二产业上升。

在安徽省森林生态安全一个单位正向冲击下,安徽省林业第三产业呈现正负波动。在第 1 期安徽省林业第三产业呈现正向响应,但在第 2 期快速下降为负值,而后才开始上升,并基本保持在正值上波动,直到第 8 期才开始趋于较明显幅度的正向波动,这说明在短期,安徽省森林生态安全的冲击对安徽省林业第三产业的影响程度很大,但方向不明确,只有在长期,这一冲击才表现出明显的正向响应。也就是说在长期,安徽省森林生态安全程度的提升会使得其林业第三产业上升。

（4）方差分解分析

利用方差分析表,得出安徽省林业第一、第二、第三产业分别对安徽省森林生态安全的贡献率。由表 7-6 可以清晰地看出,总体而言安徽省林业第一产业对安徽省森林生态安全的贡献程度最大。除了第 1 期安徽省森林生态安全完全由当期的自身因素决定,从第 2 期开始,安徽省林业第一产业对安徽省森林生态安全的贡献率即达到了 39.260%,除了第 2 期略有下调以外,而后逐期开始增加,直到第 5 期增加至 61.455%,而后各期基本稳定在 60%左右,这说明从短期至长期,安徽省林业第一产业对安徽省森林生态安全的贡献率不断提升,并稳定于 60%左右的贡献率。

**表 7-6  方差分析表**  单位：%

| 期数 | $D(\ln I_{ES})$ | $D(\ln I_1)$ | $D(\ln I_2)$ | $D(\ln I_3)$ |
| --- | --- | --- | --- | --- |
| 1 | 100.000 | 0.000 | 0.000 | 0.000 |
| 2 | 49.262 | 39.260 | 0.728 | 10.748 |
| 3 | 36.952 | 38.080 | 3.943 | 21.024 |
| 4 | 29.378 | 43.508 | 5.528 | 21.586 |
| 5 | 18.833 | 61.455 | 3.817 | 15.896 |
| 6 | 20.437 | 59.972 | 4.004 | 15.586 |
| 7 | 17.829 | 60.552 | 5.479 | 16.139 |
| 8 | 17.829 | 60.551 | 5.479 | 16.140 |
| 9 | 16.693 | 60.971 | 5.124 | 17.212 |
| 10 | 16.223 | 61.303 | 5.085 | 17.389 |

安徽省林业第一产业贡献率的提升主要是从安徽省森林生态安全自身分流出去的,在第 2 期,其自身因素的贡献率就骤减至 49%左右,其中的大部分分流至安徽省林业第一产业中去,还有 10.748%分流至安徽省林业第三产业中,并且在第 2 期与第 3 期,安徽省林业第三产业的贡献率上升至 21%左右,这说明短期来看,安徽省林业第三产业的提升可以在一定程度上促进安徽省森林生态安全程度的提高。虽然在中长期这一贡献率略有下降,但下降幅度很小,贡献率仍保持在 16%左右,因此安徽省林业第三产业对安徽省森林生态安全的影响不容忽视。

尽管安徽省森林生态安全对其自身的贡献率随着期数的增加下降明显，但也仍存在20%左右的贡献率，因此前一期的森林生态安全对后一期森林生态安全的作用，即使在长期来看，仍是存在一定的影响，而安徽省林业第二产业对其森林生态安全的作用相对较弱，长期来看也只存在 5%左右的贡献率，这说明安徽省林业第二产业的提升，对其森林生态安全的作用很小，结合脉冲响应函数结果图来看，林业第二产业的贡献率小并不意味着森林生态安全不需要依靠林业第二产业的改善，相反地需要做的是促进林业第二产业换代升级，减少木质林产品加工业，推动林业科技的迅猛发展，从而降低对森林资源的砍伐。

### 7.6.3　研究结论

本研究以安徽省的森林生态安全与林业产业关系为例。利用 VAR 模型进行实证分析，得出以下结论。

由 ADF 平稳性检验看出，安徽省林业产业与森林生态安全之间具有长期稳定的关系，而非短期均衡，且森林生态安全受到林业产业结构变化的影响。

安徽省林业第一、第二、第三产业对森林生态安全的影响均为正向的，即随着产业提升，森林生态安全程度也随之上升。但相对来说，安徽省林业第一产业对森林生态安全的冲击力度最强。

长期来看，安徽省森林生态安全程度的提高对其林业第一产业的作用程度明显减弱，甚至会带来负向影响，而对林业第二产业和林业第三产业的影响是正向的，即安徽省森林生态安全程度的提升会使其林业第二产业和林业第三产业上升。

在方差分析表（表 7-6）中，安徽省林业第一产业对安徽省森林生态安全的贡献程度最大，对森林生态安全的促进更加明显；安徽省林业第三产业的贡献度相对较小，但仍对森林生态安全存在一定程度的影响；长期来看安徽省林业第二产业的贡献度很低，对森林生态安全的作用很小。

根据本案例对安徽省森林生态安全与林业产业关系的研究，为了提升森林生态安全，在对林业产业结构的调整中，应当对林业第一产业的基础性作用进一步巩固，对于林业第二产业推进转变为次级产业，对林业第三产业的扶持主要在于生态旅游的建设，大力推动安徽省旅游业的发展。

### 7.6.4　政策建议

1. 完善投资政策

目前我国的林地均归国家所有，林业经营者只能获得林地使用权，对于林木既可以获得使用权也可获得所有权。林业是一项公益事业，也是一项社会事业，新兴的林业产业既可以产生经济效益，使林业经营者收益最大化，更重要的是具备生态效益，对我国林业的可持续经营产生重要的作用。目前，安徽省经济发达程度依然较低，林业经营者没有充足的资金，本地企业的资金一般很少流向新兴的林业产业。在这种情况下，就要求政府大力发挥投资作用，并且进行指挥和引导，让林业产业与森林生态安全共同发展。完善政府的投资政策，并且应当具体到市级政府、县级政府，具体建议如下：一是政府补助政策的完善。市级政府和县级政府应当继续加大补贴政策的力度，如安徽省政府曾经实施的油茶种植补贴，产生了良好的成效，不仅使油茶的种植范围、种植面积得到了很大增长，而且经营者对油茶产业的发展产生了良好的预期。政府的补贴政策涉及的范围可以进一步扩大，并践行一系列促进补贴的方法，引导本地的企业及林业经营者投资新兴的林业产业。二是重点投资生态旅游业。安徽省的自然资源十分丰富，政府应在具备这种自然条件的基础上大力发展生态旅游业，提取一定比重的财政资金投资兴建生态旅游景区，如目前的泗县沱河省级自然保护区、怀远县四方湖市级自然保护区、马仁山国家森林公园等类似的生态景区。当地政府在大力发展建设这些景区的同时也能够促进其他旅游业的发展。在当前的经济社会形势下，除了政府的投资政策外，企业资金和社会资金的投资也是重要的组成部分。完善这类资金的投资政策，既能带来投资效益，也能够合理地对安徽省的森林资源进行利用，形成良好的生态效益。这要求政府制定新兴林业产业中企业的准入标准，确保经济效益和生态效益的结合。同时应注意企业在准入之后可能会产生的问题，如林权管理、租赁纠纷、利益纠纷等，政府应该处理好各种问题，落实各种具体的措施，避免问题处置不妥当造成的资源浪费及投资失败。

### 2. 完善林业从业人员的技术培训

目前，安徽省林业从业人员存在缺乏专业知识和技术水平低下的问题，具备专业化林业知识的人员（如从林业专业毕业的大学生）只占少数。安徽省其余大部分林业从业人员都是未接触过林业专业知识的社会人士，或者是一些退伍军人分配进入林业产业工作，大多数林业从业人员都是从其他行业跨行进入林业产业的，他们没有系统性的学习过林业的相关专业知识。但林业从业人员的专业性决定了林业的发展，没有专业知识和技术水平的支撑，就不能对全省林业做出专业性的管理。因此，安徽省政府应该完善对林业从业人员的技术培训，制定培训制度，保证专业性和实用性。接受培训的人员不仅包括林业部门的从业人员，还应当包括政府管理人员、投资企业的管理人员。其中，重点培训的对象为林业职能人员，每一季度可进行一次培训，同时鼓励已经入职的林业从业人员加强专业技能进修，政府可为其提供学习费用补贴，调动林业从业人员进修积极性。对政府人员的培训一直以来不够受重视，导致在新兴的林业产业中出现管理方面的问题，建议对管理人员半年培训一次，管理人员能够制定完善的政策、规定，并且在执行时采取合适的手段，才能够为林业产业的发展和生态文明建设提供保障。对投资者的培训同样建议半年进行一次，企业投资者一般比较缺乏林业知识，对投资者进行培训能够保证林业产业的投资者做出精准的决策，避免投资的低效和资源的浪费。

### 3. 加强森林生态建设

安徽省政府要深入贯彻执行党的十九大的重要思想及习近平系列讲话的重要精神，加强森林的生态建设，维护森林的生态安全，同时提升林业产业，使林业产业与生态安全同时正向发展。同时，提倡以新的思路发展林业产业。一是要大力发展林业的循环经济，形成良性的林业发展机制。例如，丰富林业产品的种类，设立完整的培育树苗、种子的体系，大力推进林权制度的改革，注重林权服务管理，解决林权抵押贷款的问题，采取诸多措施促进林业的良性发展。二是要发展生态旅游业，依靠安徽省丰富的森林资源兴建森林公园及保护区，打造良好的景区形象，既能保护森林资源，促进森林资源的良性发展，又能够依托景区的自然景色吸引游客的到来，由此产生经济效益。林业经营者也可按照自己的意愿对森林资源进行自主经营，深度挖掘旅游产品的优势，探寻更加丰富的旅游方式，如民俗旅游、农家乐等。政府应做好宣传工作，打造景区的品牌效应，使林业经营者能够获得经济效益的同时反过来促进林业的发展，从而进入良性循环的模式。三是采取复合经营模式，对林产品进行深加工，提高林产品在市场中的竞争力，同时注重品牌质量，这样才能够取得良好的经济效益。同时利用科学的手段进行组合调整，保证林业企业在市场中留有一席之地，不能埋没在市场竞争中。四是要形成生态文明体系，丰富的生态文明体系与人们的生活息息相关，有效的宣传工作，使人们的思想从本质上受到影响，树立起生态安全建设的意识，才能够对人们产生更大的影响力。只有人们受到文化影响能够自觉地从自身做起保护森林生态，杜绝以往不文明的行为方式，与生态形成良好的协调性，才能从根本加强生态安全的建设。

# 参 考 文 献

陈文俊，杨恶恶，贺正楚，等. 2014. 基于直觉模糊信息的中国中西部省会城市生态竞争力比较. 中国软科学，（5）：151-163.

冯彦，郑洁，祝凌云，等. 2017. 基于 PSR 模型的湖北省县域森林生态安全评价及时空演变. 经济地理，37（2）：171-178.

耿玉德，万志芳. 2006. 黑龙江省国有林区林业产业结构调整与优化研究. 林业科学，42（6）：86-93.

龚直文. 2006. 闽江源自然保护区及周边社区生态安全评价研究. 福建农林大学硕士学位论文.

顾艳红，张大红. 2017. 省域森林生态安全评价——基于 5 省的经验数据. 生态学报，37（18）：6229-6239.

郭中伟，甘雅玲. 2003. 关于生态系统服务功能的几个科学问题. 生物多样性，（1）：63-69.

洪涛. 2016. 湖南省城市生态竞争力评价研究. 中南林业科技大学硕士学位论文.

洪伟，闫淑君，吴承祯. 2003. 福建森林生态系统安全和生态响应. 福建农林大学学报：自然科学版，32（1）：79-83.

黄莉莉，米锋，孙丰军. 2009. 森林生态安全评价初探. 林业经济，32（12）：64-68.

姜钰，耿宁. 2017. 林业产业结构与森林生态安全动态关系研究——以黑龙江省为例. 中南林业科技大学学报，32（12）：163-168.

李桂花，于天宇. 2016. 生态文明建设的伦理学基础. 学习与探索，（10）：48-52.

李晶，蒙吉军，毛熙彦. 2013. 基于最小累积阻力模型的农牧交错带土地利用生态安全格局构建——以鄂尔多斯市准格尔旗为例. 北京大学学报（自然科学版），49（4）：707-715.

李佩武，李贵才，张金花，等. 2009. 深圳城市生态安全评价与预测. 地理科学进展，28（2）：245-252.

李中才，刘林德，孙玉峰，等. 2010. 基于 PSR 方法的区域生态安全评价. 生态学报，30（23）：6495-6503.

刘心竹，米锋，张爽，等. 2014. 基于有害干扰的中国省域森林生态安全评价. 生态学报，34（11）：3116-3127.

毛旭鹏，陈彩虹，郭霞，等. 2012. 基于 PSR 模型的长株潭地区森林生态安全动态评价. 中南林业科技大学学报，32（6）：82-86.

米锋，谭曾豪迪，顾艳红，等. 2015. 我国森林生态安全评价及其差异化分析. 林业科学，61（7）：107-115.

米锋，朱宁，张大红. 2012. 森林生态安全预警指标体系的构建研究. 林业经济评论，2（2）：9-17.

欧定华，夏建国，欧晓芳. 2017. 基于 GIS 和 RBF 的城郊区生态安全评价及变化趋势预测——以成都市龙泉驿区为例. 地理与地理信息科学，33（1）：49-58.

乔卫芳，关中美. 2014. 压力-状态-响应模型在焦作市生态安全评价中的应用研究. 资源开发与市场，30（6）：660-663.

邱微，赵庆良，李崧，等. 2008. 基于"压力-状态-响应"模型的黑龙江省生态安全评价. 环境科学，29（4）：1148-1152.

曲格平. 2002. 发展循环经济是 21 世纪的大趋势. 当代生态农业，（Z1）：6，7.

汤旭，冯彦，鲁莎莎，等. 2018. 基于生态区位系数的湖北省森林生态安全评价及重心演变分析. 生态学报，38（3）：886-899.

王金龙，杨伶，李亚云，等.2016.中国县域森林生态安全指数——基于 5 省 15 个试点县的经验数据.生态学报，36（20）：6636-6645.

王晓愚，程艳，余琳，等.2013.新疆阿瓦提绿洲生态安全模糊综合评价.新疆环境保护，35（3）：11-19.

杨伶，张大红，王金龙，等.2015.中国县域森林生态安全评价研究——以 5 省 15 县为例.生态经济，31（12）：120-124.

姚月，张大红.2017.县域森林生态安全评价分析研究——基于湖北省 29 个县统计数据.林业经济，39（7）：51-55.

尹希成.1999.科技安全与国家安全其他要素的关系.国际技术经济研究，（3）：28-33.

张传华.2006.耕地生态安全评价研究.西南大学硕士学位论文.

张扬.2016.城市园林景观管理研究.西北农林科技大学硕士学位论文.

赵爱华.2007.黑龙江省农业生态安全评价研究.东北农业大学硕士论文.

赵春容，赵万民.2010.模糊综合评价法在城市生态安全评价中的应用.环境科学与技术，33（3）：179-183.

周亚东.2015.基于景观格局与生态系统服务功能的森林生态安全研究.热带作物学报，36（4）：768-772.

左伟，王桥，王文杰，等.2005.区域生态安全综合评价模型分析.地理科学，25（2）：209-214.

Alle E A. 2001. Forest health assessment in Canada. Ecosystem Health, 7（1）: 28-34.

Crail N. 2011. Bundled transgovemmentalism: north American climate govemance and the lessons learned from the security and prosperity partnership. Procedia Social and Behavioral Science,（14）: 156-166.

# 第8章　我国未来森林资源需求特点与林业发展对策分析

地球上最重要的资源之一就是森林资源，其不仅满足了人类生产和生活的物质需求，还满足了其他非物质方面的需求。

近年来，我们国家对生态环境的要求越来越高。因此，我国正在不断加大力度改善生态环境。森林是我国重要的生态资源，肩负着实现人民群众对美化生活环境的强烈愿望的重任，基于此，其生态服务功能越来越得到人们重视。人们为了追求更加美好的生活，需求也在不断地向着多样化发展，单一的供给已不能满足需求，其中对森林资源的需求问题表现得尤为突出。同时，我国的经济正在由高速增长转向高质量增长，森林资源对经济所做的贡献也在不断扩大，故森林资源所带来的经济效益不容忽视。因此，我国未来森林资源的需求主要体现在森林生态系统服务的需求、由单一需求转变为多样化资源需求与森林资源所产生经济效益的需求三个方面。

## 8.1　我国未来森林资源需求的特点

### 8.1.1　森林生态系统服务的需求不断高涨

习近平曾在 2005 年就提出了"绿水青山就是金山银山"的观点，该观点至今仍然是我国在改善生态环境中所重点遵从的准则，先发展后治理的模式已开始逐渐消失。该科学观点提出的 10 多年来，浙江省干部群众把"美丽浙江"作为可持续发展的最大本钱，保护绿水青山，通过绿水青山吸引游客，强化了旅游业的发展，把绿水青山真正地变成了金山银山。同时，浙江省亦不断丰富发展经济和保护生态之间的辩证关系，使绿水青山不仅成为浙江省的金名片，也成为浙江省可持续发展的"聚宝盆""摇钱树"。安徽黄山市也在积极响应国家号召，把"望得见青山、看得见绿水、记得住乡愁"作为黄山市的标志，为了实现该目标，黄山市采取了多种举措，制定了严格的管理制度，如农药集中配送、垃圾变废为宝等，都取得了良好的成效。因而，黄山市环境质量大幅度改善，山更绿、水更清、景更美、人更和，已成为打造绿色发展的"安徽样板"。党的十九大上，习近平在总结我国五年来生态文明建设时指出，生态环境保护任重道远。

森林资源作为我国重要的生态资源，具有涵养水源、净化空气、调节气候等作用。因此，保护森林资源具有重要意义。不过，随着近年来全球水资源短缺、水环境恶化的加剧，森林的水源涵养功能的研究越来越得到人们的重视。森林的涵养水源作用主要体现在以下三个方面，即拦蓄洪水、调节径流和净化水质。拦蓄洪水是指降水分别经过林冠层、枯落物层与土壤层的拦截，减少直接落入森林地表的降水量，从而达到拦蓄洪水的效果。泥石流、滑坡等是降水过多导致的，所以，森林在拦蓄洪水的同时能够减少泥石流、滑坡等发生概率。降水首先经过林冠层的拦截，拦截的水会被蒸发；其次再经过枯落物层的缓冲，枯落物可以延缓降水进入土壤层的速度与时间；最后再经过地表层对降水的蓄纳，进入土壤中的降水一部分被土壤层吸附，一部分进入地下径流，所以拦蓄洪水功能的发挥是有一定限制的，如果遇到连续强降水的情况，该作用会难以体现。调节径流是指森林在雨季时经过林冠层、枯落物层与土壤层的调节可以减少地表径流，而在旱季时可以将储存的降水补充给河道，维持旱季河道水流量的平衡。王晓学等（2013）认为森林调节径流的功能核算需要大量数据，而且人为扰动因素影响较大，所以该功能的核算比较困难。但也有学者通过森林生态系统定位监测数据，探讨地表径流与降水，分析了全国森林生态系统地表径流调节功能，验证了该功能的有效性。净化水质是指污染物经过林冠层、枯落物层与土壤层的吸附与过滤，使污染物被滞留或者是移除。污染物经过森林生态系统的作用，不仅能够得到减少，同时还能转换成森林的养分。

当下中国工业化、城市化迅速发展，造成了空气污染问题越来越严重，极大地损害了人们的健康。因此，解决空气污染问题同样刻不容缓。森林被称为"天然的空气过滤器"，对解决空气污染问题具有不可估量的巨大作用。研究表明，大气降水能够冲刷大气中的污染物（孙涛等，2016），污染物经过森林生态系统的过滤，氮氧化物和硫化物会大大减少（周光益等，2000）。对于大气中含有的有害颗粒，森林可以通过物理除尘和化学除尘两方面着手解决。物理除尘首先通过改变气流运动速度、方向，进而影响颗粒运动的速度、方向，当含有较大颗粒的气流流经树冠时，受其阻碍，气流速度会减慢，而受重力的作用，一部分颗粒物会沉降，从而减少了空气中的颗粒物。然后，再通过森林叶面、冠层的作用，减少颗粒的传播。叶面表面比较粗糙再加上叶面有一定的湿润度，因此其可以有效地吸附部分颗粒，而且不容易被风吹掉或者被雨水冲刷。冠层的作用就是当颗粒飘落到森林里的地面后，再次起风时会阻止颗粒重新回到大气中。化学除尘主要是利用中和作用和吸收消化作用。森林中负离子浓度较高，而像 $PM_{2.5}$ 等细颗粒物大都是带正电，所以会发生中和作用，减少带正电的颗粒物；森林中植物的气孔与皮孔可以与大气中的气体进行交换，吸收大气中的污染物，然后在植物体内自行消化污染物（王晓磊和王成，2014）。

目前，全球多地受极端天气的影响，极端高温、极端低温、极端干旱与极端降雨等现象不仅严重威胁了人类的生存发展，也直接造成了一些物种的灭绝。因而，人类将改善气候作为追求的目标之一，进而减少气候带来的威胁。在气候的形成过程中，森林所起的作用至关重要。截至 2017 年，全球森林覆盖率平均水平为 31.7%，森林在吸收二氧化碳、减缓全球变暖、调节局地气温等方面做出了巨大贡献。森林能够调节气候主要体现在降温增湿，缓解城市的"热岛效应"等方面。高大的树木能够阻挡阳光，减少辐射，夏季叶片可以蒸发水分，增加空气湿度，降低地表温度。由于树木里含有水分，蒸发蒸腾时可使树木周围的空气湿度增加，温度降低。一棵枝繁叶茂的树与一棵光秃秃的树相比，局部气温会低 4～8℃，空气湿度也会增加近 50%（林道，2016）。森林内部由于群落的结构差异、林内风速与风向的改变、大量的枯枝落叶等，会加剧林内的蒸发、蒸腾，林内的空气相对湿度大。

## 8.1.2　由单一需求转变为多样化资源需求

随着经济发展水平不断提高，人们的需求也相应地发生变化，进而导致对森林资源的需求也发生改变。在不同的历史时期，对森林资源的需求也大相径庭。

在前工业时期，生产力水平低下，物质匮乏，人们最需要解决的是生存问题，而粮食的缺少严重地威胁了人类的生存。因此，在前工业时期人们最需要的是增加粮食产量。耕地、资本、劳动力是农业生产的基本要素，劳动力投入增加的同时，粮食产量的需求也在增加，而且人均粮食需求增加速度大于粮食产量增加的速度。所以，增加劳动力的投入在前工业时期很难起到作用。韩茂莉（2012）认为，在中国农业发展的过程中，仅仅靠传统的生产方式种植农作物，远远不能满足人类社会生存发展的需要，这时人类社会的发展就需要依靠山林。而在前工业时期，森林资源相当丰富，林地所占的陆地面积比重较高，人们就把大量的林地开垦为耕地。把林地转变为耕地，不仅能够增加耕地面积，森林中枯叶落叶的长期堆积，也让耕地的土壤肥沃，更加有利于农作物的生长，满足人们的粮食需求。另外，开垦林地时所砍伐的木材可以建造房屋、制作劳动工具和家具等。人们为了多生产粮食以满足生存需要，大面积地开垦森林资源，因此，在前工业时期，对森林资源的需求主要是对林地的需求。

在我国进入工业化初期，生产力水平开始提高，对森林资源的需求转变为林木资源需求以促进经济发展。在工业化初期，林木资源从原料、资金、外汇等方面为工业化的发展做出了贡献（戴芳和王爱民，2009）。我国为了将有限的资源集中起来，制定了优先发展工业、以农补工的发展战略。而林木资源可以作为工业的原料。因此，这一时期林木资源的需求大幅度增加。国家为了支持工业的发展，控制着林木资源的价格、产量与分配方式等，因此国家统一对木材市场进行管理，价格由国家控制，几乎处于国家垄断。直到 1998年，国家才放开对木材市场的管制，允许木材市场交易。国家控制木材市场、压低木材价格为工业发展集聚资金的同时，还制定了各种税费，包括农林特产税、所得税、产品税等税收及育林基金、检尺费等（王立磊，2011）。但国家对木材市场还是起主导作用，无论采用哪种税率制度，木材经营者都需承担高额税费，这变相地降低了木材价格，减少了生产者剩余。国家把收取的高额费用，转移给工业生产部门，为工业生产部门提供了资金支持。在 20 世纪 90 年代初期，原木出口迅速增长，由于此时原木价格仍然由国家控制，因此其也为工业发展提供了外汇积累。

我国目前处于工业化中期，工业发展取得了很大的进步，人们的生活水平也在不断提高，对森林资源的需求也在由单一的需求转变为多样化的需求。人们对森林资源的需求不再局限于目前我们所拥有的资源，而是需要不断地去研究、发现利用新资源。多样化的资源需求具有如下特点：一是森林资源能够更好地发挥生态功能与作用。森林大量地被砍伐、利用以发展经济，对森林生态系统造成了严重的破坏，人们应着手恢复保护森林生态系统，综合利用木材与森林资源，节约剩余不多的自然森林资源。二是保证森林资源和林业发展的多样化。森林资源的多样化是指在森林植物多样化的前提下，使生物种类多样化。林业发展的多样性需要林业能够创造更多的价值，经济上与生态上都需要多样化的发展。

### 8.1.3　森林资源所产生经济效益的需求

我国由于生产技术有限，在工业化进程中仍然需要大量的木材，且随着工业化的发展，对木材的需求也越来越多。但是目前木材替代品比较少且成本较高，相比之下，木材的成本较低，资源相对较多，对木材资源的需求量仍然较高。我国对森林资源的综合利用技术还有待进一步提高，在木材使用的过程中未充分利用与浪费的现象仍然存在，木材的实际需求与未能充分利用资源的现状致使木材需求量持续增加。

人们对生活品质的更高追求使人们在日常生活中对木材的使用量继续扩大，这也主要体现在房屋装修、家具的使用等方面上。因为使用木材建造房屋、制造家具等在视觉、触觉、听觉、嗅觉上都能给人带来更好的感受。在视觉上，木材纹理美观，而且能够吸收紫外线；在触觉上，人们接触最多的木地板，走在上面软硬适当；在听觉上，木材吸声、隔音性比较好；在嗅觉上，多种木材可以释放有香味的芬多精，该种气体可以使人心情舒畅，并且可以杀虫、杀菌。所以，巨大的林木资源需求仍在进一步发展。

长期以来，国家以控制林木的价格，征收高额税费的方式来支持工业的发展，使林业经济的收入甚微。随着工业化进程的加快，工业自身的发展、壮大减少了对林业的资金依赖，为林业的经济发展提供了空间。国家逐步放开对价格的管制，减少了各种税费，还取消了林业保护建设费、公安装备管理费等不合理的收费，使林业经营者的收入得到提高，缩小了收入差距，促进了收入的分配公平。因此，经济效益也是未来森林资源发展所应该重视的方面。

Chakravarty 和 Mandal（2016）以金砖五国为研究对象，运用动态面板数据进行研究，结果表明经济增长是以牺牲环境为代价的。而 Solár 等（2016）从社会、经济与环境等方面指出，可以在环境保护的基础上，寻找经济增长的新的突破点，实现两者的协调发展。胡鞍钢等（2013）利用我国第二～七次全国森林清查的数据，对我国森林资源变动与经济发展的关系进行研究，结果表明，我国的森林资源与经济是共同发展的，利用森林变动与人均 GDP 的数据也证明了这一结论。谷国峰等（2106）以东北地区为研究对象进行实证分析，结果表明，东北地区的经济与环境都在逐步好转，通过优化产业结构，转变经济增长方式，两者可以实现协调发展。我国林业发展的历史也表明，森林资源的经济效益能够对生态环境的保护与治理产生巨大的推动作用，同时，对提高社会效益也有一定的积极作用。因此，重视森林资源的经济效益，能够提高林业经营者保护森林生态系统的积极性。使人们意识到，保护生态环境与发展经济是相辅相成的。只有保护森林生态系统，才能取得经济回报，同时，只有在经济上获得可观的回报，林业经营者才会主动地投身于森林生态系统的保护，实现森林资源效益的最大化。

## 8.2　未来森林需求背景下林业发展的方向和对策

### 8.2.1　以保护森林生态系统为前提

对天然林与人工林的生态系统保护，应差别化对待，采取不同的措施。

对于天然林生态系统的保护，应主要采取如下措施。

1）加强封山育林。天然林存在的老龄林版块是重要的种质资源基因库，是恢复重建天然林物种多样性的自然参照体系，对保护森林资源具有重要意义（缪宁等，2013）。因此，应对天然林采取封山育林措施，保护好森林现有物种，恢复已经消失或正在消失的物种，维持森林完好的群落结构及功能。对于现有完好的天然林，要防患于未然，加大保护力度，限制砍伐的数量，维持现有天然林的平衡稳定生长。对于退化程度较轻的天然次生林，应采取严格的封山保护措施，凭借其自身的天然修复机制，再加上人为的排除外界环境的干扰，使其逐步恢复原有结构与功能。对于天然修复能力差、结构不合理、健康状况不好的天然次生林，在采取封山保护的同时，还应该采取人工的补植手段，在不改变次生林的恢复路径前提下，适度地对次生林的生长环境进行改善，加快次生林的恢复与生长。对于严重退化的、自然恢复非常困难的次生林，应采取工程措施和生物措施相结合的方法，对土壤进行研究改造，人工恢复植被，促进次生林的恢复（胡荣桂，2010）。

2）加大生态效益方面的宣传。生态环境质量的提高需要我们有环保意识和承担林业保护的责任。而没有良好的宣传示范，森林资源的保护会存在很多误区。在互联网十分发达的时代，我们可以采取各式各样的宣传方式，通过电视、报纸、杂志等新闻媒体及印发宣传手册等途径广泛宣传保护天然林的重要性与具体的保护措施。加大宣传力度，使人们意识到保护森林资源的重要性，使人们意识到森林资源不仅是陆地上生态系统保护的有利屏障，也是能够为人类带来宝贵财富的重要资源。同时，保护森林资源不能仅仅依靠某一个组织或群体，"众人抬柴火焰高"，这要求我们社会的全体成员共同参与。首先要在思想上达成共识，其次利用科学的保护方法，最后合理地对森林资源进行保护。

对于人工林生态系统的保护应采取如下措施。

1）加强技术上的扶持。对现有的人工林进行改造，逐步恢复人工林生态系统的稳定发展；采用人工抚育的同时要合理砍伐，降低森林密度，使林下植物能够有充足的阳光，促进其营养元素的吸收与利用，进而使林下植物能够拥有良好的生存环境，保护林下植物更好的生存；要培育混交林，增加土壤中微生物的种类与数量，确保土壤中有充足的养分以促进人工林的发展；应开展补植、补造措施，加强人工管护；对于一些不容易存活、发展的林木，一发现死亡应立即进行补植，在补植的过程中，及时解决所遇到的问题。同时，应该积极寻找或研发出木材的替代品，以缓解我国目前对林木资源的巨大需求，也需要不断提高对木材资源的综合利用技术，提高木材的使用效率，减少对木材资源的浪费。

2）多态化培育。由于长周期的林木要比短周期速生林的质量更好，更加贴近天然林的生态系统，所以应增加长周期林木的种植，形成短周期速生林、长周期林木和长短周期杂交林木并存的模式。将木材生产作为主导目标，兼顾木材资源与林下资源的共同发展，进而实现生态系统服务供给的多目标发展（刘世荣等，2015）。为保障生态系统服务的持续发展，林业经营者需不断改进计划，实施受益于社会、经济和环境的策略。例如，在社会关系上，调节水资源和土地资源利用的冲突；在经济发展上，提高生产力以促进经济增长；在环境保护上，改善气候变化对生物多样性的影响（曾文革等，2012）。对人工林的多态化培育，不能只注重面积的增加，也应关注质量的提高。同样，人工林也需要生物多样性，自我修复功能也应重视。

无论是对天然林还是人工林的保护，都需要树立良好的生态价值观。以可持续发展为思想基础，不断加深对森林生态系统的认识，为森林生态系统的保护做出贡献；政府应完善自然环境保护机制。实行奖惩制度，对维护森林生态系统的人给予奖励，对破坏森林生态系统的人进行惩罚，制定一系列法律法规，约束不法行为，为维护森林生态系统的平衡发展而不断努力。天然林与人工林需同时保护、共同治理，只有两个方面共同发展，才能改善我国的森林生态系统。

### 8.2.2　以科学化、合理化、规范化的工作原则为基础

在森林资源发展的过程中，应该以科学化、合理化、规范化的管理方法为基本原则。现阶段我国已大力构建林业综合发展模式，逐步完善森林资源管理的方法政策，为林业发展提供制度依据，提高人们积极参与森林资源管理的积极性并规范保护森林资源的途径与行为。所以，对森林资源的管理应从以下两方面入手：一是把森林资源当作资源来管理；二是把森林资源当作资产来管理。

把森林资源当作资源来管理，是对林木资源与林下资源进行开发、利用与保护的过程。主要包括资源的所有权、数量变化、保护措施及利用方式等。从客观上来说，对资源进行适当的保护与利用，是森林资源重要性与不可替代性的重要体现。森林资源有一个重要的特征就是外部性，这种特征使森林资源很容易对资源平衡及社会环境产生不利影响，进而对公共资源造成危害。所以，森林资源的资源型管理应该包括经济、社会与环境保护三个方面的综合管理（薛斌瑞等，2015）。为实现经济管理的目标，应优化资源配置方式，提高资源的利用效率，充分保障经济发展短期需求与长期需求；为实现社会管理的目标，应保证资源开发的合理性，避免过度开发与浪费，使人们对森林资源物质上的需求保持在一个合理的范围内，满足基本的物质需求，但也要注重未来资源利用的合理规划，实现社会效益的提升；为实现环境保护管理的目标，应采用科学的手段对森林资源进行保护，保护森林资源的生态系统，促进森林资源的可持续发展。

把森林资源当作资产来管理，就是把森林资源当作一种可支配的资产进行管理，可以进行投资以实现资产的最大化效益，并且这一过程通过提供相应的物质与精神服务，能够获得一定的收益（吴沂隆，2007）。资产化管理是针对产权、经营与收益等方面的管理。所有权的确认，能够改变传统的森林管理模式，使之不再需要以牺牲个人或国家利益为前提，保障了个人或国家利益。同时，能够优化资源配置，调动森林资源所有者的积极性，实现森林资源以最合理的方式发展并能够取得最大效益。然而，由于我国所有权与经营权分离，为给森林资源所有者提供更好的服务、实现效益最大化，需要我们在林业经营者培训和教育上下功夫。对收益方面的管理，需要合理地估算成本与收益，在规模一定的情况下，保证成本最低，收益最大。对森林资源的资产化管理，能够保证林业经营者的自主经营，以更加合理有效的管理模式实现最优的经济效益。

我国未来社会的发展是建设资源节约型、环境友好型社会，而生态林业的发展是实现这一目标的有效途径。应该根据森林不同的特点，进行统筹规划，合理利用。对森林资源进行分类经营，可以大大提高森林资源的利用效率。对生态林和人工林采用不同的管理模

式,可以有效地保护生态,也可以发展经济。在经营管理的过程中,禁止对生态林的破坏,对人工林实现集约化的经营管理模式,实现森林资源的效益最大化。把森林资源当作资产与资源分别进行管理,能够合理地利用森林资源,避免不合理的浪费。林业部门也应该制定相应的政策,明确划分各个部门的职责,谁主管、谁负责,确保出了问题能够直接找到相关部门。同时,林业部门也要借鉴国外先进合理的管理经验,在实践中不断找到管理上的不足之处,在此基础上加以改正。因此,林业部门如果要做好生态林业的管理工作,就必须坚持科学化、合理化与规范化的工作原则,推动生态林业的发展。

### 8.2.3　以发展经济为核心

随着我国经济的发展,经济因素对森林资源的影响也更加突出。而我国的经济林建设还处在起步阶段,需要有效的支持与引导。未来林业的发展方向必须坚持以经济发展为核心,肯定生态发展与经济发展之间相辅相成的关系,达到经济效益与生态效益的共同发展。森林生态系统的发展核心必须以经济发展、市场竞争为导向,运用科学技术手段促进林业经济的发展。同时,也应当贯彻落实好生态林业的发展工作,坚持循环经济,以提高森林资源的循环利用。此举既有利于经济发展、节约能源、在一定程度上保护环境,也能够为我国广大人民创造一个良好的生存与发展空间。

在产业结构方面,应不断优化,提高森林资源利用的经济效益。首先,应充分挖掘森林资源的利用潜力。立足于不同地区的实际情况,因地制宜,探索出适合各个地区发展的林业产业。以种植某一品种的林木为主,发展以市场为导向的经济林。充分利用林下资源,可以在林内饲养野鸡、野猪等动物,这些动物不仅可以在市场上进行交易,而且它们所产生的粪便也有利于促进林木的生长。亦可在林下种植各种植物,如可以食用的野菜,不仅可以促进经济的增长,而且也有利于森林生态的保护。其次,应对林下资源进行深加工。我国林业资源丰富,需要对林下资源进行充分的开发与利用。林内饲养的野鸡、野猪等动物,将其肉质进行进一步加工,能够提高林业的附加值。对林内种植的中草药进行深加工,也可以为我国医药市场的发展提供良好的物质基础。同时,要对林内资源进行废物利用,保证资源的最大化利用。最后,应大力发展旅游产业。随着我国城市化进程的加快,人们对自然景观的需求越来越大。我国应在现有的条件下,充分发挥省级和国家级自然保护区、特色森林公园等资源优势,发展生态旅游产业。根据市场的特点,选择相应的项目,设计有吸引力的景点,推出森林精品、特色生态旅游,吸引国内外游客,促进旅游业的发展,间接带动经济增长。

在国家的产业政策方面,要以市场为导向,合理布局,因地制宜。在产业比较集中的地区,应建立有经济特色的林区示范地,让当地的龙头企业在自身发展的同时,带动其他企业产生联动效应。在金融政策方面,应加强对林业发展的资金支持。完善政府的贷款政策,制定更加合理的林业投融资机制,创新林业方面的金融产品与服务,让更多的林业经营者有充足的资金进行林业投资。同时,政府还应该为林业经营者设立保险服务,保障林业经营者资金的安全性,使之在创新林业发展方面放开手脚。在财税政策方面,应取消不合理的税费,减少部分税种,推出相应优惠举措。在投资政策方面,应加大对有发展前景的、不损害森林生态系统的项目投资，鼓励社保基金、保险基金参与到林业发展中去。在生态补偿方面，应建立灵活、有差异性的补偿机制，亦要对补偿机制的效果进行检验，逐步完善该机制，使林业补偿正规化、标准化。在人才政策方面，要培育专业性人才，利用专业性人才在关于森林资源方面的研究成果确定更加科学合理的发展方式，引导林业经营者特别是农户学习经济林的栽培与经营技术，优化林业的产业布局。

# 8.3　案例：林业规模化经营

我国贯彻落实集体林权制度，对家庭联产承包责任制的改进与完善都有一定的积极作用。在集体林权制度的实施中，不仅对林地面积大的山林地区进行了改革，也对林地面积小的平原进行了改革。这种做法虽解决了产权不明晰的状况，但这种承包到户的改革也产生了一系列的消极影响，最普遍的就是细碎化问题。同时，还有经营规模小、林农能力不够等问题仍然存在。这些问题既造成了林业经营效率难以提升，也造成了林业发展遇到阻碍。而解决这些问题最好的办法就是林业能够实现规模化经营，这一观点也得到众多学者的支持。因此，如何通过规模化经营来解决新一轮林业制度改革之后出现的问题成为林业制度改革的关键。我国政府也在大力支持农业合作经营，以家庭联产承包责任制为出发点，创新农村的农业经营模式。林业与农业存在许多不同点，如林业同时具有经济属性和生态属性，经营期限长、对环境质量要求高等特征都明显区别于农业，林业的特殊性也决定了林业的发展需要一定的规模经营。所以，规模化经营对提高林业经营水平、发展现代林业具有重要意义。

南方山区的林地面积大，气候温暖湿润，更有利于林业的生产发展，且南方实行的林业规模化经营取得了一定的成果。所以，本书选择南方集体林区作为研究对象，分析南方集体林区规模化的理论基础，找出存在的问题，最后为南方集体林区的改革提出几点建议。

## 8.3.1　研究现状

目前，学术界对林业规模化经营的研究主要从以下几个角度着手。

首先是林业规模化经营的必要性。我国学者对林业规模化经营大都持支持态度，主要从两个方面来探究其必要性：一方面，学者基于林业经营的特征、林业管理和商品率等几个方面，研究林业细碎化经营的弊端。南方林业改革中实行的分林到户实践证明，过于分散的治理方式并不利于林业的发展。分散的经营模式决定了组织效率的低下，制约着资金、技术等规模化投入，阻碍了林业规模的扩大，制约了林业规模化的发展。由于林业具有在山中经营、投入大和产出慢等特点，分散的经营模式不利于投入足够的资金，不利于经营管理，也不利于规模化地提供产品，经济效益很难有所突破。因此，要改变这种经营状况，就需要探索出适度的经营规模（陈永富和姬亚岚，2003）。另一方面，适度的规模化经营能够促进生产要素的优化组合，提高林业的经营效率。祝海波和尹少华（2006）认为，可以通过承包、租借等方式，对林业资源进行合理配置，减轻经济效益低的问题，以达到规模化经营。王成军等（2010）的研究表明，浙江省实行的均山制同样出现了过于分散的问题，但实行林地流转之后，合理改善了林地的规模，对提高林业经营效率具有重要作用。

其次是林业规模的形式研究。林业经营形式是指林业在经营的过程中所采取的形式，在一定的条件下，通过林业的生产、销售等过程，体现林业生产要素分配的方式。沈月琴等（2000）认为，南方的集体林经营立足于当地情况，因地制宜地建立适合当地发展的经营模式，合理地对林业资源进行配置，使林业经营者能够获取一定的利益，以调动林业经营者的积极性。还有学者认为，联合经营与股份制经营有利于改善林业经营的分散情况，实现规模化经营（张春霞等，2000）。陈永富和姬亚岗（2003）认为，对林业实行股份合作制经营可以明晰产权，对林业资源进行合理配置，形成规模化。伍士林等（2006）认为应该把分散的林业经营者聚集在一块，进而能够解决分散的问题。对龙头企业、基地和林业经营者实行一体化经营，重视林业协会在实现林业规模化中的作用。

最后是林业规模对经济的影响。林业的发展要追求规模经济，规模经济是指通过改进经营的规模，引进更加先进的生产技术，大批次地进行生产活动，以期能够降低成本、增加收益。基于规模经济的视角，林业的规模经济问题是林业在不断改革发展中需要重视的问题（曹华和项贤春，2007）。魏远竹（2000）认为，规模经济能够使企业的经济效益随着生产能力的增强而不断增强，并且能够提高生产要素的利用率，以推进林业经济不断地发展。林岩松和岳太青（2003）认为，分散的林业经营模式难以提高收益及实现效益的最大化，但是规模经济能够帮助林业经营者实现最大化的收益。从林业经营管理的角度来看，Bromley（1992）认为林业经营周期长，经营过程中面临风险的概率也就会增大，而小规模的林业经营可能会使该风险进一步增大，也不利于合理地配置资源，最终造成林业经济效益低下。其他的研究表明，规模较小的林业更难管理，而规模大的林业更易于管理，也更容易实现规模经济。从林业制度改革之后南方的集体林经营的状况来看，孔凡斌（2009）认为，以家庭为单位的小规模林业经营模式，会造成林业经营者只关注自身利益而忽略集体利益，最终导致林业的经营模式陷入困境，也不利于森林生态系统的稳定。也有部分学者认为，分散的经营模式会自发地走向规模化经营。但是在这一过程中，林业经营者与市场之间会出现各种矛盾，为了保障林业经营者的利益不受损害，应引导林业经营者采取科学的方法来实现规模化的经营。同时，合作经济亦是我国林业发展的必然趋势，是解决林业经营中的问题和增加林业经营者收入的重要手段（郑少红，2008）。

## 8.3.2　规模化经营的理论分析

林业的规模化经营需要在一定的条件下才能形成，最基础的条件就是相关的经营制度，因此需要在逐步完善相关经营制度的基础上，发展规模化经营。而关于林业规模化的理论分析，可以有多种理论研究视角。

1. 林业规模化经营与经济学的关系

（1）规模化经营的边际收益和边际成本问题

林地的规模化经营注重的是适度，即不强调过大的规模，也不强调过小的规模。在一般情况下，林业经营过程中边际收益与边际成本会影响林业的适度规模。同时，森林资源的不同属性也会对适度规模的水平产生影响。

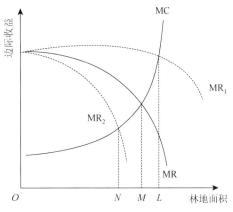

图 8-1　不同自然属性下边际收益与边际成本

根据经济学中提出的理论，当 MR = MC 时（边际收益为 MR，边际成本为 MC），能够达到最大收益，这一公式同样适用于林业的经营中。如图 8-1 所示，在只考虑经济效益的前提下，当 MR 与 MC 相等时，能够达到最大收益，此时 $M$ 点是林地经营的最佳规模。如果把森林的资源属性考虑进去的话，林业经营的最佳规模也会相应地发生改变。对于资源质量较好的林地，它的生产能力要高于平均水平。所以，它的边际收益也是大于平均水平的。基于此，边际收益曲线会向右移动，变为 $MR_1$，进而，最佳规模会变为 $L$ 点，说明较好质量林业的最佳规模会相应地变大。而对于质量较差的林地，其对应的边际收益曲线会向左移动，变为 $MR_2$，说明质量较差的林业，它的生产能力低于平均水平，边际收益小于平均水平。随着规模的逐渐扩大，边际收益与边际成本的交点移动到 $N$ 点，最佳的林业经营规模变小。因此，在确定林业最佳的经营规模时，要把林业的自然属性考虑进去，根据不同的林业属性确立不同的最佳规模。

　　森林资源还有一定的特殊性，即它是维持生态系统稳定的重要工具，这一特点说明了森林资源兼具生态效益。森林资源所占的面积决定了森林生态系统功能的强弱，即森林面积与森林生态系统功能呈正相关。而林业的规模越大，森林资源所需的面积也就越大，因此，林业的规模与生态效益也是正相关。由此可知，森林资源不仅能够带来经济效益，也能提高生态效益。如果把林业经营过程中产生的生态效益也考虑进林业的边际收入与边际成本的关系中，则会产生一条新的边际收益曲线 $MR'$。如图 8-2 所示，因为生态效益与林业规模呈正相关，所以生态系统的边际

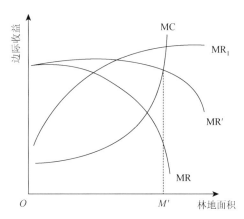

图 8-2　规模化经营边际收益

收益曲线是上升的，为 $MR_1$。而林业资源经济效益的边际收益是递减的，二者合在一块即会产生一条新的曲线，即 $MR'$。新的边际收益曲线与边际成本的交点也会向右移动，说明考虑生态效益之后，林业最佳的经营规模也在扩大。

　　（2）规模化经营的效益问题

　　本书在对林业经济、生态收益的边际收益与林业规模边际成本分析的基础上，还对林业规模化经营中效益问题进行了进一步的研究。如图 8-3 所示，在不考虑生态收益的情况下，在林业规模较小的时候，林业经营的边际收益大于边际成本，在达到最佳规模值之后，

边际收益开始下降,小于边际成本。在只考虑生态收益时,生态收益是随着林业规模增加而递增的,生态收益的边际收益在递增到一定的规模之后,开始缓慢递增。因此,把森林资源的生态收益与经济收益综合考虑后,总收益曲线变为 TR,即先增加后减少,最佳的林业经营规模也有所扩大。

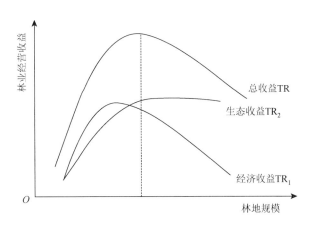

图 8-3　林业规模化经营的边际总收益

如果仅仅从收益的视角来看,林业的经营是否能够达到最佳规模的条件在于明晰规模化的平均收益与社会平均收益之间的关系。一般情况下,只有在林业经营带来的收益大于社会平均收益时,森林资源的所有者与经营者才会加大投入,以达到最佳规模。但森林资源生产的不仅有经济效益,还有生态效益。而且,最佳规模也在增大,更需要追加投入以扩大规模。因而,在比较林业经营的平均收益与社会平均收益时,需要把森林的生态收益也考虑到林业经营的平均收益中去,综合之后再分析比较。同时,在森林规模化经营的初期,林业经营的平均收益会随着森林规模的扩大而逐渐增多,进而吸引社会投资者的资金投入,从而使林业经营的规模进一步变大,所有者、经营者与投资者的收益也就逐渐增多。如此循环,就能最终实现最优规模,来解决过于分散的经营模式导致的成本高、经营水平低等一系列问题。

### 2. 森林资源经营制度对林业规模化的影响分析

南方集体林区的林业规模化建设是以制度为保障的,制度是林业规模化建设的基础,对实现林业规模化经营有着重要作用。南方集体林区管理主要基于四个方面的制度,即所有权制度、管理制度、利益分配制度与使用权制度。南方集体林区在 2003 年的改革是在所有权制度保持不变的基础上,对林业的使用权进行改革,这一过程也引起了管理制度与利益分配制度发生相应变革。而在目前,我国需要实行林业规模化经营,出现这种情况的原因就是 2003 年林业制度改革后出现的细碎化经营。

在林业制度改革之后,林业制度中所有权制度还没有进行改革,所有权仍归集体,使用权不再归集体所有,而由个人或小组来使用。这次改革明确了使用权与所有权的关系,两者实现了分离。然而，使用权与所有权的分离虽在明晰产权方面起到了积极作用，但也导致了林业经营分散化的状态，对建立更加合理的林业经营规模形成了限制。从管理制度的角度来看，森林资源管理制度并不是专门针对细碎化经营所出现的。所以，在解决林业经营细碎化的问题上还存在一些不足之处，如森林限额砍伐制度。林业制度改革之后林业经营者的数量增多，对砍伐指标进行限制会导致众多林业经营者出现不公平、无效率的分配现象。而从利益分配制度的视角来看，南方集体林区林业制度改革之后也需对相关的制度进行改革，以实现利益分配的公平合理。但在改革过程中，相关的制度与政策，如流转制度和合作社发展政策等，都影响着南方集体林区林业规模化的进程。从制度方面来看，南方森林资源管理政策存在双面性，既能促进林业的规模化经营，又会使林业规模化经营过程中出现新的问题。

3. 不同集体林区的林业规模化经营分析

林地和耕地是我国农村重要的生产资料，其中，在南方集体林区中，林地占了农村生产资料的大部分。因此，林地是农村重要的生产资源。而林地的生产规模又决定了林业生产效率的高低，故要想提高林业生产效率，需要探索出合适的林业经营规模。同时，在南方林业制度改革之后，林业使用权的分散使林地细碎化，由此引发的高风险、经营效率低等问题同样使南方集体林区对林业规模化经营产生需求。因此，南方集体林区在逐步转变经营模式，把以单户经营为主转变为多种形式经营。目前，我国南方集体林区以以下几种经营模式为主：公司制经营、股份制经营、家庭林场经营和大户经营。①公司制经营是指具有林业经营资格的法人，从农户手中承包、租赁林业的使用权，采用公司化的经营模式，实现林业的规模化经营。在采取公司制经营模式的基础上，还形成了公司与农户共同经营的林业合作社。②股份制经营是指不改变林地的所有权，农户可以自愿地决定是否把林地参与入股，愿意参与股份合作社的农户，其林地由合作社统一管理，共担风险，共享收益。③家庭林场经营是指以家庭为基本单位，单个家庭可以承包、租赁农户的林地，把林地聚集起来，对单个家庭的经营规模进行限制，必须达到一定的规模才能经营。同时，投入现代生产技术，引进科学的管理模式，实现规模化经营。④大户经营是指在资金、能力方面都有一定基础的农户，遵守法定程序从其他农户那里承包林地，进行统一管理，实现林业的规模最优。四种经营模式共同点是都转变了之前的经验模式，进行了集约化管理，优化了资源的配置。四种经营模式的不同点也很多。例如，公司制经营的规模相对较大，在管理水平与生产效率上都达到了很高的一个水平；股份制经营农户参股后能够减少风险，实现品牌化经营；家庭林场经营运用企业的管理模式，规模化经营；大户经营的主体单一，管理便捷，农户的积极性也高。

## 8.3.3 南方集体林区林业运行机制

2003 年之后随着南方集体林区林业制度改革的推进，森林资源在农户中逐渐产权明晰，分散化、小规模的经营形式成为南方集体林区的主要经营形式，这也在一定程度上加剧了南方集体林区林业经营的细碎化问题。可是，随着时间的推移，这种经营模式已经不能适应经济的发展速度，细碎化的经营模式出现的问题也进一步凸显。出现的问题主要是经营效率低，其产生根源是细碎化的经营所带来的高成本，组织管理也较难，经济利益必然会受到影响。在高速发展的市场环境下，经营效率低下必然导致林业经营者难以实现期望收益。因而，林业经营者希望能够扩大经营规模以增加收益、减少成本实现利益的最大化。诚然，规模化经营成为林业经营者的根本目标。

同时，在林业制度改革之后，随即也出台了相关的产权制度与管理制度（如林业产权制度、资源经营管理制度）以支持林业制度改革的顺利进行。一方面，产权制度明确规定了使用权与所有权的关系，两者的分离为林业的经营者在产权方面提供了保障。另一方面，管理制度的改进对林地的流转、变更、抵押等提供了便利，这也为林地规模化经营提供了一定的基础，使规模化经营能够成为可能。在产权制度与管理制度的基础上，林业资源得以集聚起来，形成一定的规模之后在经营的过程中能够减少成本、增加收益，为林业经营者提供更加良好的经营环境。

在对规模化经营需求的基础上，又有了相应的制度作支撑，林业经营者便会采取行动，而最好的办法就是合作经营。当林业经营者合作取得的收益大于成本时，林业经营者便会进行进一步的合作，加大投资力度，增加林业经营规模。当进一步的合作再次取得收益时，会进行又一轮的规模优化，如此循环，以市场为导向，最终实现规模化经营（图 8-4）。

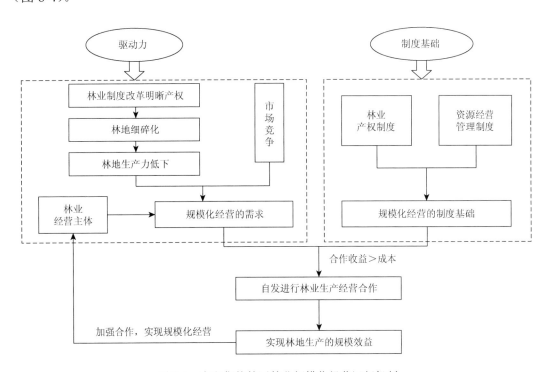

图 8-4　南方集体林区林业规模化经营运行机制

### 8.3.4　林业规模化经营中的影响因素

1. 资源属性对林业规模化经营的影响

在农业生产中，林业资源有着特殊性，如生产力相对比较低下、生产周期长、准公共产品属性等这些自然属性。这些特殊性会对林业在规模化经营的过程中产生一定的影响，制约着林业规模化经营的发展进程。

（1）林地生产力水平相对较低

相比较耕地的生产力，林地生产力较低，杜晓军和姜凤岐（2000）认为，我国林业的五大种类都存在生产力水平低的问题，而且每种类别中涉及很多树种，导致这种现象的原因主要是自然条件与长期以来分散的经营方式。在一般情况下，林地大都在山区，而耕地大都处在平原地区，所以，林地的地理条件要比耕地差，这导致了林地的生产力水平要低于耕地的生产力水平。江洪等（2004）以福建省为例进行研究，研究表明耕地直接效益大约是林地直接效益的 27 倍，相差巨大。

（2）生产周期长

森林资源的生产周期都比较长，以林木为例，一棵树从开始种植到可以进行交易这中间至少需要几年的时间，而农作物一般一年能进行两次种植与收割。所以，林业与农作物相比生产周期更长。而生产周期长又会引发比较大的自然风险与经济风险。一方面，林业生产经营面临较大的自然风险。在林业的生长周期内，面临着火灾、泥石流、病虫灾害等风险，任何一项灾害的发生，都有可能使几年的成本都付之东流。另一方面，林业经营者还面临经济风险。在林业经营的前期投入后，后期还需资金对林业进行看护与管理，而资金的筹集还需通过一定的经济手段。所以，市场中资金供求关系的变化会影响林业的规模化经营。于学文等（2006）认为，受林业周期性长、同行业竞争等因素影响，市场对林业资源的配置存在一定的问题，最终导致恶性循环，使林业的规模化经营遇到更多的困难，更大的风险。

（3）林业资源的准公共产品属性

从经济学的角度分析，可以发现任何国家的林业资源都具有准公共产品属性。由于林业资源可以带来生态效益，所以即使是私人的林业资源，其所带来的生态效益也是不属于自己完全私有的。因而，国家在环境保护的基础上会限制林业资源的市场使用。

林业资源这些特殊的自然属性，使林地的生产力要远远低于耕地的生产力，而且很难改变这一状况。同时，这些自然属性对我国建立规模化的林业经营产生了制约作用，而且通过一些手段对这些自然特征进行改善也是很难实现的。

2. 政策与制度对林业规模化经营的影响

（1）林业的产权制度

在 2003 年的林业改革中，林业产权制度得到了进一步的完善，把林业的使用权与所有权具体分配到每户。虽然此次改革对林业产权进行了一次全方位的变革，并且取得了重大进步，但也使本来就分散的经营模式变得更加细碎化。林业制度改革导致的所有权与经营权分离,如果林业经营者以股份制、合作制等方式经营,那么原来的影响因素与所需的条件都会发生改变。此次的改革,是在市场发展的推动下进行的,而且目前对林业经济效益的追求主要是长期收益。因而,林业生产要素的配置主体也从政府转变为市场,即政府不再起主导作用,而是由市场自由配置。林业产权制度的改革导致股份制、合作制的经营模式受市场的影响更大。

（2）林地流转制度

林业制度改革所产生的产权制度、管理制度和利益分配制度等是林业规模化经营过程中所遵循的基本制度,而林地流转制度的合理性是保障林业规模化顺利进行的重要条件。柯水发等（2012）认为,林地流转制度的实行有助于解决林地经营分散化的问题,从而能够实现规模化经营。林业的经营首先需要对林地进行管理,如果没有相关的制度保障作基础,就很难实现规模化经营。例如,如果不允许土地流转,那么林地会一直处于分散的状态,没有办法进行集中管理。所以,林地是重要的生产要素,需加强管理,以帮助不同参与者实现最大化利益。

（3）社会化服务制度

在国家出台相关政策之后,相关部门要对政策进行落实,保证社会资源能够合理地配置与有效地利用。而林业经营主体的细碎化,使政府有关部门对其进行管理会消耗大量的资金成本与时间成本。同时,还面临巨大的管理压力,难以保证政策的有效执行。林业社会化服务制度的出现,解决了这一难题。如果能够建立完善的社会化服务制度,把分散的林业经营主体聚集起来,形成合作共赢的社会关系,就会减少政府部门管理林业经营主体的数量,减少时间与人力的投入,提高工作效率,也能够更好地为少数的林业经营者服务。

（4）法律制度

我国为了促进林业健康发展,也制定出了一系列法律、法规。例如,《中华人民共和国农村土地承包法》、《中华人民共和国农民专业合作社法》与《中华人民共和国森林法》等。森林资源是林业的核心资源,林业经营是整个林业主体工作的基础。其中,《中华人民共和国森林法》出台的目的就是提高森林资源的利用效率,保障林业的经济效益与生态效益。因此,资源和经营是林业工作中最重要的两项。但是,《中华人民共和国森林法》在这两方面还缺乏相应的制度设计,难以为实现林业规模化经营提供法律保障。

## 8.3.5 建议

相关的制度能够为林业的规模化经营提供制度保障,但是还存在着一定的漏洞,需要及时解决。同时,林业资源特殊的属性使林业经营也面临困境。但是,也可以通过相关的制度安排来减轻消极影响。另外,还需以市场为导向,政府引导,逐步实现规模化经营。

1. 建立更加完善的林业经营基本保障制度

林业资源生产力水平低、生产周期长等自然属性制约了林业的规模化进程。但是,可以通过完善相关的制度（产权制度、流转制度、投资制度与补偿机制等）来减少自然属性对林业规模化经营的影响，并保持这些制度的稳定来实现规模化经营。产权制度和流转制度能够保障森林资源有一定的规模，不再分散，是保障林业规模化经营的基础制度。投资制度与补偿机制等能够为林业规模化经营的过程提供保障，确保林业经营过程中有足够的资金，降低经营风险。所以，应当加快完善林业经营的基本保障制度，为林业规模化经营打下制度基础。

### 2. 林业规模化经营需以市场为导向

林业经营水平的改善不仅需要农户提高自身的能力，也需增加社会资本与商业资本的投入。社会资本和商业资本的投入不是无条件的，只有在林业经营达到一定的规模，才能够得到外界的资本投入。因而，林业经营达到适度的规模化，是提高经济效益的关键。在我国目前的市场环境中，激烈的竞争会使不同的市场经营主体自发地形成合作和规模化经营，林业经营也是如此，其在市场的引导下，不同利益主体逐渐开始合作，从而形成林业规模化经营。但是，合作是一个长期和自发形成的过程，政府不能强制规定，否则会使林业规模化经营陷入一种低效、目标性不强的状态。

### 3. 循序渐进，适当引导

我国的林业大都是农户在经营，由于农户的文化水平有限，对市场的需求不能很好地了解。因此合作共赢的目标在规模化经营方面得到实现还有较大的难度。此时，政府也应当出台相关的激励政策，适当引导农民，推进林业规模化经营。目前，我国在林业制度改革方面还处在不断完善、推进的过程中，林业规模化经营是在这些制度的基础上发展起来的。因而，推进林业规模化经营也是一个长期的过程，即使出台了相关的政策，也不能急于求成，要在政府的引导下，根据实际情况，放慢发展脚步，推进林业规模化进程；否则，即使在某个时间点为了形成林业规模化经营，林业经营者彼此之间也会产生合作，但这种合作绝不可能长期坚持。

## 参 考 文 献

曹华，项贤春. 2007. 中国人工用材林规模化经营实现途径分析. 林业经济问题，27（4）：326-330.

陈永富，姬亚岚. 2003. 对南方集体林区非公有制林业发展的思考. 林业经济，25（5）：47-49.

戴芳，王爱民. 2009. 我国不同经济发展阶段对森林资源利用的变化特征. 生态学报，30（6）：678-682.

杜晓军，姜凤岐. 2000. 如何看待我国的低产林问题. 沈阳农业大学学报，31（3）：258-260.

龚诗涵，肖洋，郑华，等. 2017. 中国生态系统水源涵养空间特征及其影响因素. 生态学报，37（7）：2455-2462.

谷国锋，王建康，刘多，等. 2016. 东北地区经济发展与环境协调关系的实证研究. 华东经济管理，30（1）：63-70.

韩茂莉. 2012. 中国历史农业地理. 北京：北京大学出版社.

侯一蕾，王昌海，吴静，等. 2013. 南方集体林区林地规模化经营的理论探析. 北京林业大学学报（社会科学版），12（4）：1-6.

胡鞍钢，沈若萌，郎晓娟. 2013. 中国森林资源变动与经济发展关系的实证研究——基于中国第二至第七次森林清查省际面板数据. 公共管理评论，（2）：43-60.

胡荣桂. 2010. 环境生态学. 武汉：华中科技大学出版社.

江洪，王钦敏，汪小钦，等. 2004. 基于RS和GIS的福建省耕地、林地分布情况及其利用效益的分析. 福州大学学报，32（3）：275-279.

柯水发，王庭秦，李红勋. 2012. 林地使用权流转与林地福利变化的经济学分析. 北京林业大学学报，11（3）：69-73.

孔凡斌. 2009. 集体林权制度改革绩效评价理论与实证研究——基于江西省 2484 户林农收入增长的视角. 林业科学, 44（10）：132-142.

李丹, 陈宏伟, 李根前, 等. 2011. 我国天然林与人工林的比较研究. 林业调查规划, 36（6）：59-63.

林道. 2016. 常见行道树知识. 林业与生态, 23（12）：35-37.

林岩松, 岳太青. 2003. 大力发展非公有制林业促进林业生产关系大变革. 林业经济, 25（12）：43, 44.

刘世荣, 代力民, 温远光, 等. 2015. 面向生态系统服务的森林生态系统经营：现状、挑战与展望. 生态学报, 35（1）：1-9.

缪宁, 刘世荣, 史作民, 等. 2013. 强度干扰后退化森林生态系统中保留木的生态效应研究综述. 生态学报, 33（13）：3889-3897.

沈月琴, 李兰英, 梅岩良, 等. 2000. 浙江林业经营形式问题探讨——南方集体林区林业市场化系列问题研究之一. 林业经济问题, 20（4）：226-228.

孙涛, 马明, 王定勇. 2016. 中亚热带典型森林生态系统对降水中铅镉的截留特征. 生态学报, 36（1）：218-225.

王成军, 何秀荣, 徐秀英, 等. 2010. 林地规模效率与农户间林地流转：来自浙江的实证. 农业技术经济, 29（10）：58-65.

王立磊. 2011. 近代以来我国林业税费制度变迁研究. 河北农业大学硕士学位论文.

王晓磊, 王成. 2014. 城市森林调控空气颗粒物功能研究进展. 生态学报, 34（8）：1910-1921.

王晓学, 沈会涛, 李叙勇, 等. 2013. 森林水源涵养功能的多尺度内涵、过程及计量方法. 生态学报, 33（4）：1019-1030.

魏远竹. 2000. 规模经济与林业经济增长方式转变. 中国林业企业, （4）：3, 4.

吴沂隆. 2007. 邱家山林场森林资源资产化管理对策探讨. 福建农林大学硕士学位论文.

伍士林, 蔡细平, 谷红兵. 2006. 分散林业生产适度规模化的对策研究. 林业经济问题, 26（1）：76-79.

薛斌瑞, 宁宝山, 王红平, 等. 2015. 森林经营历史对林业发展的哲学思考. 安徽农业科学, 43（34）：222-224.

于学文, 陈珂, 张喜, 等. 2006. 我国林业风险及其防范措施分析. 辽宁林业科技, 33（4）：32-34.

曾文革, 肖峰, 黄艳. 2012. 气候变化对生物多样性保护的冲击与国际法制度协调. 江西社会科学, 33（9）：137-143.

张春霞, 蔡剑辉, 魏远竹. 2000. 福建社会林业经营形式的调查与研究. 林业经济, 22（2）：69-73.

郑少红. 2008. 深化林权改革 创新农村经营制度基于福建林业合作组织的实证分析. 中国集体经济, 24（5X）：162, 163.

周光益, 徐义刚, 吴仲民, 等. 2000. 广州市酸雨对不同森林冠层淋溶规律的研究. 林业科学研究, 13（6）：598-607.

周训芳, 诸江. 2104. 农民林业专业合作社：集体林规模化经营的组织形式与制度创新. 中国地质大学学报, 14（4）：28-33.

祝海波, 尹少华. 2006. 探索适合我国林地流转的基本制度. 林业经济问题, 26（6）：539-542.

Bromley D W. 1992. Property rights as authority systems: the role of rules in resource management. Emerging Issues in Forest Policy, 20（6）：629-649.

Chakravarty D, Mandal S K. 2016. Estimating the relationship between economic growth and environmental quality for the brics economics-a dynamic panel data approach. The Journal of Developing Areas, 50（5）：119-130.

Solár J, Janiga M, Markaliakova K. 2016. The socioeconomic and environmental effects of sustainable development in the Eastern Carpathians, and protecting its environment. Polish Journal of Environmental Studies, 25（1）：291-300.

Washburn M P, Jones S B, Nielsn L A. 1999. Nonindustrial private forest landowners: building the business case for sustainable forestry. Washington D. C. : Island Press.

# 第9章 森林资源资产负债表核算

编制森林资源资产负债表打破了传统森林资源管理体制,为我国实现绿色经济核算体系起到了推动作用,本章从森林资源资产负债表的概念入手,探析森林资源资产负债表的框架结构,通过探索国内外森林资源资产负债表的编制历程,以史为鉴,从中吸取教训,对森林资源的资产、负债及净资产进行核算,并编制森林资源资产负债表框架图,以便说明森林资源资产负债表账户核算方法。

## 9.1 森林资源资产负债表基本概念探析

现阶段随着对森林资源的研究和保护日益增多,森林资源资产负债表编制的重要性也得到了广大学者的重视。大部分学者都是从理论基础、基本概念和框架设计三方面对森林资源资产负债表的编制展开论述的。清晰客观的基本概念有助于理论的完善和全面,健全的理论反过来也有助于对概念的界定和理解。此外,完善的理论是框架设计的依据和基石,通过以上分析可以发现基本概念在编制环节中起到不可忽视的作用,因此对森林资源资产负债表基本概念的探析也成为本章首要解决的问题。

相关学者对森林资源资产负债表的基本概念已有一定的研究成果,因此本书借鉴柏连玉(2016)的研究成果,分别从三个方面探析相关的概念界定,这三个方面分别是森林资源及其权益主体、森林资源资产负债表所处的排列和其有关科目的解释。这样不仅有助于概念的理解,更有助于了解我国森林资源的具体情况。

### 9.1.1 森林资源及其权益主体

1. 森林资源的概念

森林资源主要是指植物资源,当然这里的植物资源并不是我们所了解的广泛植物,因为它有三个前提条件,第一强调了范围,即必须是在我国的主权范围内,第二强调了种类及木本类,第三强调了效益,即自身价值,当该植物资源已经没有任何价值或者已经不能为人类创造收益的时候,它就不满足森林资源的条件。并且这类资源具有一定的稀缺性,此外这里的木本植物资源并不仅仅是植物资源,也包括以森林资源为依靠的微生物、动物等其他生物资源。

核算森林资源的价值时并不仅仅只是单纯的基于财务科提供的数据,因为森林资源并不像会计上的原材料,它除了创造一定的经济价值,还会调节大气环境为人类创造舒适的生存空间,以改变地球上的生态环境,因此在核算相关的森林资源时,一些动态的无法掌控的情况会影响森林资源的核算,所以只有发展科技,提高我国相关的科技水平,才有利于更加全面地核算森林资源。

2. 森林资源权益主体的概念

在我国森林资源的使用者是个人、集体、政府及其他部门,但是国家才是保护、规划森林资源的权益主体。国家通过颁布相应的法律法规,授权某些部门对林业行使管理权,从而有助于编制森林资源资产负债表。

## 9.1.2　森林资源资产负债表所处的排列

1. 森林资源资产负债表的含义

同会计上资产负债表的定义类似,本书森林资源资产负债表是指企业在某一特定日期,该森林资源的资产、负债及所有者权益情况的报表。资产负债表所强调的是静态的状况,在该时点上资产等于负债与所有者权益之和,因此企业可以通过登记相应的数据,进行一定的核算,得到森林资源资产负债表。

在森林资源资产负债表中,一般是以价值指标为主,实物指标只在一些附注中介绍。并且森林资源资产负债表不仅需要财务科提供的资料和数据,也需要通过实地调查资料及有关林业部门提供相应的森林资源数据。但是由于当前科技发展的局限性,对森林资源价值量的核算还受到一定的限制,我国一般是通过对实物量的核算,进而通过一定的转化和估算转变为价值量的核算。会计上的资产负债表一般是由财务部门编制,但是由于森林资源自身的特点,在编制相应的森林资源资产负债表时,要有相关的部门配合才能完成。

2. 森林资源资产负债表所处的排列

国家资产负债表的核算是以国家为经济主体,基于国家的角度去衡量资产和负债的情况。自然资产负债表在微观上通过反映在该时点自然资源的结存情况间接反映出相关责任主体在该时点上对自然资源的利用、保护和开发等情况。根据 SNA[①]2008 将资产分为金属资产和非金属资产,非金属资产中所占比重较大的就是自然资产,因此可以得出森林资源属于自然资源的一部分,国家资产负债表包括自然资产负债表,自然资产负债表包括森林资源资产负债表。

## 9.1.3　森林资源资产负债表中有关科目的解释

1. 森林资源资产

森林资源资产包括很多种类的资产,其中比较典型的就是实物资产。属于实物资产的种类不仅包括林木资产和林地资产,也包括在森林环境中生存的动物、微生物等群体。现在将森林资源资产分为资产类和产品类,分别探析两者所包含的要素含义。

---

① SNA 为 system of national accounts,即国民账户体系。

　　资产类科目中首先要探讨的便是森林资源资产，通过对相关学者研究成果的总结发现，大多数对森林资源资产的定义并没有基于森林资源自身的特点，而是单纯运用经济学等学科去解释这一要素，因此这种概念的界定不仅很难说服林业的财务人员，也很难得到大多数领域的接受，尤其是理论界。本书通过借鉴柏连玉（2016）的相关研究，基于森林资源自身的特点并结合会计学上对资产的定义，对森林资源资产的解释为森林资源的经营主体在现有的经济条件下，基于过去的交易或事项形成的并由该经营主体拥有或控制的森林资源。经营主体可以通过有效地控制森林资源在目前或者可预见的未来为企业带来效益，此外该森林资源的实物可以通过货币进行核算。由于森林资源创造的社会效益和生态效益难以估计，但是能够由实物量衡量的也应纳入森林资源的核算中。森林环境资产主要是指不满足森林资源资产条件的森林资源，以及不满足经济资产条件的一些林地及该林地上生存的动物、植物及微生物和一些作为旅游景地的森林资源。森林无形资产主要包括对森林的砍伐权和经营权等。林地主要是指生长林木或者造林、绿化的土地。由于林地的特殊性，林地资产除了具有资产的一般特征外，还具有其他的一些特征。例如，林地资产价值的衡量脱离不了该林地上所生长的林木等收益状况的影响，此外我国法律保障林业经营的永续性，一般不得随便改变林地的用途。由于各个城市方位的环境不同，各个地理位置上林地的生产也具有一定的差异性，林地资产既可以实物计量也可以货币计量。林木资产是指林业企业可以拥有或者控制的活立木，同时该活立木必须满足资产的确认条件。目前我国关于该方面的研究已经取得了一定的进步，建立了较为成熟的林木资产核算体系。

　　产品类科目中首先讨论的就是森林资源产品，其主要是指森林资源为人类创造的有形产品，这些产品不仅为广大人民提供了服务而且也提高了部分人民的收益。其中，最典型的就是林木产品。森林生态服务相对于森林资源产品最显著的差别就是其提供的是无形产品，其中最典型的便是森林资源提供的生态服务，其为人类创造了稳定的生态环境。

### 2. 森林资源负债

　　关于森林资源负债，学者之间还存在着一定的争议，不过绝大多数学者都认为它是存在的。本书作者通过学习和阅读相关学者的研究成果确认森林资源负债的存在性。森林资源的损耗不仅有合理的消耗也有可能存在人为的破坏，因此该资源的损耗不能全部确认为费用的发生或者资产的减少。此外，本书通过学习和借鉴相关学者的理论，将森林资源负债总结为企业主体在一定时点上应该承担的现时义务，其实也就是企业主体或者相关人员在使用森林资源时，所需要承担损耗森林资源的责任，即以资产或者劳务偿还的责任，该责任满足会计上负债确认的基础，即能够以货币计量。

　　森林资源负债的合理确认不仅有助于完善森林资源核算体系，也有助于监督相关企业主体、政府是否对森林资源承担相应的义务，履行相应的责任。

### 3. 森林资源净资产

　　森林资源净资产的核算则是上述两者之间的差额，它所体现的是权益主体真正控制的资产数量。

对以上森林资源资产负债表基本概念的探析,有助于更加准确地核算森林资源及完善相关的理论体系。

## 9.2　森林资源资产负债表框架结构

近年来随着国际上逐步重视森林资源资产负债表的编制工作,各个国家也相应结合本国的情况开始了编制森林资源资产负债表的进程,其中中国该方面的发展相对落后,因此很多方面还有待改进。在编制合理、客观的森林资源资产负债表的过程中,尤为重要的一步便是建立全面系统的关于该表的框架体系。本节通过梳理国内外对该方面的研究进程及借鉴相关学者的研究结论,结合中国森林资源的实际情况,设计贴合国情的森林资源资产负债表的框架结构。

### 9.2.1　国内外关于森林资源资产负债表框架结构的研究进程

国外关于森林资源资产负债表的探讨还处于刚刚起步的阶段,虽然森林资源的重要性很早便得到了国际上的认可,但是该方面的资产负债表的编制却发展的相对缓慢。联合国等一些国际组织自 1993 年开始编写了相应的法规及实施了政策以保障森林资源的经济核算,如 2013 年联合国森林论坛的召开,创新性地提出了将森林资源创造的生态价值、经济价值及社会价值等都要纳入国民经济体系的核算中。除了国际组织,各国也逐步重视对森林资源核算,其中挪威作为代表率先核算了自然资源,为其他国家有关该方面的发展提供了一定的经验。

国内关于森林资源资产负债表的探讨在早期一直处于对国外经验进行借鉴的阶段,进入 21 世纪之后,森林资源资产负债表的研究也相对步入正轨。首先国家相关部门相互配合,共同开展了数次关于中国森林核算项目的研究且分别获得了创新性的结论,此外,2015 年中国社会科学院工业经济研究所举办了学术研讨会,这标志着我国关于森林资源资产负债表的研究取得了一定的进步,因为此次研讨会是我国第一次关于自然资产负债表的理论与方法的会议。此外,我国一些省、市通过结合当地森林资源的实际情况,落实森林资源的经济核算也取得了一定的进步。此外,通过对文献的查阅和浏览可以发现,我国的学者关于该方面的研究成果也日益增加,有的学者是从森林资源资产负债表的框架为着手点,有的学者是从价值量的衡量方法为切入点等。但是由于我国关于该方面的研究还存在一定的不足和欠缺,我国的学者及其他相关人员应该努力学习国外的优秀经验,并结合我国森林资源的实际状况探索出适合我国国情的森林资源资产负债表的框架体系。

### 9.2.2　森林资源资产负债表的框架结构

通过对国内外相关研究成果的梳理可以发现,目前关于该方面的研究不管是国外还是国内都还无法得到全面的结论,因此本书结合相关学者的研究成果从以下几个方面尝试探析森林资源资产负债表的框架结构,以期为我国编制该报表贡献一份自己的新思想。

### 1. 组织体系

一般来说，企业的资产负债表是由财务科编制，但是由于森林资源自身的特点及数据获取的困难性，森林资源资产负债表的编制需要各部门相互配合。例如，林业企业是核算和编制该表的主体，财务科提供部分关于价值量的数据，资源科提供部分实物量的数据及一些必须由国家森林资源生态系统所属部门提供的数据，因为该数据的获取难度较大且周期较长，相关某一部门很难完成该数据的搜集，所以该报表的编制离不开各单位、各组织体系的相互配合。

### 2. 编制目标

企业经营目标大多是以实现利益相关者的目标为前提并最终实现企业的最大价值，林业企业也不例外，林业企业作为森林资源核算的主体，编制该报表的目的主要是可以反映出自身的管理情况和创造的新收益。此外，国家相关部门可以根据森林资源资产负债表的情况调整相关政策，改进和完善相关措施以保障资源的稳定发展，促进人与自然和谐相处并在这个过程中，使国家、政府、社会及相关利益群体都从中受益。

### 3. 基本假设

为了保证森林资源资产负债表的编制具有一定的客观性，通过效仿会计有关基本假设的原理提出关于资源核算的四个基本假设。

这四个基本假设分别是权益主体假设、核算分期假设、持续经营假设及多种计量假设。首先，权益主体假设是指界定了特定对象，通过确定企业计量及报告等活动的空间范围，进而向财务报告的使用者提供有关经济状况等相关报表数据。其次，核算分期假设是指人为地将企业经营活动分割成一定的期间，以便更好地核算企业的经济效益。由于森林资源自身的特殊性，核算时所划分的分期假设应该结合资源自身的特点。再次，持续经营假设是指企业在可预见的未来不会发生停业、破产或者大规模的缩减，只会按照当前的规模持续经营下去，该假设是企业编制报表的前提。最后，多种计量假设是指由于森林资源的复杂性，在核算森林资源的相关数据时，要结合多种计量方法，如生态效益的衡量就要选取适合其核算的方法以保证最终结果的客观性。

### 4. 报表要素的确认与计量

森林资源的确认要建立在归属明确的基础上，只有归属明确才能更好地节约和使用森林资源，因此报表要素确认的第一点就是产权明确。此外，为了更好地监督和管理森林资源，要明确森林资源的管理就是资产的管理，报表要素确认的第二点就是范围确定。森林资源的复杂性决定了核算的复杂性，所以在核算的过程中要多种计量方法相互配合使用，报表要素确认的第三点就是可计量。最后，资产必须能够在可预见的未来为企业带来各种效益，因此报表要素确认的第四点就是可实现效益。目前我国会计准则对森林资源资产的价值计量是以历史成本为基础的，但是根据不同的情况也会有所调整。例如，天然林历史成本获取难度较大，因此结合相应的国际准则，逐渐采用公允价值计量，人工林一般还是采用历史成本的计量方法。此外，其他微生物等资源则需要按照实际情况选取适合的计量基础。

森林资源负债一般是指人类经济活动对森林资源产生破坏时，人类为了弥补破坏所产生的后果而承担的能够用货币计量的责任，该责任一般要求是资产或者是劳务偿还。首先要明确森林资源负债由谁承担，在这里结合相关学者的研究成果及会计上关于负债的确认条件，可以认为是企业管理不当或者监督不到位等导致森林资源遭受了破坏，因此产生了森林资源负债，第一个要确认的就是责任主体。此外，结合会计上有关负债的确认条件，可以明确现时义务所产生的损失等只有未来很可能被弥补时才能确认森林资源负债，因此第二个要确认的就是很可能发生性。森林资源负债的价值计量一般以现值和公允价值计量为基础，此外，在计量时还要考虑修复过度开采和破坏森林资源所产生的成本及治理环境污染等情况的成本。

森林资源净资产相当于国家实际控制和拥有的森林资源，因此确认条件是相关主权明晰并且地域范围不存在争议。此外，由于属于国家的净资产，应该具有可计量性及权益的权利性。计量属性的核算则是参考上述两种计量方法的选择，因为森林资源净资产的计量属性是受上述两者控制的。

### 5. 森林资源资产负债表的列报与披露

森林资源资产负债表的列报与披露的作用不仅有助于反映权益主体的管理效果也有助于国家及时采取和改善相关的政策，以便国家、权益主体等部门更好地监督、保护和使用森林资源，为社会、人类创造更多的价值。

国家关于森林资源资产负债表的编制应该积极学习国外的优秀经验并结合我国森林资源的实际情况，努力地攻克难点，而不是一味地重复着简单的工作，只有这样，才能真正地实现创新，使我国有关该方面的研究更上一层楼。

## 9.3 森林资源资产负债表编制历程

通过探索国内外森林资源资产负债表的编制历程，以史为鉴，从历史中总结经验教训，推动我国的森林资源资产负债表的编制。

### 9.3.1 国外森林资源负债表编制历程

从 20 世纪开始，随着资源的不断消耗，国际社会对于绿色发展、可持续发展逐渐重视，如何实现人类的持续发展成为世界各国急需解决的重要问题，自然资源资产负债表作为绿色国民经济核算的重要部分成为研究的重点之一，通过各国政府和众多非政府组织机构的努力，取得了一系列成果，1993 年联合国统计署联合其他组织就编写了《综合环境经济核算体系》，通过卫星等现代科技手段对自然资源资产进行了全面的核查统计，构建了以绿色 GDP 为核心的核算体系。

作为世界上最先发展资本主义的欧洲也于 2002 年由欧盟统计局牵头编写了《欧洲森

林环境经济核算框架》，以《综合环境经济核算体系》为基础，为实现森林环境经济核算提供了理论框架，到了 2004 年，联合国粮食及农业组织又编写了《林业环境经济核算指南》，林业环境经济核算成为一种重要的政策分析工具。

2013 年在土耳其伊斯坦布尔召开的联合国森林论坛第十届会议中，在森林与经济发展这一总主题下，着重就森林产品和服务，国家森林方案和其他部门政策及战略，减少风险和灾害影响，以及森林和树木对城市社区的益处等问题展开讨论。

目前国际上对于自然资源资产负债表没有明确的概念，但是各国对森林资源资产的评估核算工作却已经陆续展开，如北欧的挪威、芬兰等国分别编制了自然资源账户和森林资源核算体系，涵盖了自然资源和森林资源的诸多方面。北美的墨西哥将森林资源列入了环境经济核算框架内。

### 9.3.2　国内森林资源资产负债表编制历程

不仅国际社会在森林资源资产负债表的编制过程中取得了丰硕成果，我国森林资源资产负债表的编制工作也取得了长足发展，并且受到高度重视。十八届三中全会通过的《中共中央关于全面深化改革若干重大问题的决定》，包含了探索编制森林资源资产负债表。2015 年中共中央、国务院印发的《生态文明体制改革总体方案》，将生态文明建设纳入到干部离任审计当中。这是我国为建设社会主义生态文明制定的重要政策。

2002 年由国家统计局发布的《中国国民经济核算体系》中包含了自然资源实物量核算统计表。

湖州全市及各县区从 2011 年开始，历时四年初步完成了自然资源资产实物量表，并通过专家验收。

2014 年贵州省统计局与贵州财经大学组成联合课题组，开展贵州省自然资源负债表的编制，该课题组由来自多学科的专家、教授和博士组成，并邀请了学界内知名专家学者作为顾问，使课题组最终完成了三个研究报告，形成了四个方案，为实行贵州省全省自然资源资产负债表的编制积累了经验。

2015 年 4 月 26 日，中国社会科学院工业经济研究所公布了"自然资源资产负债表编制研究"课题项目的初步成果。

在国家统计局的统筹下，相关领域的研究机构及专家、学者对我国自然资源进行了认真研究，于 2014 年 4 月制定出了自然资源负债表实施计划。2015 年 11 月国务院办公厅印发了《编制自然资源资产负债表试点方案》，明确了自然资源负债表的编制工作要求，此次试点工作从 2015 年 11 月开始到 2016 年 12 月底结束，推动了我国自然资源负债表的编制工作。

我国的森林资源资产负债表编制工作虽然起步时间比较晚，但是发展迅速，走在世界前列，随着该编制工作的不断完善，其必定为我国实现社会主义生态文明添砖加瓦。

## 9.4　森林资源资产负债表账户核算方法

《中华人民共和国森林法》中定义了森林资源，森林资源既是森林、林木及林地，还包括上面所生存的微生物及动植物。对于森林资源的核算，目前不能做到对其所包含的所有物种的核算，实质上仅仅是对森林所产生的产品及林地、林木的核算，鉴于数据获取的难度，本书主要核算了林地、林木。

资产负债表中通常包括三个部分：资产、负债及净资产。同时，这三个部分也是森林资源资产负债表主要核算的要素，而且，资产负债表中存在定式净资产 = 资产–负债，这是会计核算的主要公式。本节内容就按照会计核算的核心公式对森林资源进行核算，以便说明森林资源资产负债表的账户核算方法。

## 9.4.1  关于森林资源资产价值量核算

森林资源资产价值量核算主要包括对林地资源核算及林木资源核算。

（1）林地的资源资产

对于林地的资产资源核算，主要是选取一个适度的资本化率，将林地每年所获得的净收益按照选取的资本化率进行资本化，从而确定其资产价值的一种估计方法。具体为

$$E = \sum_{i=1}^{n} \frac{A_i}{p}$$

式中，$E$ 为林地的资产估计价值；$i$ 为林地的种类；$A$ 为林地的年平均租金；$p$ 为投资的资本化率，一般采用的是 4%～5% 来衡量。

（2）林木的资源资产

对于不同的林木采用不同的评估方法，幼龄林按照其特点采用重置成本进行估计，而对于中龄林则运用收益的净现值法进行估计，除此之外的近熟林、成熟林等一般用市场倒算的方法进行核算。具体核算的方法如下。

1）重置成本是指按照现在所拥有的生产水平创造出与所需要评估的林木资源比较相近的一种资产进行核算，计算出其所需要的成本，这就是重置成本的方法。其计算公式为

$$E_n = K \sum_{i=1}^{n} C_i (1 + P)^{n-i+1}$$

式中，$E$ 为林木资产的估计价值；$K$ 为一种综合调整的系数值；$C_i$ 为第 $i$ 年重置之后计算出来的成本；$n$ 为林木的年龄；$P$ 为投资的收益率。

2）收益的净现值法是指将林木资产评估后的价值按照一定的折现率折现之后的价值的方法。具体计算方法如下：

$$E_n = \sum_{t=n}^{u} \frac{A_t - C_t}{(1 + p)^{t-n+1}}$$

式中，$E$ 为林木资产的估计价值；$A$ 为年收入，$C$ 为年成本支出；$u$ 为经营的期限。

3）市场倒算的方法，计算公式如下：

$$E_n = W - C - F$$

式中，$E_n$ 为近熟林及成熟林等林木的资产的评估价值；$W$ 为销售木材所获得的收入；$C$ 为生产经营木材时的成本；$F$ 为生产及经营木材时所获得的利润。

### 9.4.2　森林资源负债的价值量核算

对于森林资源负债的价值量核算与资产核算一致的是同样要将林木进行分类核算，以保证其精确性，具体分类如下。

第一类是幼龄林。采用的是重置成本的方法，利用当前林木的价格及技术能力进行估算。

第二类是中龄林。此种林木采用估计现值的方法。

第三类是过熟林。采取市场倒算的方法，林木采伐完毕后，其所获得的销售利润扣除相关费用，余下的则用于价值量核算。

第四类是竹林林木。通常选取年金的资本化法，但是新种植的尚未成熟的竹林林木，则需要采用重置成本的方法。

### 9.4.3　森林资源的价值量核算

对于森林资源的净资产的核算也需要遵循会计核心恒等式，即净资产 = 资产 – 负债，由以上章节计算出森林资源的资产及其负债值，代入恒等式中，即可得出森林资源的净资产值。

### 9.4.4　森林资源资产负债表编制

#### 1. 科目的设置

第一，资产的账户设置可以按照资产的功能差异将其划分为林木资源、生态功能及其他方面三类，林木资源主要包括林木、林地及森林的产品三种，生态功能则包括储存水分、养育土壤、固碳释氧、价值保护、净化空气，其他包含着旅游文化收入及文化价值内涵。

第二，负债账户部分的设置则主要根据其花费途径的不同分为森林资源的管理费用、建设费用、薪酬费用、税费费用及其他费用。

#### 2. 基础框架

在森林资源资产负债表中一般在左边记录其资产项目，主要包括期初的价值量、本期的变化量及期末的价值量，在右边记录负债项目，同样包括期初的价值量、本期的变化量及期末的价值量。森林资源资产负债表的基础框架具体见表 9-1。

表 9-1　森林资源资产负债表的基础框架

| 资产项目 | | | | 负债项目 | | | |
| --- | --- | --- | --- | --- | --- | --- | --- |
| 项目 | 期初的价值量 | 本期的变化量 | 期末的价值量 | 项目 | 期初的价值量 | 本期的变化量 | 期末的价值量 |
| （一）林木的资源 | | | | 管理费用 | | | |
| 　1. 林地 | | | | 建设费用 | | | |

续表

| 资产项目 | | | | 负债项目 | | | |
|---|---|---|---|---|---|---|---|
| 项目 | 期初的价值量 | 本期的变化量 | 期末的价值量 | 项目 | 期初的价值量 | 本期的变化量 | 期末的价值量 |
| 　2. 林木 | | | | 薪酬费用 | | | |
| 　3. 森林的产品 | | | | 税费费用 | | | |
| （二）生态的功能 | | | | 其他费用 | | | |
| 　1. 储存水分 | | | | | | | |
| 　2. 养育土壤 | | | | | | | |
| 　3. 固碳释氧 | | | | | | | |
| 　4. 价值保护 | | | | | | | |
| 　5. 净化空气 | | | | | | | |
| （三）其他 | | | | | | | |
| 　1. 旅游文化收入 | | | | | | | |
| 　2. 文化价值内涵 | | | | | | | |
| 　合计 | | | | | | | |

### 9.4.5　森林资源资产负债表编制存在的问题及创新建议

1. 森林资源资产负债表编制过程中存在的问题

截至目前，森林资源资产负债表的编制还存在着较大问题，不仅编制难度大，目前还不存在可以借鉴、参照的现成模式，因此导致其编制过程较长，存在着显著的问题：统计数据不够全面、核算体系不够规范、编制的主体不够明确等，具体的问题如下。

（1）统计数据不够全面

有关森林资源内容的统计表中也仅仅包含了林地及林木的资产，其他森林资源所包含的数据资料不够健全，因此编制存在较大难度。

（2）核算体系不够规范

会计核算体系并没有纳入林业的资产核算中，难以进行详细的估算，有待进一步完善。

（3）编制的主体不够明确

森林资源资产负债表涉及多个学科内容，难以将具体的责任明确到各个部门，难以做到各个部门的协调合作，这是编制过程需进一步分析的难点、重点。

2. 森林资源资产负债表在编制方面的相关建议

（1）健全森林资源数据统计机制

森林资源资产负债表并没有包括在会计报表机制内，且不必考虑森林资源的现金流量表及利润表，因此编制该报表时应当将森林资源质量、森林资源数量及森林资源价值同样考虑到位，并适当添加森林资源数量及森林资源质量的计量手段。

（2）规范森林资源资产负债表的核算体系

编制过程应当借鉴经济的核算体系，严格按照会计核算恒等式的方法进行核算，能够更加充分反映各自的权责、义务。

（3）充分明确编制的主体

将编制的责任具体到各个部门，互相监督，能够更加有效地完善编制过程。

# 9.5　案例：内蒙古森林资源资产负债表编制初探

生态文明建设作为实现社会经济可持续发展、人与自然和谐相处的重要基石之一，对于建设美丽中国，坚持中国特色社会主义道路，实现中华民族的伟大复兴，发挥着重要的作用，一直以来都受到我国政府的高度重视。2012 年 11 月，党的十八大提出了"大力推进生态文明建设"，对生态文明建设各项内容的介绍占据了党十八大报告较大的篇幅，向全国人民绘制了一幅我国生态文明建设的宏伟蓝图。党的十八届三中全会进一步提出了一个崭新的课题——编制自然资源资产负债表，对领导干部实行自然资源资产离任审计。自然资源资产负债表的提出对我国实现自然资源资产实物量和价值量的有效评估具有划时代的意义，对于准确了解我国自然资源的占有、使用、消耗、恢复和增值等情况具有重要的意义，同时也为我国协调环境与经济社会发展提供了重要的参考依据。另外，以此作为对领导干部离任审计，有助于改善我国唯 GDP 的经济发展模式，有利于促进生态文明建设倒逼机制的形成。

## 9.5.1　研究背景与意义

2014 年，习近平前往内蒙古进行考察，就提出让内蒙古结合自身生态环境现状，积极践行生态文明建设的新要求，探索相关生态环境保护制度的建设道路，并提出努力把内蒙古建设成我国北方重要的生态安全屏障。[①]为响应党中央的号召，内蒙古政府决定积极推进自然资源资产负债表的编制工作。其中，最早开展的是由内蒙古林业厅负责的森林资源资产负债表的编制。

森林资源资产负债表的编制主要用来反映地区内一段时间的经营活动对森林资源造成的影响，需要考虑通过何种方法将森林资源转换为资产计量、如何实现实物量向价值量的转变等问题。森林资源资产负债表对于明确我国森林资源实际资产的多少及其变动情况，对于当地林业发展、生态价值综合评价、森林环境的防治具有重要的理论意义和实践意义。

## 9.5.2　文献综述

自然资源资产负债表是指以资产账户的形式，对全国或者某个地区的主要自然资源的

---

① 中国网. 先行先试"三项改革"，内蒙古干得咋样?. 2019-03-08. http://news.china.com.cn/2017-03/08/content_40431172.htm.

资产存量及其增减变化进行分类核算。对自然资源制定资产负债表其实就是对自然资源进行资产核算,主要任务在于构建核算体系、设置核算账户、确定资源核算方法并进行具体核算。从资产核算的发展历程来看,其研究最早源于 1991 年,Bartelmus 等(1991)提出了综合环境和经济核算体系(system of environmental-economic accounting, SEEA),并初步探讨了 SEEA 的具体应用。一年之后,联合国为解决经济发展中的环境问题,在巴西的里约热内卢,召开了一场地球峰会,探讨资源环境中的资产核算问题。此次会议之后,环境资产核算问题开始正式成为国民经济核算体系的一部分,并于 1993 年加入新发布的国民经济账户体系中。在此之后,联合国统计司也相继出台了 SEEA1993、SEEA2003、SEEA2012 等版本的环境经济核算体系(张颖和潘静,2016)。

我国对资源资产核算的研究也始于 20 世纪 90 年代,李金昌等(1991)就我国资源资产的分项核算、总量核算及将其纳入我国国民经济核算体系等问题进行过探讨。另外,还有多位学者基于 SEEA,探讨了我国环境经济核算体系的建立,并依据我国环境资源的实际情况,对 SEEA 进行改进,并构建了中国环境经济核算体系(高敏雪,2006;李金华,2009)。

随着资源资产核算的逐步深入,对具体自然资源,如水资源、森林资源、土地资源的核算也日益丰富起来。从森林资源的研究来看,王海洋(2013)以伊春市森林资源为例,进行了森林资源资产实物量和价值量的核算。张颖和潘静(2016)分别以中国吉林森工集团、内蒙古扎兰屯市两个地区的森林资源为研究对象,就两个地区核算森林资源实物量、价值量、编制资产负债表等问题进行讨论,并提出了编制森林资源资产负债表的必要性。王骁骁(2016)通过对湖南省国有林场森林资源现状的分析,结合多种方法,对其成功编制了一份森林资源资产负债表。李林林(2017)对森利资源实物量、价值量等核算方法进行介绍后,对当前森林资源资产负债表的核算提出了一些可做创新改变的方向。柏连玉(2015)介绍了森林资源资产负债表相关的基本理论,如林业可持续发展理论、绿色 GDP 发展理论、资产评估理论等;柏连玉(2016)针对森林资源资产负债表的基本概念,如权益主体、要素界定等进行了介绍。金宏伟和柏连玉(2016)对森林资源资产负债表具体框架目前的研究成果进行了综合介绍。此外,金宏伟(2016)还阐释了森林资源核算对于国民经济核算的意义,并且展望了将森林资源核算纳入我国国民经济核算体系中的前景。

### 9.5.3　内蒙古森林资源现状

(1)内蒙古森林资源变化情况

内蒙古是我国北方重要的生态屏障,是我国重要的森林基地之一,拥有丰富的森林资源。如图 9-1 所示,为 2000~2015 年内蒙古森林面积,数据来源于内蒙古发展数据库。从整体上来看,内蒙古森林面积由 2000 年的 1866.7 万公顷增长到 2015 年的 2487.9 万公顷,增长率达到 33.28%,森林面积位居全国第一。其中 2000~2002 年、2003~2004 年、2007~2008 年、2009~2012 年、2013~2015 年这几个时间段内的内蒙古森林面积并未发生变化。而且 2015 年 4 月,内蒙古国有林区全面停止天然林商业性采伐。

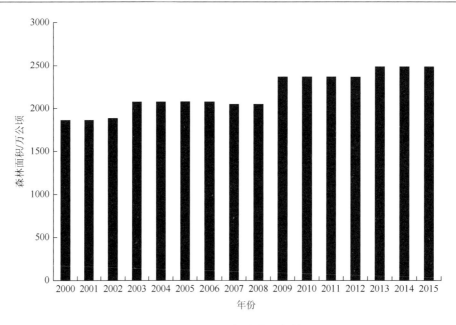

图 9-1　2000～2015 年内蒙古森林面积

　　图 9-2 为内蒙古 2000～2015 年的森林覆盖率，数据来源于内蒙古发展数据库。这期间只有五个不同的值，分别为 2000～2002 年的 14.8%、2003 年的 17.6%、2004～2008 年的 17.57%、2008～2012 年的 20%、2013～2015 年的 21.3%，在此期间，内蒙古森林覆盖率一直以来都处于上升趋势，而且历年的水平均高于中国的平均森林覆盖率水平。

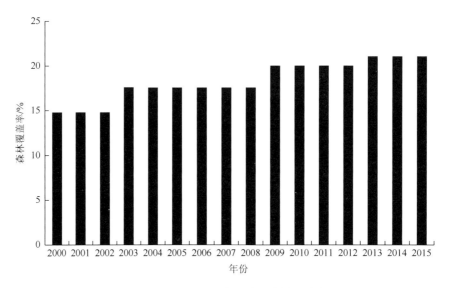

图 9-2　2000～2015 年内蒙古森林覆盖率

　　图 9-3 为内蒙古 2000～2015 年的森林蓄积量，数据来源于内蒙古发展数据库。2000～2002 年为 11.7 亿立方米，并一直处于上升趋势，2003～2008 年达到 12.9 亿立方米，2009～

2012 年为 13.61 亿立方米，2013～2015 年增长到 14.84 亿立方米。从全国来看，内蒙古的森林蓄积量位于全国第四位。

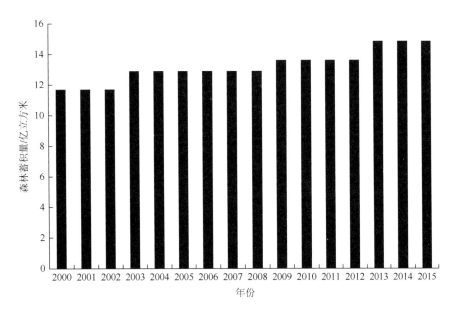

图 9-3　2000～2015 年内蒙古森林蓄积量

从资源类型来看，内蒙古森林资源的树木品种多样化，乔灌木的种类高达 350 余种，除了一些普通的树种，还有多种经济树种、被列入国家保护范围内的珍贵树种。这些树木中，有些材质优良，可以作为材料，有些耐寒耐风，成为防护林的重要组成成分。

从资源分布来看，内蒙古的森林资源大多数分布在大兴安岭的北部地区，很多优质的木材，如兴安落叶松、白桦、黑桦、色木等，均产自该地区。而天然次生林等资源，如云杉、山杨林、白桦林、大青沟阔叶林等，主要分布在罕山、阴山、贺兰山等地区，这些品种十分珍贵，是我国目前用作科学研究的重要资源，具有较高的经济价值和意义。

当然，内蒙古的人工林业也是其自治区内的重要组成部分，内蒙古的人工林分布在平原地区、河区、水土流失区及牧区等，其还充分发展防护林、经济林等多种林区。从造林绿化情况来看，"十二五"期间，全区完成森林面积达到 5415 万亩，比"十一五"增加了414 万亩。

（2）内蒙古森林资源研究现状

针对内蒙古森林资源现状，我国学者也进行了很多研究，而且针对的是内蒙古不同的林区，如代宝成（2015）以内蒙古图里河林业局的森林资源基本情况进行了分析，并且重点分析了国家级公益林、商品林的分布特点；宋英春（2015）对内蒙古五岔沟林业局的林地中林冠下天然更新、无林地天然更新及人工更新等情况进行分析并给出了相应的建议；陈瑞晶（2016）对内蒙古克一河林业局的地理状况、森林资源现状、森林经营现状及其中存在的问题进行分析介绍，指出基础设施落后、机械化水平不高、经营方案设计低的问题；明海军（2016）对内蒙古大兴安岭林区的自然状况，以及三个清查期内当地有林地、疏林地、灌木林地、未成林造林地等情况进行分析；庞晓燕（2017）对内蒙古大青山国家级自然保护区森林资源进行分析，并从气候、水源、水土、空气等方面对其进行生态系统服务功能的评价，并针对评价的各个方面进行价值测算；李雪梅（2017）基于森林资源规划的相关设计调查数据，探讨了内蒙古伊图里河林业局森林的群落、林层及树种等结构特征；2000 年提出的京津风沙源治理工程西部的起点和东部的终点均在内蒙古地区内，龙绍宝等（2017）将关注点放在该工程上，分析了该工程区中内蒙古地区的林木蓄积、林种结构和林区治理。

### 9.5.4 内蒙古森林资源资产负债表编制现状

内蒙古自治区林业厅对于森林资源资产负债表的编制十分重视和负责，并成立了相应的试点领导小组，通过商讨，试点小组最终确定在翁牛特旗高家梁、桥头和亿合公三个林场开展森林资源资产负债表的编制工作，通过中国林业科学研究院、内蒙古自治区第二林业监测规划院、翁牛特旗林业局及试点林场、内蒙古自治区林业监测规划院、赤峰市财政局等的协同合作，在多方协作努力之下，2015 年，内蒙古自治区林业厅编制了翁牛特旗等三个试点的 2014 年度森林资源资产负债表，数据显示，这三个试点的林地面积为 3 万公顷，森林覆盖率达到 82.22%，活立木总蓄积量为 43 万立方米。对于森林资源的总价值，估计结果为 14.65 亿元，其中林木、林地的估值结果为 3.42 亿元，占比为 23.34%；剩下的 76.64% 为森林生态服务功能的价值，达到 11.23 亿元。

2014 年森林资源资产负债表编制完成之后，在 2016 年初，内蒙古自治区科学技术厅组织的自治区内外专家团对编制结果进行了评审，结果表明内蒙古在对其试点编制森林资源资产负债表的过程中目标十分明确，表中的数据获取及来源值得信赖，研究路径和方法具有一定的科学性与实用性，是一项创新实用的前瞻成果，具有重要的理论意义。

随后，内蒙古自治区林业厅又开展了关于三个试点 2015 年的森林资源资产负债表核算工作，目前该工作已经完成，并着手准备了 2016 年该表的编制工作。与此同时，内蒙古自治区林业厅还决定在编制 2018 年森林资源资产负债表时，要将试点范围进一步扩大到更多的地区。例如，2018 年以赤峰市森林资源为编制对象，2020 年则向整个内蒙古进行扩展，充分实现森林资源资产静态、动态情况的可视化，为森林资源信息化管理提供参考依据，实行林业可持续发展。

### 9.5.5 内蒙古森林资源资产负债表计量与核算

1. 价值评估方法

森林资源资产负债表编制的关键就在于确定森林资源资产的实物量和价值量，对于价值量的确定，其中以林地资源和林木资源的资产价值的确定最为重要，下面对其分别进行介绍。

（1）林地资源资产

对于林地资源资产价值，通常采用年金资本化的方法来进行确定，该方法的要点在于确定折旧率作为投资收益率，从而将林地在每一个具体年份的净收益转化为资产价值。从国内估值情况来看，大多数情况下，确定的投资收益率为 4%～5%。

（2）林木资源资产

对于林木资源资产价值化，可以首先将林木分成不同的年龄层次，采用重置成本法、收益净现值法、市场价倒算法分别进行估计，具体核算过程见表 9-2。

**表 9-2　林木资源资产估价**

| 估值方法 | 估值对象 | 具体过程 |
|---|---|---|
| 重置成本法 | 幼龄林 | 按照编制时期的工价和生产水平，以要估值的森林资源资产为基准，重新创造一块与之相同的资产，并计算相应的成本费用 |
| 收益净现值法 | 中龄林 | 按照一定的折现率将森林资源的资产在未来经营时间段中各年的净收益贴现到现在 |
| 市场价倒算法 | 近熟林、成熟林、过熟林 | 将木材的销售收入减去木材的生产经营成本和生产经营利润就可以得到森林资源资产的估计价值 |

2. 账户设置

森林资源资产负债表编制的资产账户在设置上要充分考虑不同账户的功能，可以分成林木资源、生态功能和其他账户三个大类，其中，林木资源可以分为林量、林木、林产品；生态功能可以分为涵养水源、固碳释氧、保育土壤、保护生物多样性价值及净化大气环境；其他账户中则包括旅游收入、科学文化程度。

对于负债账户则需要根据森林资源资产的花费用处的不同，可以分为五项内容：第一，管护费，不仅森林资源需要保护，而且承包人或者负责人需要对森林资源继续保护和经营及利用林区内的经济植物；第二，建设费用，在森林资源经营过程中，需要完善森林资源中的科技设备，使用较为先进的设施和仪器，为林业资源的可持续发展打下基础；第三，应付职工薪酬，在森林资源经营过程中，必不可少的就是雇佣高效的职员，保障森林资源的合理经营和管理；第四，其他应付费用；第五，应交税费，主要包括森林资源中的一些木材及木质产品在交易过程中会产生的交易费用。

在森林资源资产负债表中，需要对资产和负债分别设置期初价值量、本期变化量和期末价值量。而净资产则等于资产减去负债。

## 9.5.6　经验与建议

（1）内蒙古森林资源资产负债表编制经验

在内蒙古森林资源资产负债表编制过程中，也遇到了很多问题：第一，当前森林资源资产数据与当前编制相应的资产负债表需要用到的数据源衔接不够，因此还需要对当前森林资源的清查数据进行补充和更新；第二，当前森林资源资产负债表编制的真实目标与现行的编制结果也存在一定的出入，调查指标、技术和方法等还需要继续改进；第三，编制森林资源资产负债表的部门与国民经济核算部门存在一定的差异，两者的指标口径和分类依据存在一定的差异，这导致内蒙古虽然编制了三个试点的林场森林资源资产负债表，但依然在纳入国民经济核算过程存在一定的困难；第四，当前我国对于森利资源资产负债表的编制还处于起步阶段，没有相应的规定、制度进行规范，相关的核算方法和估值技术也没有明确的规定。

（2）内蒙古森林资源资产负债表编制建议

为了进一步完善内蒙古森林资源资产负债表的编制，在编制过程中：第一，对当前的工作理念和模式稍作改变，加强森林资源统计调查及相应的基础监测工作，增加森林资源资产负债表编制工作与森林资源清查及林地变更，以及与国民经济核算中的森林资源统计慢慢融合，统筹规划；第二，对于不同类型的森林区域，以统一的核算标准结合国外先进经验，有针对性地编制相应的资产负债表，对其认定和评估的相关准则与规定进一步标准化；第三，制定相应的法律、法规，健全相应的资产负债表制度体系，同时也要发挥资产负债表对离任干部的政绩监督作用；第四，在森林资源资产负债表编制及对其进行未来核算的过程中，要重视森林可持续经营方案的设定，这对于践行生态文明建设具有重要的意义；第五，森林资源资产负债表的编制有助于提高当地居民对生态环境的重视，也可以让当地领导积极投身到生态绩效建设中，政府干部应该积极将生态环境与政绩挂钩，冲破经济"锦标赛"的牢笼，更注重改变生态之貌，增强民生福祉。

# 参 考 文 献

柏连玉. 2015. 森林资源资产负债表编制的理论基础探讨. 绿色财会，（10）：3-9.

柏连玉. 2016. 森林资源资产负债表基本概念探析. 绿色财会，（12）：3-10.

陈瑞晶. 2016. 浅析内蒙古克一河林业局森林资源及经营现状. 内蒙古林业调查设计，39（2）：30，31，56.

代宝成. 2015. 浅谈内蒙古图里河林业局森林资源现状及特点. 内蒙古林业调查设计，38（4）：27-29.

高敏雪. 2006. SEEA 对 SNA 的继承与扬弃. 统计研究，（9）：18-22.

金宏伟. 2016. 森林资源核算及纳入国民经济核算体系研究综述. 绿色财会，（7）：13-18.

金宏伟，柏连玉. 2016. 森林资源资产负债表框架结构研究. 绿色财会，（1）：3-11.

李金昌，钟兆修，高振刚. 1991. 自然资源核算的理论与方法. 数量经济技术经济研究，（1）：30-35.

李金华. 2009. 中国环境经济核算体系范式的设计与阐释. 中国社会科学，（1）：84-98，206.

李林林. 2017. 论自然资源资产负债表的编制——以森林资源为例. 现代商贸工业，（36）：98，99.

李雪梅. 2017. 探讨内蒙古伊图里河林业局森林结构特征. 内蒙古林业调查设计，40（2）：21，22.

龙绍宝，杨福俊，吴文俊，等. 2017. 内蒙古京津风沙源治理工程区森林资源现状及其分析. 内蒙古林业调查设计，40（3）：9-12.

明海军. 2016. 内蒙古大兴安岭林区地类变化与动态监测分析. 内蒙古林业调查设计，39（1）：15-20.

庞晓燕. 2017. 内蒙古大青山自然保护区森林生态系统服务功能及其价值评估. 内蒙古林业调查设计，40（2）：44-47.

宋英春. 2015. 内蒙古五岔沟林业局森林更新分析及建议. 吉林农业，（6）：104.

王海洋. 2013. 森林资源核算及纳入国民经济核算体系研究. 中国地质大学（北京）硕士学位论文.

王骁骁. 2016. 湖南省国有林场森林资源资产负债表研制. 中南林业科技大学硕士学位论文.

张颖，潘静. 2016. 中国森林资源资产核算及负债表编制研究——基于森林资源清查数据. 中国地质大学学报（社会科学版），16（6）：46-53.

Bartelmus P, Stahmer C, van Tongeren J W. 1991. Integrated environmental and economic accounting: framework for a SNA satellite system. Review of Income and Wealth，37（2）：111-148.